P·r·o·j·e·c·t

프로젝트
젝트

Workshop 관리

ABC주식회사의 aPMS
(Advanced Project Management System) 구축 프로젝트

P · r · o · j · e · c · t

프로젝트
관리

Workshop

고 덕 성

프로젝트관리란?
"Project management is the application of knowledge, skills, tools, and techniques to project activities to meet project requirements. Project management is accomplished through processes, using project management knowledge, skills, tools, and techniques that receive inputs and generate outputs."

······PMBOK

한국학술정보㈜

프로젝트관리에 대한 교육의 대부분은 이론 전달의 일방적인 방식으로 진행됩니다.

하지만 교육 참석자들의 대부분은 '그래서, 누가, 언제, 왜, 어떤 양식을 사용해서, 어떤 내용을 작성해야 한다는 거지? 문서 양식, Sample 좀 구할 수 없나?'라는 의구심을 가지게 되며, 결과적으로 일반적인, 일방적인 전달식 방식의 교육으로는 참석자들의 기대를 만족시킬 수 없음을 경험해 보셨으리라 생각합니다.

본 Workshop에서는 이러한 일반적이고 일방적인 교육 방식을 벗어나 참석자들에게 기본적인 이론을 전달하고 관련된 내용들에 대해 직접 참여하여 실제 실습하고 논의하는 방식의 진행 방법을 선택하여 프로젝트관리에 대한 이론적인 부분과 실무에서의 적용 사례에 대해 목말라했던 부분들을 조금이나마 시원스럽게 해결할 수 있도록 내용을 구성하였습니다.

이 '프로젝트관리 Workshop'을 통해서 보다 현실에 가까운 프로젝트관리 절차와 단계별 수행 활동들을 짧은 시간 동안 경험해 봄으로써 현업에 즉시 적용할 수 있는 이론과 실무 능력을 배양할 수 있을 것이라 확신합니다.

이 자료가 프로젝트관리에 대해 단순히 이론만을 전달하거나, 참고 문서 양식 정보만을 제공하는 것 이상의 효과를 볼 수 있었으면 좋겠습니다. 그러기 위해서는 주위에 있는 프로젝트관리 실무 경험자나, PMP를 공부하셨던 분들과 함께 임의의 프로젝트를 대상으로 프로젝트의 단계별, 관리 영역별로 이론에 대해 논의하고 프로젝트를 진행하면서 관련 산출물들을 작성해 나간다면, 실무 경험이 없으신 분들도 간접 경험을 통해 프로젝트의 특성을 이해할 수 있을 것입니다.

이 Workshop은 3일간의 full time(총 24시간) 동안 진행하는 것을 기준으로 진행이 됩니다. 진행자의 진행 방식이나 내용에 따라, 더 짧게 또는 6개월 과정 등 다양하게 축소, 확장하여 응용을 할 수 있으리라 생각하며, 조만간, 또 다른 누군가가 좀더 재미있는 프로젝트관리 교육 과정들을 만들어 그 정보를 공유했으면 좋겠습니다.

아무쪼록 이 Workshop을 접하는 모든 분들이 프로젝트관리에 관한 이론과 실무 지식이 진일보되는 계기가 되었으면 좋겠습니다.

CONTENTS

Part 3

163

Part 4

263

프로젝트관리 Workshop 실습문서 양식

CONTENTS

01

W orkshop 설명

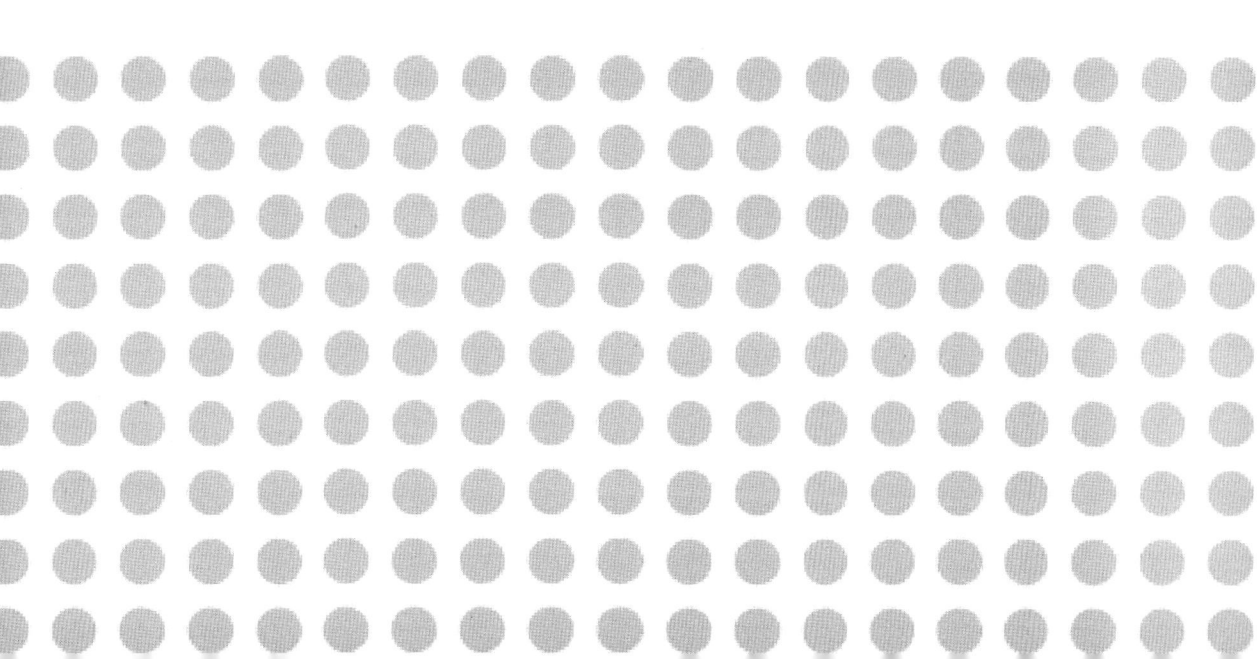

Part 1

Workshop 소개

01 | 왜 이 Workshop이 필요한가?

'프로젝트관리'라는 단어를 생각하면 저 같은 경우 PMBOK이 떠오릅니다. 이 책에는 프로젝트 관리자로서 기본적으로 이해하고 경험하고 있어야 하는 지식 영역들을 규정하고 소개하고 있습니다. 프로젝트관리 관련 다른 자료나 책들을 보면 구성면에서는 이 책과 다를지 몰라도 다루고 있는 대상, 즉 지식 영역은 대부분 유사합니다.

프로젝트 관리자라면 알아야 하는 이러한 공통 지식 영역을 알고 있지 못하거나, 알아도 실무 경험이 부족한 경우 비교적 짧은 시간 내에 지식을 습득할 수 있게 하고 실습을 통해 프로젝트관리 관련 지식수준을 향상시킬 수 있으며, 실무에 즉시 적용할 수 있는 관리 기법과 관련 양식들의 활용방법들에 관한 경험을 할 수 있습니다.

02 | 누구를 대상으로 하는가?

- 조직의 사업관리자
- 프로젝트 관리자 / 개발자
- 전산담당자 / 실무자

- 조직 내 영역별관리자
- IT및 비즈니스 프로세스 Consultant
- PMP 자격 취득 준비자

03 | 책 구성 설명

이 책의 구성은 크게 아래와 같이

- 교육 교재인 10개의 모듈들
- Workshop에 사용되는 Sample 프로젝트 설명
- 실습을 위한 관련 문서 양식과 작성 지침 설명
- 참고 자료들 등

크게 4개로 분류가 되며 아래에 각각 자세히 설명이 되어 있습니다.

1. Module 설명

교육 내용은 총 10개의 모듈로 구성되어 있으며, 각각은 프로젝트관리 관련 지식 영역에 대한 이론적인 내용과 관련된 내용에 대한 실습을 할 수 있게 구성이 되어 있습니다.

각 모듈별로 그 구성 내용을 살펴보면 아래와 같습니다.

NO	모듈 구분	모듈 설명
1	Module 01	**제목**: Workshop 목적과 강좌 진행 방법 설명 **내용** 　－[이론] 　－진행자와 참석자 각자 소개 　－Workshop의 목적/목표 설명 　－진행 방식 설명 　－관련 자료 활용 방식 설명 　－미니 팀 구성 **소요 시간**: 약 **1**시간 **관련 자료** 　－교재 Slides
2	Module 02	**제목: 프로젝트관리란 무엇인가, PMBOK 개략 설명** **내용** 　－[이론] 　－프로젝트관리란 무엇인가? 　－PMBOK Knowledge 영역별 개략 설명 　－프로젝트관리 생명주기 **소요 시간**: 약 **3**시간 **관련 자료** 　－교재 Slides 　－PMBOK
3	Module 03	**제목: 실습 프로젝트 소개** **내용** 　－[이론, 작성 실습] 　－Workshop에 사용할 실습 프로젝트 소개 　－프로젝트 선택 기법 실습 **소요 시간**: 약 **1.5**시간 **관련 자료** 　－교재 Slides 　－프로젝트관리 Workshop 프로젝트 　－프로젝트관리 Workshop 실습문서 양식
4	Module 04	**제목: 프로젝트 Charter 만들기** **내용** 　－[이론, 작성 실습, 결과 토론] 　－프로젝트 Charter 란? 　－프로젝트 시나리오 분석 　－프로젝트 Charter 작성 실습 **소요 시간**: 약 **3**시간 **관련 자료** 　－교재 Slides 　－프로젝트관리 Workshop 프로젝트 　－프로젝트관리 Workshop 실습문서 양식

NO	모듈 구분	모듈 설명
5	Module 05	**제목: 가정, 제약 사항, 이해 당사자, R&R, 마일스톤 정의** 내용 　－[이론, 작성 실습, 결과 토론] 　－용어 정의 　－작성 실습 　－검토 소요 시간: 약 **2.5**시간 관련 자료 　－교재 Slides 　－프로젝트관리 Workshop 프로젝트 　－프로젝트관리 Workshop 실습문서 양식
6	Module 06	**제목: 프로젝트관리 지식 영역 소개** 내용 　－[이론, 작성 실습] 　－의사소통관리, 위험/이슈 관리, 품질관리, 형상관리 등 　－작성 실습 소요 시간: 약 **2.5**시간 관련 자료 　－교재 Slides 　－프로젝트관리 Workshop 프로젝트 　－프로젝트관리 Workshop 실습문서 양식
7	Module 07	**제목: 프로젝트 수행계획서란?** 내용 　－[이론, 작성 실습, 결과 토론] 　－프로젝트 수행계획서란? 　－작성 실습 소요 시간: 약 **1.5**시간 관련 자료 　－교재 Slides 　－프로젝트관리 Workshop 프로젝트 　－프로젝트관리 Workshop 실습문서 양식
8	Module 08	**제목: WBS란?** 내용 　－[이론, 작성 실습, 결과 토론] 　－WBS의 정의 및 학습 목적 설명 　－PMBOK 기반 Sample 간략 소개 　－작성 실습 소요 시간: 약 **3**시간 관련 자료 　－교재 Slides 　－프로젝트관리 Workshop 프로젝트 　－프로젝트관리 Workshop 실습문서 양식

NO	모듈 구분	모듈 설명
9	Module 09	**제목: 프로젝트 진행관리 및 결과 보고** **내용** 　-[이론, 작성 실습, 결과 토론] 　-프로젝트 진행관리 　-프로젝트 수행 결과 보고 　-프로젝트 종료 등 작성 실습 **소요 시간: 약 3시간** **관련 자료** 　-교재 Slides 　-프로젝트관리 Workshop 프로젝트 　-프로젝트관리 Workshop 실습문서 양식
10	Module 10	**제목: 개선 framework 소개 및 workshop 종료** **내용** 　-[이론] 　-개선 framework 소개(ISO, CMMI, SPICE, ITIL, ……) **소요 시간: 약 1.5시간** **관련 자료** 　-교재 Slides 　-설문지

2. 프로젝트관리 Workshop 프로젝트 설명

프로젝트관리 Workshop을 위한 sample 프로젝트에 관한 설명입니다.

이 프로젝트는 가상 회사(ABC 주식회사) 내에서 수행되는 가상의 프로젝트(프로젝트관리 시스템)를 완료하는 것입니다. 프로젝트의 단계를 크게 '분석 및 설계', '구축', '테스트' 및 '이행'과 같이 4단계로 구분하여 각 단계별 수행 내용을 간략하게 산출물로 작성하게 됩니다.

Workshop의 특성상 핵심 수행 내용은 초기 계획, 계획과 관련된 수행 모니터링 등에 초점을 두었기 때문에 시스템이 구축되어 가는 모습은 표현이 되어 있지 않습니다. 단지, 구축되어 간다고 가정을 하고 관련된 최소한의 작업 산출물들을 작성해 볼 수 있게 구성되었습니다.

3. 실습문서 양식

이 문서 양식들은 프로젝트관리 Workshop의 실습 시 활용하기 위해서 작성된 것입니다. 실습의 특성상 실무에 활용되는 내용들을 간략화한 부분들이 많기 때문에, 특정 부분들을 약간만 구체화해서 사용한다면 실무에 활용하는 것도 충분히 가능합니다.

이 양식집의 내용은 크게 '양식' 부분과 '지침' 부분으로 나뉘어져 있으며 특히, '지침' 부분은 해당 '양식' 바로 다음 페이지에 추가하여 해당 '양식'을 사용하여 문서를 작성하는 데 가이드 역할을 하도록 구성하였습니다.

'양식'들은 실무에서는 개요, 목적, 목표, 등은 생략하여 해당 문서의 핵심이라고 판단되는 부분들만을 실습할 수 있도록 재구성을 하였습니다.

'지침'은 '프로젝트관리 Workshop 프로젝트'에서 작성되는 작업산출물들을 기준으로 작성하도록 구성되어 있으며, 문서의 원래 구성 항목을 기준으로 작성 지침이 작성되어 있어 작성지침을 기준으로 실습 양식을 보완하면 실무에 바로 적용할 수도 있습니다.

'양식'의 내용은 '프로젝트관리 Workshop 프로젝트'에서 작성된 산출물들을 기반으로 하였으므로, '프로젝트관리 Workshop 프로젝트'의 실제 작성 사례를 참고하시면 작성 지침만으로는 부족한 부분을 보충하실 수 있습니다.

4. 참고 자료

프로젝트관리 Workshop과 관련된 보조 자료 또는 이 분야의 전문가들이 말하는 좋은 의견과 생각들 중 부담 없이 읽어볼 수 있는 몇 개의 글들을 추가하였습니다.

5. Workshop 진행 가이드

가상의 프로젝트 시나리오가 초기 입력으로 주어집니다.

이 프로젝트의 성공적인 수행을 위해 프로젝트관리 기법의 분야별로 이론적인 기반을 다지고 관련된 실습을 하게 됩니다.

실습을 통해서 이론의 현장 적용 방안을 확인합니다.

프로젝트 완료 후 서로 간의 종합적인 검토를 통해 각자의 이해 정도와 경험을 공유하는 시간을 가짐으로써 교육의 효과를 배가할 수 있게 됩니다.

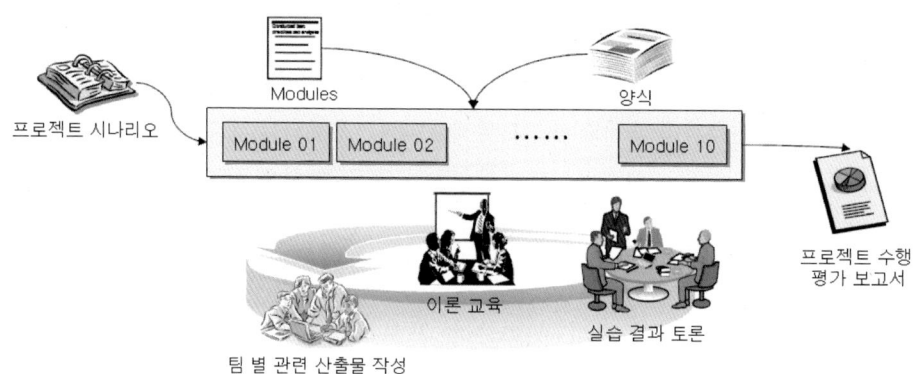

진행자 Guide(모듈별 상세 설명)

모듈	시간(계획)			슬라이드 제목	강사		교육/실습자료	보조참고자료	참석자활동	작업산출물
	시작시간	종료시간	소요시간		교수내용	논의내용				
모듈 01	9:00	10:00	1:00		**Workshop의 목적과 진행 방법 설명**					
	9:00	9:20	0:20	Ice Breaking	■ 진행자와 참석자 각자 소개(참석 목적 및 요구 사항, 경력, 희망사항 등) ■ 진행 방식 설명		■ WS Slides ■ 실습 양식지 (종류별로 출력)	■ 참석자 이름표 ■ 출석부 ■ 펜		
	9:20	9:30	0:10	Workshop의 목적	■ Workshop의 목적 / 목표 설명					
	9:30	9:40	0:10	Workshop 교육 자료 소개	■ 관련 자료 활용 방식 설명(프로젝트관리 실습 사례집, 교육자료Slides, 프로젝트관리 실습양식, 참고 자료 등) ■ 프로젝트 자체에 대한 설명은 Module 03의 '실습 프로젝트 소개'에서 50분 동안 설명함					
	9:40	9:57	0:17	Workshop 진행 방법	■ Workshop 진행 방법에 대해서 설명 ■ 미니 팀 구성(PM 경험자가 분산되게)					
	9:57	10:00	0:03	요구 사항	■ 참석자들에게 당부 말씀(시간이 엄청 빡빡하니 정신 바짝 차리고 열심히~, 결석, 지각 하지 마라, ……)					
	10:00	10:10	0:10	휴 식	－					
모듈 02	10:10	12:00	1:50		**Workshop의 목적과 진행 방법 설명**					
	10:10	11:20	1:10	실습 프로젝트 소개	■ Workshop에 사용할 실습 프로젝트 소개(상세, 이벤트 발생 시점과 workshop에서의 적용 방법 설명. 특정 시점에 이벤트가 발생하며 이 시점 이후 참석자들은 작성한 내용을 하기 위도. 프로젝트 트 관리 차원: 위험, 품질, 인력, 커뮤니케이션)	■ 프로젝트를 선택하는 일 반적인 기준을 이해. 다른 방법에는 어떤 것들이 있을 수 있나?	■ WS Slides ■ 프로젝트 선택 기준 양식	■ 실습 프로젝트(서울청) (⇒ Project Statement Of Work)	■ 어떤 근거로 그 프로젝트를 선택했는지를 설명함 ■ 별 발표	■ 프로젝트 선택 기준

모듈	시간(계획)			슬라이드 제목	강사		교육/실습자료	보조참고자료	참석자활동	작업산출물
	시작 시간	종료 시간	소요 시간		교수내용	논의내용				
모듈 02	11:20	12:00	0:40	프로젝트 선택	■ 프로젝트 선택 기준에 대해 설명하고, 실습할 프로젝트를 선택하게 함 [프로젝트 시작!!!] ■ 프로젝트 범위(요구사항) 정의 및 관리의 중요성 강조/논의 ■ 프로젝트를 명확히 정의하여 ■ 고객의 요구사항이 무엇인지를 파악한 후	—	—	—	—	—
	12:00	13:00	1:00	점심시간						
1일차	**13:00**	**16:40**	**3:40**	**프로젝트관리란 무엇인가?**						
모듈 03	13:00	13:10	0:10	프로젝트 란 무엇 인가?	■ 프로젝트란 무엇이고, 프로젝트관리란 무엇인가에 대해 PMBOK 기반으로 간략 설명	■ 프로젝트란 무엇인가? ■ 프로젝트 하면 뭐가 떠오르나?	■ WS Slides	—	■ 프로젝트에 대한 정의 논의	—
	13:10	13:40	0:30	프로젝트 생명 주기	■ 조직은 PLC에 대한 다양한 접근을 할 수 있으며, 여러 개의 PLC를 조합하여 들음(CBAD, OOAD, XP, UP, ……)	—	■ WS Slides ■ PMBOK p.24 그림 설명	■ Project Life Cycle 관련 자료/구조적 방법론, 정보공학 방법론, Method / 1, OOAD, CBD, Framework, XP, Agile, Waterfall, iteration)	■ 각 소속 조직들 예시의 프로젝트 트트리 사례 발표(조직의 어느 부서, 어떤 역할자가 언제 어떤 형태로 활동하는지를 발표하게 함)	—
	13:40	13:50	0:10	프로젝트 관리 란 무엇인 가?	—	—	—	—	—	
	13:50	16:20	2:30	PMBOK 개요	■ PMBOK의 각 Knowledge 영역별로 간략 설명	■ PMBOK Study해본 사람? ■ 존재 목적? ■ PMP? ■ 실무적용 경험유무 → 어떻게 적용(단계, 관리 방법 소개 바람)	■ WS Slides	■ PMBOK Framework 자료 ■ PMBOK 실명 설명	■ PMBOK에 관한 논의에 적극적으로 참여	

모듈	시작시간	종료시간	소요시간	슬라이드 제목	교수내용	논의내용	교육/실습자료	보조(참고)자료	참석자활동	작업산출물
1일차										
모듈 03	16:20	16:40	0:20	프로젝트 에서의 PMBOK 적용 정도	■실제 수행한 프로젝트 수행 사례를 보여주며 PMBOK과의 연관 관계를 설명 ■사례 중 본 workshop에서 실습할 부분을 꼽지	-	■WS Slides	■수행 프로젝트 단계 구분 based on PMBOK(Check List 형태)	-	
	16:40	**18:00**	**1:20**	**프로젝트 Charter 만들기**						
모듈 04	16:40	17:00	0:20	프로젝트 Charter란?	■프로젝트 Charter의 작성 목적 설명 ■프로젝트를 명확히 정의하여 고객의 요구사항이 무엇인지를 초기에 가능하면 많이 파악하게 하고자함(범위 논의) ■소개된 Sample 프로젝트를 기반으로 프로젝트 Charter가 만들어질 수 있도록 Guide ■프로젝트 charter는 프로젝트 전반에 관한 개념을 파악할 수 있는 중요한 자료이며, 관련된 사람들에게 알리고 승인되어야 할 중요 문서임 ■프로젝트가 진행되면서 지속적으로 개선되는 문서임을 알리고 보여줌(버전 관리와 연관) Workshop 중 지속적으로 개선됨을 예를 들어 보여줌 ■Kick Off, 프로젝트 수행계획을 알리고 프로젝트 수행계획서의 근거가 됨을 설명 ■그리고 최종적으로 고객으로부터 승인을 받고 프로젝트가 진행되어야 할 것을 강조	■실제 프로젝트에서는 프로젝트 Charter 역할을 함할 수 있는 어떤 자료들을 만들어 보았나?	■WS Slides ■프로젝트 Charter 양식	■실습 프로젝트 분석(범위, 일정, 비용, 품질요구, 기능요구, 이벤트 종류와 발생 시점 등이 표현되어 있어야 함, Visual 하기) ■프로젝트 Charter 양식	■실습 프로젝트 분석 시나리오를 근거로 프로젝트 범위(요구 사항) 정리 ■팀별로 프로젝트 Charter 작성	■프로젝트 Charter
모듈 04	17:00	18:00	1:00	프로젝트 Charter 작성 실습 (계속)		-	-	-	-	-

모듈	시작 시간	종료 시간	소요 시간	슬라이드 제목	교수내용	논의내용	교육 실습자료	보조참고자료	참석자활동	작업산출물
2일차	9:00	10:30	1:30	프로젝트 Charter 만들기(계속)						
모듈 04	9:00	9:50	0:50	프로젝트 Charter 작성 실습(계속)	■ 프로젝트 Charter 보완 작업 계속 ■ 발표 보완	■ 작성 시 문제점, 난점 논의/해결	■ WS Slides ■ 프로젝트 Charter 양식	-	■ 팀별 프로젝트 charter를 다른 참석자들에게 발표	■ 프로젝트 Charter
	9:50	10:30	0:40	결과 발표	■ 프로젝트 Charter 보완 작업 계속 ■ 발표 보완	■ 작성 시 문제점, 난점 논의/해결	■ WS Slides ■ 프로젝트 Charter	프로젝트 Charter 양식	■ 팀별 프로젝트 charter를 다른 참석자들에게 발표	■ 프로젝트 Charter
모듈 05	10:30	13:55	2:25	프로젝트 수행 시 필수 고려사항들						
	10:30	10:40	0:10	가정 (Assumptions)	■ 가정의 정의 및 학습 목적 설명 ■ 가정은 위험으로 발전될 가능성이 많음을 알림 ■ 프로젝트Charter에 가정을 추가하여 Update ■ 작성 실습	■ 이외의 다른 가정은 어떤 것들이 있을 수 있는가?	■ WS Slides	-	-	-
	10:40	10:50	0:10	제약 사항 (Constraint)	■ 제약 사항의 정의 및 학습 목적 설명 ■ 하나의 제약 사항은 다른 사항들에 영향을 줌 ■ 프로젝트 Charter에 제약 사항을 추가하여 Update ■ 작성 실습	■ 이외의 다른 제약 사항은 어떤 것들이 있을 수 있는가?	■ WS Slides	-	-	-
	10:50	11:00	0:10	이해 당사자 (Stakeholder)	■ Stakeholder의 정의 및 학습 목적 설명 ■ 프로젝트들에 어떤 영향을 주는가? ■ Stakeholder의 중요성 강조(긍정적인 참여 유도가 중요함 강조) ■ 참석자들에게 예가 어떤 것들이 있는지 질문 ■ 작성 실습	■ 이외의 다른 Stakeholder에는 어떤 것들이 있을 수 있는가?	■ WS Slides	-	-	-

모듈	시간계획			슬라이드 제목	강사		교육/실습자료	보조(참고)자료	참석자활동	작업산출물
	시작시간	종료시간	소요시간		교수내용	논의내용				
모듈 05	11:00	11:10	0:10	역할과 책임(Role Responsibility)	■ R&R의 정의 및 학습 목적 설명 ■ 프로젝트 수행에 필요한 Role과 Responsibility 들을 조사	■ 이외의 다른 R&R에는 어떤 것들이 있을 수 있는가?	■ WS Slides	–	–	–
	11:10	11:20	0:10	마일스톤(Milestone)	■ 프로젝트 마일스톤의 의미와 목적 설명 ■ Sample 마일스톤 소개 [PMBOK 기반]	–	■ WS Slides	–	–	–
	11:20	12:00	0:40	작성 실습	■ 작성 실습(가정, 제약 사항, Stakeholder, R&R, 마일스톤) ■ Project Charter가 Update 됨	–	■ 가정 목록표 양식 ■ 제약 사항 목록 표 양식 ■ Stakeholder 목록표 양식 ■ R&R Table 양식 ■ 프로젝트 Charter	–	■ 관련 내용들을 작성하고 표 작성하고 프로젝트 Charter에 반영함	■ 가정 목록 ■ 제약 사항 목록 ■ Stakeholder 목록 ■ R&R
	12:00	13:00	1:00	점심시간	–	–	–	–	–	–
	13:00	13:55	0:55	결과 발표	■ 작성 결과 검토	–	■ 참석자들이 작성한 문서들	–	■ 발표하고 논의를 통해 문제점을 보완함	–
모듈 06	**13:55**	**16:45**	**2:50**	**프로젝트관리 영역별 실습**						
	13:55	14:05	0:10	의사소통 관리	■ 프로젝트에서의 의사소통의 개념과 학습 목적 설명 ■ 프로젝트 의사소통 계획을 작성하게 하고 ■ 프로젝트 Charter에 반영하게 함	■ 프로젝트에 적용할 수 있는 다른 의사소통 방법에는 어떤 것들이 있을 수 있는가?	■ WS Slides	–	–	–
	14:05	14:20	0:15	위험 및 이슈 관리	■ 위험관리에 대한 개요 및 위험관리 방안에 대한 이론적 설명 ■ Sample 프로젝트에서 위험과 이슈를 찾기 시작하게 함 ■ 찾은 위험이나 이슈의 관리 방안에 대해 기록하게 함	■ 위험이나 이슈는 어떻게 구분 지을 수 있나? ■ 위험이나 이슈를 좀 더 효율적으로 관리할 수 있는 방법에는 어떤 것들이 있나?	■ WS Slides	–	–	–

시간(계획)			슬라이드 제목	교수내용	강 사		교육/실습자료	보조참고자료	참석자활동	작업산출물
시작시간	종료시간	소요시간			논의내용					
14:20	14:35	0:15	품질관리	■품질관리 정의와 학습 목적 설명 ■품질관리의 중요성 설명 ■품질관리 사례 설명 ■품질관리 방안 양식 설명 -품질관리 계획 -품질체크 리스트 -품질검토 결과서 -시정조치 요청서 -시정조치 결과보고서 -시정조치확인 결과보고서	■각 조직에서의 품질 관련 팀, 구성원 및 시스템들에 대한 소개를 해 봅시다		■WS Slides	–	–	–
14:35	14:50	0:15	협상관리	■협상관리 정의와 학습 목적 설명 ■협상관리의 중요성 설명 ■협상관리 사례 설명	■각 조직에서의 협상 관련 팀, 구성원 및 시스템들에 대한 소개를 해 봅시다		■WS Slides	–	–	–
14:50	15:00	0:10	프로젝트 범위 결정	■프로젝트 범위 결정의 정의 및 학습 목적 설명 ■작성 양식 설명(승인을 반드시 받아야 함) -프로젝트의 목적, 범위 -제품 혹은 서비스의 요구사항과 특징 -완료 기준(요구사항, 산출물 목록 등) -Constraints -Assumptions -조직 -Risks -Milestones -WBS	■Scope Creeping이 왜 인들에 대해 논의		■WS Slides 프로젝트 범위 정의서 양식			

| 모듈 | 시간계획 | | | 슬라이드 제목 | 교수내용 | 강사 | | | | 작업산출물 |
	시작시간	종료시간	소요시간			논의내용	교육/실습자료	보조(참고)자료	참서자활동	
06	15:00	16:00	1:00	작성 실습	작성 실습(시간 절약을 위해 팀별 작성 영역을 할당) -의사소통계획서 -위험 및 이슈 관리 계획서 -위험 및 이슈 관리 대장 내용 채우기 -품질관리계획서 -현재 속한 조직에서의 품질 관련 팀과 구성원의 역할 -품질체크 리스트 -형상관리계획서 -프로젝트 범위 정의서	-	■ 의사소통계획서 양식 ■ 위험 및 이슈 관리 계획서 양식 ■ 위험 및 이슈 관리 대장 양식 ■ 품질관리 관련 양식 - 현 조직 품질 역할 현황양식 - 품질관리 계획 - 품질체크 리스트 - 품질검토 결과서 - 시정조치 요청서 - 시정조치 결과보고서 - 시정조치 확인 결과보고서 ■ 형상관련 조직운영 사례 양식 ■ 프로젝트 범위 정의서 양식	-	■ 프로젝트 의사소통 계획을 작성함 ■ Sample 작성함 ■ 트에서 이슈 찾기 ■ 위험과 이슈관리 방안 기록 ■ 각자 속한 조직의 품질 관련 팀과 구성원에 대한 구성과 역할을 기록 ■ 각자 속한 조직의 형상 관련 팀과 구성원에 대한 구성과 역할을 기록	■ 의사소통계획서 ■ 위험 및 이슈 관리 계획서 ■ 위험 및 이슈 관리 대장 ■ 품질관련조직 품질 관리계획 ■ 품질체크 리스트 ■ 품질검토 결과 ■ 시정조치 청서 ■ 시정조치 결과보고서 ■ 형상관리 직운영 예 ■ 프로젝트 범위 정의서
	16:00	16:45	0:45	결과 발표	영역별 작성 산출물 검토	-	-	-	-	

모듈	시간(계획) 시작시간	종료시간	소요시간	슬라이드 제목	강사 교수내용	논의내용	교육/실습자료	보조참고자료	참석자활동	작업산출물
07	16:45	18:00	1:15	프로젝트 수행계획서 만들기						
	16:45	17:35	0:50	프로젝트 수행계획서 만들기	■ 프로젝트 Charter와 프로젝트 범위 등을 기준으로 프로젝트를 위한 각 영역별 수행계획서를 작성하게 함(범위/일정/비용/품질/Staffing/의사소통/위험/조달/R&R 등에 대한 관리) ■ 프로젝트 수행 계획을 구성하는 항목들은 별도로 작성될 수 있음을 알림 ■ 승인을 반드시 받아야 함	-	■ WS Slides ■ 프로젝트 수행계획서 양식 ■ 각 영역별 별도의 관리계획서 양식	-	■ 프로젝트 수행 계획서 작성	■ 프로젝트 수행계획서 ■ 품질관리계획서 ■ 형상관리계획서 ■ 의사소통계획서 ■ 위험 및 이슈 관리계획서
	17:35	18:00	0:25	결과 발표	■ 발표하여 개선점 도출하고 보완함	-	■ WS Slides ■ 프로젝트 수행계획서 양식 ■ 각 영역별 별도의 관리계획서 양식	-	■ 프로젝트 수행 계획서 작성	■ 프로젝트 수행계획서 ■ 품질관리계획서 ■ 형상관리계획서 ■ 의사소통계획서 ■ 위험 및 이슈 관리계획서
3일차	9:00	12:00	3:00	WBS란?						
08	9:00	9:20	0:20	WBS 기본 개념	■ WBS의 정의 및 학습 목적 설명 ■ PMBOK 기반 Sample 간략 소개	-	-WS Slides	■ Post it 엄청 많이	-	-
	9:20	11:00	1:40	WBS 작성 실습	■ Sample Project를 기반으로 실습 - Activity 정의하기 - Activity 순서 정하기 - Activity 자원 할당(R&R 참고) - Activity 기간 할당 - WBS Dictionary 작성	-	■ WS Slides ■ WBS Dictionary 양식	-	■ 참석자들이 작성한 프로젝트 범위를 기반으로 각자 WBS를 작성	■ WBS Dictionary - 프로젝트 일정

모듈	시간계획(안) 시작시간	종료시간	소요시간	슬라이드 제목	강사 교수내용	논의내용	교육/실습자료	보조참고자료	참석자활동	작업산출물
모듈08	11:00	11:40	0:40	결과발표	- 발표하고 개선하는 시간을 가짐	-		-	- 발표, 토론	-
	11:40	12:00	0:20	WBS관리	■ MSP 소개 작성Demo(Workshop 정보가 MSP로 표현된 것 보여줌) ■ Network Diagram 소개 ■ Critical Path의 용도 및 작성 방안 설명 일정 조정 기법 소개 본격적으로 프로젝트관리가 시작됨을 알림	-	■ WS Slides ■ MSP Software ■ MSP로 작성된 WBS Sample (CP 표현된 것)	-	본격적 WBS를 MSP로 옮김	-
	12:00	13:00	1:00	점심시간	점심시간	-				
모듈09	13:00	16:40	3:40	프로젝트 진행관리와 종료						
	13:00	13:50	0:50	프로젝트 진행관리	■ 프로젝트 시나리오를 기준으로 시간의 경과에 따라 발생한 이벤트들을 처리하도록 가이드 (진척관리, 품질관리, 비용, 인력, 등……) 실습 양식 설명 ■ 시간 흐름에 따라 작성한 시점에 1회 정도의 프로젝트관리 사이클 반복 ■ EVM 포함(상황에 따라) ■ 프로젝트관리 산출물들을 시간 흐름에 따른 진척관련 정보가 visual하게 표현 되도록 Guide	-	■ WS Slides 중간보고서 양식(프로젝트 태뷰보고서)	■ EVM 교육 자료	■ 단계별 보고 중간보고서 양식(프로젝트 태뷰보고서)	■ 프로젝트 진행 관련 산출물
	13:50	14:50	1:00	프로젝트 종료보고	■ 프로젝트 종료보고를 위한 보고서 작성 방안 및 구성 항목 설명 ■ 행정/계약 종료의 의미 ■ 프로젝트 종료보고서 작성 및 검토	-	■ WS Slides 프로젝트 수행 평가보고서 양식	-	■ 프로젝트 수행 평가보고서 작성	■ 프로젝트 수행 평가보고서 Lessons Learned 포함(프로젝트 종료보고서 시 프로젝트 수행 평가보고서에 포함됨)
	14:50	15:00	0:10	프로젝트 종료	■ 프로젝트 종료 선언!	-	■ WS Slides 프로젝트 수행 평가보고서	-		-

모듈	시간(계획)			슬라이드 제목	교수내용	강 사		교육/실습자료	보조참고자료	참석자활동	작업산출물
	시작 시간	종료 시간	소요 시간			논의내용					
모듈 09	15:00	16:40	1:40	프로젝트 수행결과 Debriefing	■팀별 프로젝트 수행에 관한 전반적인 절차를 리뷰. 단계별 작성 산출물을 모아서 시작부터 종료까지 발표하게 유도	■팀별 발표 내용을 신랄하게 비판하며, 개선사항을 도출해본다		■WS Slides ■프로젝트 팀별 수행 평가보고서	—	■팀별 프로젝트 수행 평가보고서 발표, 토론	—
모듈 10	**16:40**	**18:00**	**1:20**	프로세스 개선 **Framework** 소개							
	16:40	16:40	0:00	개선 framework 소개	■ISO, CMMI, SPICE, ITIL, 통합	—		■WS Slides	—	—	—
	16:40	16:55	0:15	-CMMI	■개요, 적용목적, 구조, 기타	—		—	—	—	—
	16:55	17:05	0:10	-ISO9001:2000	■개요, 적용목적, 구조, 기타	—		—	—	—	—
	17:05	17:25	0:20	-ITIL	■개요, 적용목적, 구조, 기타	—		—	—	—	—
	17:25	17:35	0:10	-SPICE	■개요, 적용목적, 구조, 기타	—		—	—	—	—
	17:35	17:40	0:05	-종합	■비교 테이블	—		—	—	—	—
	17:40	18:00	0:20	Workshop 종료	■설문작성 ■수료증 배부	—		■WS Slides ■Workshop 설문지	■설문지 ■수료증	■설문 작성	■Workshop 설문지 ■수료증

02

Module 설명

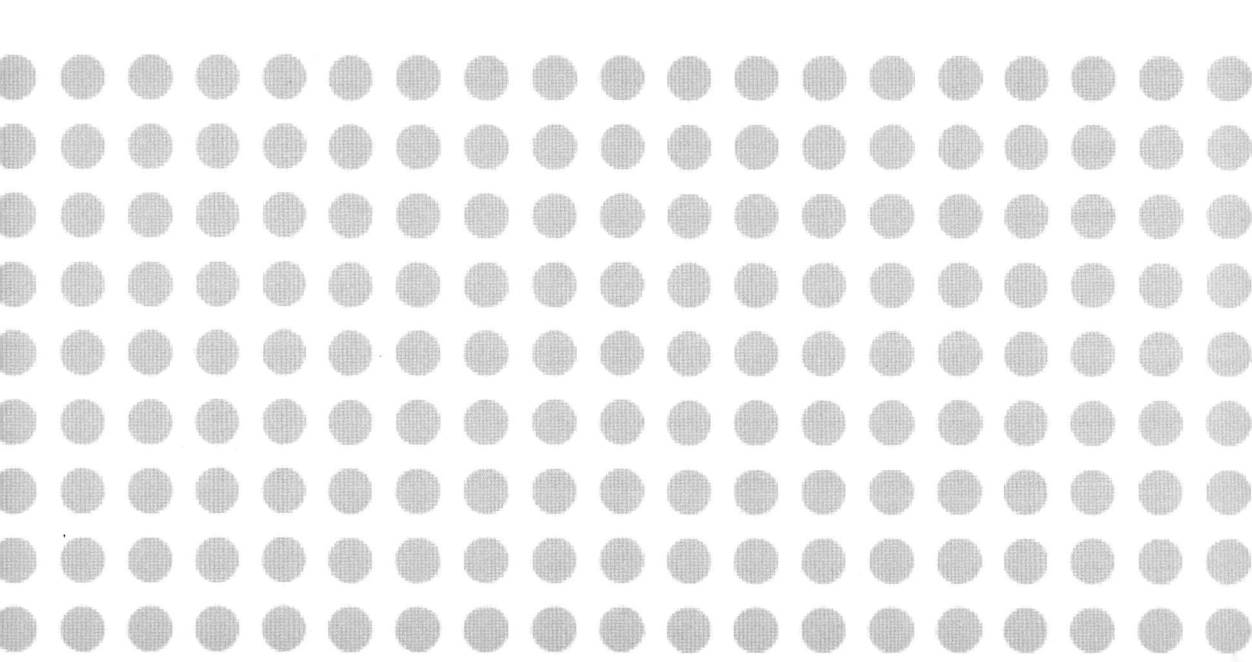

Part 2

Module 설명

01 | Module 1

Module 1

1. 모듈 명	Module 01
2. 목 적	Project Management Workshop을 시작하며 Workshop의 개요와 진행 방향 정보를 공유하는 시간을 갖는다.
3. 소요 시간	1시간
4. 모듈이 끝나면	Ice Break 시간을 통해 참석자들 간의 Workshop 수행에 필요한 긍정적이고, 협조적인 분위기가 조성되고, Workshop의 목적, 목표 및 수행 방법에 관한 전반적인 개요가 파악된다.
5. 교육 내용	N/A
6. 논의 내용	N/A
7. 참석자 활동	참석자 자기소개(이름, 소속 회사명, 업종, 부서, 업무 분야, 경력, Workshop 참석 희망/요구 사항)
8. 산출물	N/A
9. 실습 자료	교육 Slides
10. 참고 자료	N/A
11. 기 타	N/A

Module 1

Contents

ICE Breaking

1. 자기소개
- 이 름
- 소속회사 및 부서
- 현 업무 및 경력 소개
- 지원 목적
- 요구 사항
- 희망 사항

2. 기타
- 교육장
- 식당
- WC

목 적	Ice Breaking 시간을 통해 참석자들의 적극적이고 협조적인 workshop 참여가 될 수 있도록 분위기를 조성한다.
소요 시간	20분
교육 내용	N/A
논의 내용	N/A
참석자 활동	참석자 각자의 소개를 하며, 이번 workshop 참석의 목적, 요구 사항 및 희망 사항 등에 관한 정보를 공유한다.
산출물	N/A
실습 자료	N/A
참고 자료	N/A
기 타	N/A

Workshop의 목적

1. 프로젝트관리의 표준 Framework인 PMBOK에 대한 전반적인 개요를 파악한다.
2. 프로젝트관리의 목적을 이해한다.
3. 요구사항 파악하여 WBS 형태로 수행 활동을 정의할 수 있다.
4. 툴을 이용한 활동 단위의 일정관리를 통해 일정, 비용, 품질 등에 관한 안정적인 프로젝트 진행관리를 할 수 있다.
5. 정해진 마일스톤별 관련된 적절한 보고를 할 수 있다.
6. 관리 실습을 통하여 관리 절차와 관련 툴 및 기법 등의 활용 방법 등에 관한 경험을 교환한다.

목 적	Workshop의 목적과 범위를 명확히 하여 참여자들의 workshop에 대한 잘못된 기대치로 인한 문제 발생 소지를 사전에 제거한다.
소요 시간	10분
교육 내용	1. Workshop에서 수행하는 활동들을 설명한다. 2. Workshop의 목적과 범위에 대해서 명확히 한다.
논의 내용	N/A
참석자 활동	N/A
산출물	N/A
실습 자료	N/A
참고 자료	N/A
기 타	N/A

Workshop 교육 자료 소개

1. Workshop 교재

2. 실습 문서 양식

3. 참고 자료

목 적	Workshop에서 사용되는 교재와 문서 양식 및 참고 자료들을 소개하고, 각 자료의 사용 목적 등을 파악한다.
소요 시간	10분
교육 내용	1. Workshop 교재 소개 2. 실습 문서 양식 소개 3. 참고 자료 소개
논의 내용	N/A
참석자 활동	N/A
산출물	N/A
실습 자료	N/A
참고 자료	N/A
기 타	N/A

Workshop 진행 방법

1. Workshop 진행 방법(일자별 모듈별 상세 설명)

2. 단위 요소별
- 주제 발표
- 실습
- 결과 토론(고객, 수행자 및 관리자 입장)

3. 산출물은 제출

목 적	Workshop의 진행 방법을 파악한다.
소요 시간	17분
교육 내용	1. 일차별 Workshop 일정을 상세히 소개한다. 2. Workshop의 구성단위인 각 단위 모듈별 특징 및 진행 방법을 소개한다. (주제 발표, 실습, 토론 등)
논의 내용	N/A
참석자 활동	N/A
산출물	N/A
실습 자료	N/A
참고 자료	Workshop일정
기 타	N/A

요구사항

1. 시간 엄수(결석, 지각, 조퇴, XXXXX)

2. 긍정적

3. 적극적

4. 협조적

목 적	효과적인 Workshop이 되기 위해서 필요한 참석자들에게 요구되는 최소한의 기본 요건들을 설명하고 workshop의 목적을 다시 한번 상기한다.
소요 시간	3분
교육 내용	1. 이 Workshop은 구성의 특성상 각 모듈들이 시간적, 내용적으로 다음 모듈들에 영향을 주기 때문에 가장 중요한 것은 workshop 참석 시간을 엄수하는 것임을 강조한다. 2. 본 Workshop은 이론을 정리, 전달하는 주입식 교육이 아니며, 각 참석자들은 긍정적인 마음가짐을 가지고 팀 내, 팀 간 협조적이어야 하고, 적극적인 참여가 있어야만 효과적인 workshop이 될 수 있다는 것을 강조한다.
논의 내용	N/A
참석자 활동	N/A
산출물	N/A
실습 자료	N/A
참고 자료	N/A
기 타	N/A

02 | Module 2

Module 2

1. 모듈 명	Module 02
2. 목 적	Workshop에서 실습할 대상 프로젝트 정보를 공유하고 여러 프로젝트가 있을 경우 어떤 기준으로 프로젝트를 선택한 근거를 작성해 본다.
3. 소요 시간	1시간 50분
4. 모듈이 끝나면	실습할 프로젝트에 대한 개략적인 요구사항을 파악하며, 프로젝트 선택 기준에 대한 개념을 이해한다.
5. 교육 내용	1. Workshop에서 사용할 Sample 프로젝트를 소개한다. 2. 프로젝트의 각 관리 영역을 간략히 설명하고, 3. PMBOK 기준의 각각의 프로젝트관리 영역에 해당하는 부분이 소개된 프로젝트의 어느 부분과 관련이 있는지를 분석해 본다.
6. 논의 내용	N/A
7. 참석자 활동	1. 실습 프로젝트 내용을 숙지한다. 2. 프로젝트 선택 기준을 작성, 발표한다.
8. 산출물	프로젝트 선택 기준: 실습문서양식집
9. 실습 자료	프로젝트 선택 기준: 실습문서양식집
10. 참고 자료	*A Guide to the Project Management Body of Knowledge 3rd ed*
11. 기 타	N/A

Module 2

Contents

실습 프로젝트 소개

1. 프로젝트 명:「aPMS(advanced Project Management System) 구축 프로젝트」
2. 개요: ABC주식회사는 전 직원이 25명이며, 주요 사업 영역은 프로젝트관리 시스템 소프트웨어 패키지의 개발 및 판매다. 이 패키지는 프로젝트관리를 위한 다양한 기능을 가지고 있어 대부분의 고객이 패키지에 대해 만족하고 있다고 생각하고 있으나, ……

3. 단계별 주요 활동 계획

4. 산출물 요구 사항

목 적	Workshop에 사용할 예제 프로젝트의 내용을 이해하고 분석한다.
소요 시간	1시간 10분
교육 내용	1. 예제 프로젝트의 내용을 소개한다. －이벤트가 발생하는 시점과 그 종류, 이 시점에 참석자들은 적절한 대응을 해야 함을 강조한다. －적절한 시점에 적절한 관리의 필요성을 강조한다.(위험, 품질, 인력, 의사소통 등) 2. PMBOK의 각 프로세스 영역을 다시 한번 간략히 소개한다. 3. 예제 프로젝트관리를 위해 PMBOK의 각 프로세스 영역별로 분석해 본다.
논의 내용	프로젝트 내용의 프로세스별 분석 의견 교환
참석자 활동	1. 예제 프로젝트의 내용을 숙지한다. 2. 예제 프로젝트를 PMBOK 프로세스 영역별로 분해, 분석한다.
산출물	N/A
실습 자료	N/A
참고 자료	1. A Guide to the Project Management Body of Knowledge 3rd ed. 2. 프로젝트관리 Workshop 프로젝트
기 타	N/A

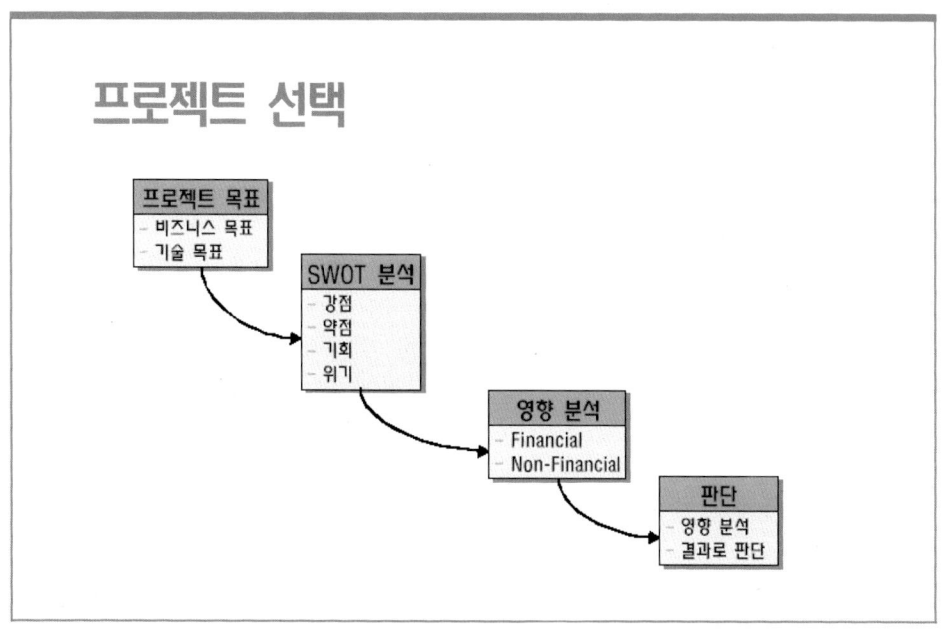

목 적	프로젝트 선택을 위한 기법을 숙지한다.
소요 시간	40분
교육 내용	프로젝트 선택을 위한 일반적인 기법을 소개한다.
논의 내용	각 조직에서의 프로젝트 선택 기준에 대해서 의논한다. (부서, 절차, 양식)
참석자 활동	1. 프로젝트 선택 기준 양식을 사용하여 프로젝트 상태 정보와 조직 현황을 고려한 평가 메트릭을 작성할 수 있다. 2. Decision Tree Analysis 방법에 대해 실습한다.
산출물	프로젝트 선택 기준(실습문서양식집)
실습 자료	프로젝트 선택 기준(실습문서양식집)
참고 자료	1. 실습문서양식집 2. State of Michigan Project Management Methodology 3. Strategic Planning for Project Management using A Project Management Maturity Model 4. Willy, Effective Project Management Traditional Adaptive Extreme 5. William E. Souder, Project Selection and Economic Appraisal
기 타	N/A

교육 내용

1. 프로젝트 선택을 위한 다양한 방법들이 있으며 프로젝트 선택을 위한 분석 시스템을 갖추고 있거나 판단을 위한 전담 팀이 따로 있는 경우가 있을 수도 있다. 그러한 체계나 조직을 가질 상황이 아닌 조직에서는 간단하게 체크리스트 형태로 프로젝트 선택이나 수행 여부를 판단하는 근거 자료를 만들 수 있을 것이다. 아니면 최고 경영자의 단독적인 판단에 의해서나……

2. 여기에서는 여러 개 또는 한 개의 프로젝트에 대해 기본 분석을 통한 프로젝트의 수행 여부 결정 또는 어떤 프로젝트를 선정할 것인지를 판단하는 기본 절차를 살펴보자.

   1) 프로젝트 목표 이해
      - 대상 프로젝트(들)에 대한 프로젝트의 비즈니스적인 그리고 기술적인 목표를 명확하게 파악한다.

   2) SWOT(Strength, Weakness, Opportunity, Threat) 분석
      - 프로젝트를 수행하는 데 있어서의 조직의 강점, 약점, 기회 및 위협 요인을 분석한다.
      ① 환경(잠재 시장, 자본, 경쟁 요소, 사회적인 반응 등……)
      ② 경쟁 요인(경쟁 우위 요소, 기술적 우위 요인, 시장에서의 우위 확보 기회, 공급망 관리, 재정 능력 등)
      ③ 적절한 자원 및 처리 능력 보유 여부
      ④ 과거 유사 프로젝트 데이터 참고

   3) 영향 분석
      - 프로젝트 선정 기법 적용
      ① Checklist/Scoring Model
      ② Cost Benefit Analysis
         .Net Present Value
         .Discounted Cash Flow
         .Internal Rate Of Return
         .Return On Investment

.Probability Of Success

.Reality of Assumptions and Constraints

③ Risk Analysis

④ Decision Tree Analysis

4) 판 단

－영향 분석 결과에 따라 최선의 프로젝트를 선택 또는 검토 대상 프로젝트의 수행 여부 결정

3. 평가 기법 samples

1) Check list

프로젝트 명	자 원	기 간	위 험	비 용	총 합
프로젝트 A	3	3	5	3	14
프로젝트 B	1	1	1	3	6
프로젝트 C	3	1	3	3	10
프로젝트 D	5	3	3	3	14

[범례]

Scale	프로젝트 크기	자 원	기 간	위 험	비 용
1	소	〈 5	〈 3개월	No impact	〈 5억 원
3	중	〈 10	〈 6개월	Impacts Divisions	〈 25억 원
5	대	〉 10	〉 6개월	Impacts Other Agencies	〉 25억 원

총합이   4～8   이면 소형 프로젝트

9～15   이면 중형 프로젝트

16～25   이면 대형 프로젝트로 판단한다.

Matrix의 종류, 적용 방법 및 판단 방법은 조직마다, 프로젝트 마다 상황이 다를 수 있으므로 적용 전 자기 조직의 특성에 맞는지를 꼼꼼히 검토 후 활용할 필요가 있다.

2) 하나의 프로젝트 평가

평가 기준		척 도				
		-2	-1	0	+1	+2
경영진	자본 요구				o	
	경쟁자 반응			o		
	ROI				o	
	지불 시점	X			o	X
	시장 충격				o	
엔지니어링	필요 장비					o
	가용 인력				o	
	Know-How					o
	설계 난이도	X	X	X	X	X
	가용 장비				o	
	시스템 배치				o	
연구	특허 가능 여부			o		
	성공 가능성					o
	Know-How					o
	프로젝트 비용		o			
	가용 인력	o				
	가용 시험소	o				
마케팅	제품 수명		o			
	제품의 강점	X	o	X		X
	영업 적합성	o				
	시장 규모	o				
	경쟁자 수	o				
생산	처리 가능성					o
	Know-how					o
	장비 가용성					o
'○' 의 개수		5	3	2	7	7

Key: +2 = 우수   ⊠ = 해당사항 없음

　　　+1 = 좋음

　　　 0 = 보통   ○ = 현재 프로젝트에 해당

　　 -1 = 나쁨

　　 -2 = 허용 불가

3) 프로젝트 평가 모델

평가기준	이 익		특 허	마케팅	생산성
평가기준 가중치	4		3	2	1
평가 대상 프로젝트	평가 점수				총 점
프로젝트 A	10	6	4	3	69
프로젝트 B	5	10	10	5	**75**
프로젝트 C	3	7	10	10	63

총점 = Σ(평가 점수 × 평가 가중치)
점수: 10 = 우수; 1 = 허용 불가

4) Risk Analysis

　－위험 요인 식별

　　① 무리한 일정

　　② 무리한 성과 요구

　　③ 부족한 예산

　　④ 비현실적인 기대치

　　⑤ 계약 내용에 대한 오해

　　⑥ 익숙하지 않은 기술이나 프로세스

　　⑦ 적절하지 않은 소프트웨어 규모 산정

　　⑧ 부적절한 개발 모델

　　⑨ 익숙하지 않은 새로운 하드웨어

　　⑩ 제대로 조사되지 않은 요구사항

　　⑪ 적합하지 않은 기술력을 가진 구성원

　　⑫ 계속되는 요구사항 변경

　　⑬ 적절하지 않은 소프트웨어 개발 계획

　　⑭ 부적합한 조직 구조

　　⑮ 과도한 신뢰성 요구

　　⑯ 부족한 자동화 툴, 환경의 지원

　　⑰ 부족한 관리적 지원

　　⑱ 적절하지 않은 위험 분석 및 관리

－위험 요인들에 대해 프로젝트에 영향을 많이 줄 것 같은 항목을 시작으로 A에서 J까지 10개의 항목을 선정, 점수 부여 후 합산하면 대상 프로젝트에 대한 위험 점수가 작성되며, 여러 프로젝트들에 대해 위와 같은 방법으로 점수 平價 후 비교하면 프로젝트 선정 기준의 한 factor로 활용 가능

Project Activity	A	B	C	D	E	F	G	H	I	J	Score
Requirements Analysis	2	3	3	2	3	3	2	2	1	1	22
Specifications	2	1	3	2	2	2	1	2	2	3	20
Preliminary Design	1	1	2	2	2	2	1	2	2	2	17
Design	2	1	2	2	2	3	1	2	2	1	18
Implement	1	2	2	3	3	2	1	2	2	1	19
Test	2	2	2	2	2	3	2	2	2	2	21
Integration	3	2	3	3	3	3	2	3	3	2	27
Checkout	1	2	2	3	3	3	2	3	2	2	23
Operation	2	2	3	3	3	3	3	3	1	1	24
Score	16	16	22	22	23	24	15	21	17	15	191

'1': low risk, '2': medium risk, '3': high risk
Maximum score is 270. Risk level for this project is 19 /270 =71%

5) Decision Tree Analysis

Decision Definition	Decision Node (비용)	Change Node	확률 (%)	매출이익 (억 원)	EMV (억 원)
어플리케이션의 자체 개발 또는 외주 용역 개발	자체 개발 (지출: 3억)	시장 선점 성공	35	25	2.5 =-3 +(0.35 * 25 +0.65 * -5)
		시장 선점 실패	65	-5	
	외주 용역 개발 (지출: 6억)	시장 선점 성공	40	40	5.2 =-6 +(0.40 * 40 +0.60 * -8)
		시장 선점 실패	60	-8	

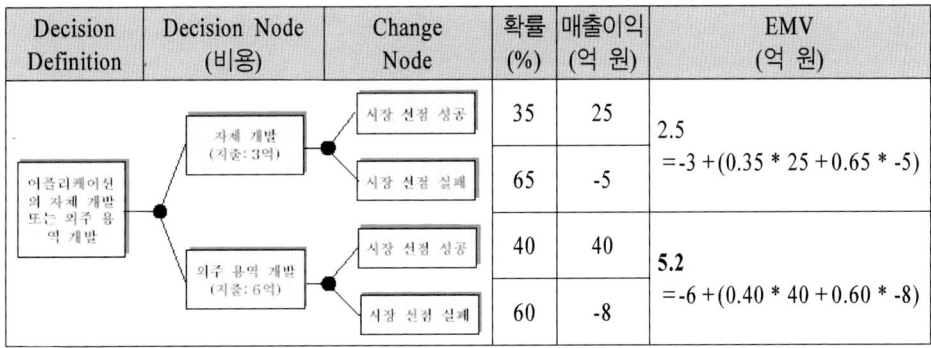

*EMV(Expected Monetary Value): 예상 기대 값

4. Decision Tree Analysis 실습하기

03 | Module 3

Module 3

1. 모듈 명	Module 03
2. 목 적	프로젝트관리란 무엇이고, 왜 프로젝트를 관리해야 하는지, 프로젝트관리를 위한 표준은 무엇이 있고 어떻게 구성되었는지에 대해 파악한다.
3. 소요 시간	3시간 40분
4. 모듈이 끝나면	프로젝트관리를 위한 표준 Framework 및 프로젝트관리 목적 등을 이해한다.
5. 교육 내용	1. 실제 프로젝트에 프로젝트관리 개념의 적용 정도를 파악해 본다. 2. PMBOK의 전반적인 내용을 요약하여 설명한다. 3. 프로젝트관리 생명주기에 대하여 설명한다. 4. 실제 수행 프로젝트를 분석하여 정리한 자료를 활용하여 PMBOK의 적용 정도를 파악할 수 있게 한다.
6. 논의 내용	N/A
7. 참석자 활동	실제 업무에서는 프로젝트관리가 어떻게 진행되고 있는지를 다른 참석자들이 간접 경험할 수 있도록 참석자들은 각자 또는 업무 경험을 발표한다.
8. 산출물	교육 Slides
9. 실습 자료	N/A
10. 참고 자료	A Guide to the Project Management Body of Knowledge 3rd ed
11. 기 타	N/A

Module 3

Contents

프로젝트란 무엇인가?

1. 정의

"A project is a temporary endeavor undertaken to create a unique product, service, or result."

······PMBOK

2. Project and Program

3. Key Characteristics that distinguish projects

4. Attributes of a Project

목 적	「프로젝트」에 대한 정의와 특성에 대한 개념을 파악한다.
소요 시간	10분
교육 내용	1. PMBOK에서 말하고 있는 프로젝트의 정의에 대해서 알아본다. 2. 프로그램과의 관계에 대해서 알아본다. 3. 프로젝트를 구분하는 특성을 살펴본다. 4. 프로젝트의 속성을 파악한다.
논의 내용	프로젝트라는 용어의 적용 대상(Operation과 비교)
참석자 활동	N/A
산출물	N/A
실습 자료	N/A
참고 자료	1. A Guide to the Project Management Body of Knowledge 3rd ed. 2. IT Project Management-Providing Measurable organizational Value 3. Software Project Management 2nd ed.
기 타	N/A

교육 내용

1. PMBOK에서 말하고 있는 프로젝트에 대해 알아보자

　　1) 프로젝트란 무엇인가?

　　　"A project is a _temporary_ endeavor undertaken to create a _unique_ product, service, or result." ⋯⋯PMBOK

　　2) 프로젝트의 예

2. 프로젝트와 프로그램과의 관계는 무엇인가?

　　A program is a group of related projects

3. 프로젝트의 핵심 특성

　　1) 반복되는 작업이 아님

　　2) 계획이 필요

　　3) 어떤 목표가 달성되거나 제품이 개발됨

　　4) 선결된 일정이 필요

　　5) 누군가 다른 사람에 의해 작업이 수행됨

　　6) 작업은 다른 여러 전문 분야와 관련 있음

　　7) 작업은 여러 단계를 거쳐 수행됨

　　8) 프로젝트 수행에 필요한 자원은 제약적임

　　9) 크거나 복잡

4. 프로젝트의 속성들

　　1) 일　정

　　　프로젝트는 일시적인 노력이므로 반드시 시작과 끝이 정의되어야 한다. 어떤 프로젝트는 시작 일정이 정해지면서 종료 일자를 가정해야 하는 반면, 종료일자가 확정되어 시작 일자를 역 산출해야 하는 경우도 있다.

　　2) 목　적

　　　어떤 목적이 수행된다. 예를 들면 건물을 짓는다거나, 시스템이나 소프트웨어 패키지를 만든다거나, 어떤 절차를 정의한다거나, 제도를 만든다거나 등

프로젝트의 목표는 뭔가 유형의 것이나 조직에 가치를 주는 것을 생산해 내는 것이어야 한다.

3) 소유권

프로젝트가 종료되면 프로젝트를 소유하는 개인이나 단체에 어떤 가치를 제공해야 한다. 이 소유자를 결정하는 건 쉽지는 않겠지만……

4) 자 원

프로젝트를 성공적으로 완료하기 위해서는 다양한 형태로 시간, 비용, 인력 및 기술 등이 필요하게 된다.

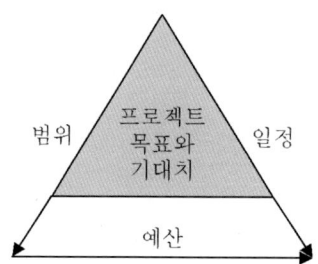

Triple Constraint: 범위, 일정 및 예산

5) 역 할

프로젝트에 적용되는 기술과 기법이 날로 다양화, 전문화되어 감에 따라 그에 따른 다양한 역할자들이 필요하게 된다.

−프로젝트 관리자: 프로젝트를 총괄하고 성공을 책임진다. 고객의 요구사 항에 부합되는 결과를 얻을 수 있도록 정해진 기간, 비용 및 품질 요건 범위 내에서 프로젝트의 진행을 관리한다. 프로젝트가 클 경우 프로젝트 를 관리 가능한 크기로 분리하여 부−프로젝트 관리자들을 통해 관리하 기도 한다.

−스폰서: 프로젝트의 재정을 담당하며 프로젝트의 진행에 영향력이 매우 큰 대표적인 이해 당사자 중의 하나다.

−이해 당사자: 프로젝트의 성패에 직접 또는 간접적으로 영향을 주거나 받는 사람을 말하여 일반적으로는 프로젝트 수행을 요청한 고객을 말하

지만 넓은 의미로는 프로젝트를 수행하는 당사자뿐만 아니라 간접적으로 영향을 받는 모든 사람들을 포함할 수도 있다.

- 업무 전문가: 프로젝트 수행 팀 구성원들이 고객의 모든 업무를 잘 이해하기가 어려울 수도 있다. 이럴 경우 조직 내에서나 또는 외부의 관련 업무 전문가를 프로젝트의 구성원으로 하여 전문가의 업무 지원을 통해 프로젝트를 보다 성공적으로 수행할 수가 있다.
- 기술 전문가: 업무 전문가와 마찬가지로 프로젝트 수행 팀 구성원들이 고객이 요청하거나 또는 프로젝트를 수행하는 데 있어서 필요한 기술들을 모두 가지고 있지 못할 경우 내부 조직 또는 외부의 기술 전문가의 도움을 받아 프로젝트를 수행할 수 있다.

6) 위 험

프로젝트를 수행하는 데 있어서 위험은 발생할 경우 프로젝트에 부정적인 영향을 주는 요소들을 말한다. 수시로 상황을 파악하여 위험은 예측 가능한 부분을 도출하고 예방을 위한 노력을 하거나 발생하였을 경우를 위한 대응 방안을 미리 준비하여야 위험 발생에 대한 부정적인 영향을 비교적 감소시킬 수 있다. 위험은 내부적인 요인에 의한 위험과 외부 요인에 의한 위험으로 크게 구분이 될 수 있다. 예를 들면,

- 내부 요인에 의한 위험:
  - 팀 구성원의 갑작스런 퇴사
  - 프로젝트 관리자의 변경
  - 적용 기술의 변경 등
- 외부 요인에 의한 위험
  - 외주 계약자의 계약 이행 불가

7) 가 정

가정은 프로젝트를 수행하는 데 있어서 당연히 그럴 것이라는 전제하에 진행되는 사항들을 말한다. 예를 들면,

- 정해진 범위는 변경이 되지 않고 프로젝트가 종료될 때까지 지속된다.

　　　－정해진 일정은 변경이 되지 않고 프로젝트가 종료될 때까지 지속된다.
　　　－고객과 외주 업체들과의 관련 계약들은 계획대로 이행이 된다. 등……

　　　가정이 가정대로 되지 않으면 곧바로 위험으로 될 가능성이 높기 때문에
위험을 추출하고 모니터링 할 때에는 가정 항목들을 관리 우선 대상으로
해야 한다.

　8) 작업이 상호 의존적
　　　프로젝트를 구성하는 각 작업들은 의존적이어서 하나의 작업이 다음 작업
에 직접적으로 영향을 줄 수 있어, 각 작업들은 계획된 수행이 되도록 주
의해야 하며 그렇지 않은 경우 프로젝트에 일정 지연, 범위 초과, 비용 증
가 등의 다양한 형태로 부정적인 영향을 줄 수가 있다.

5. 프로젝트의 성공의 방해 요소들
　　1) 부실한 예상과 계획
　　2) 품질 표준과 측정의 부족
　　3) 적용 기술력 확보 실패
　　4) 부적절한 성공 목표
　　5) 불충분한 작업 명세
　　6) 관리자의 IT 무지
　　7) 업무 영역 지식 부족
　　8) 표준 부족
　　9) 문서 갱신 실패
　　10) 장비의 적기 지원 실패
　　11) 작업이 제때 끝나지 못함
　　12) 사용자와 개발자 간의 의사소통 부족
　　13) Commitment 부족
　　14) 기술적인 경험 부족
　　15) 적용 기술 변경

16) 마감일 압력

17) 품질 통제 활동 부족

18) 관리 부실

19) 교육 훈련 부실

프로젝트 생명주기

1. 정의

프로젝트의 원활한 관리를 위해 여러 단계를 정의하여 프로젝트를 그 단계에 맞춰 수행할 때 이러한 단계를 프로젝트 생명주기(PLC: Project Life Cycle)라고 함

2. PLC의 특성

목 적	「프로젝트 생명주기」에 대한 정의와 특성에 대한 개념을 파악한다.
소요 시간	30분
교육 내용	1. 프로젝트 생명주기에 대한 정의를 살펴본다. 2. 프로젝트 생명주기의 특성을 살펴본다.
논의 내용	각 조직에서 적용하고 있는 프로젝트 생명주기 모델에는 어떤 것들이 있나?
참석자 활동	N/A
산출물	N/A
실습 자료	N/A
참고 자료	1. A Guide to the Project Management Body of Knowledge 3rd ed. 2. IT Project Management-Providing Measurable organizational Value 3. Software Project Management 2nd ed.
기 타	N/A

Project Life Cycle Sample 1

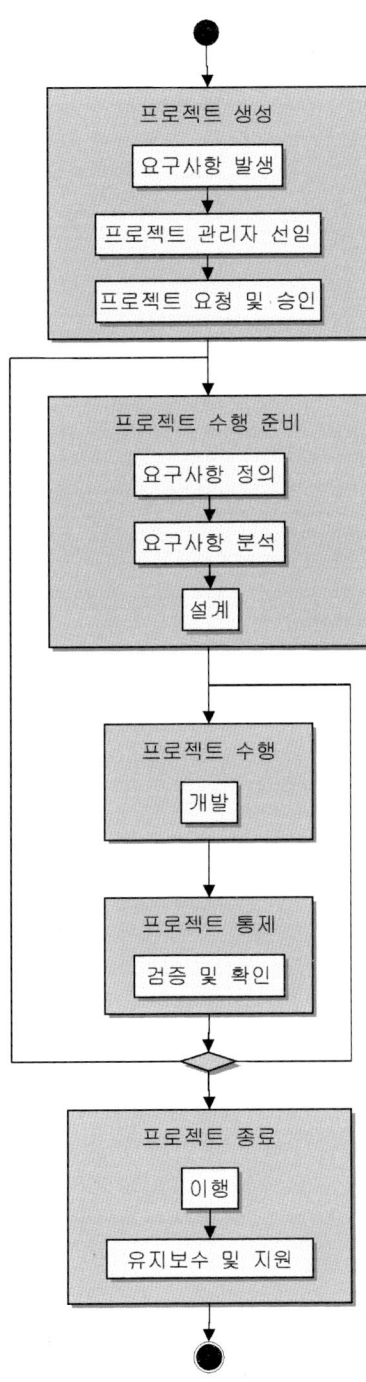

Project Life Cycle Sample 2

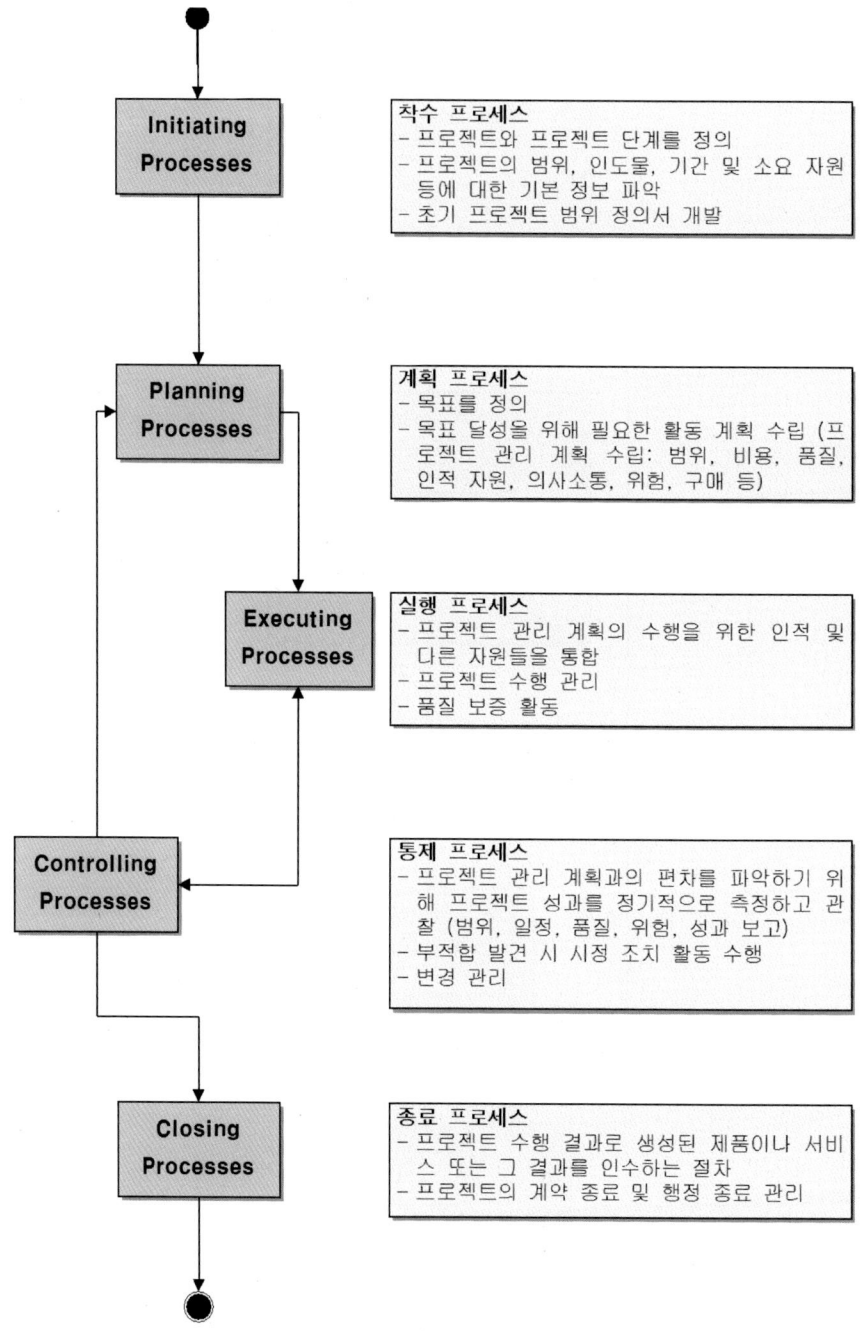

착수 프로세스
- 프로젝트와 프로젝트 단계를 정의
- 프로젝트의 범위, 인도물, 기간 및 소요 자원 등에 대한 기본 정보 파악
- 초기 프로젝트 범위 정의서 개발

계획 프로세스
- 목표를 정의
- 목표 달성을 위해 필요한 활동 계획 수립 (프로젝트 관리 계획 수립: 범위, 비용, 품질, 인적 자원, 의사소통, 위험, 구매 등)

실행 프로세스
- 프로젝트 관리 계획의 수행을 위한 인적 및 다른 자원들을 통합
- 프로젝트 수행 관리
- 품질 보증 활동

통제 프로세스
- 프로젝트 관리 계획과의 편차를 파악하기 위해 프로젝트 성과를 정기적으로 측정하고 관찰 (범위, 일정, 품질, 위험, 성과 보고)
- 부적합 발견 시 시정 조치 활동 수행
- 변경 관리

종료 프로세스
- 프로젝트 수행 결과로 생성된 제품이나 서비스 또는 그 결과를 인수하는 절차
- 프로젝트의 계약 종료 및 행정 종료 관리

1. 프로젝트 생명주기에 대한 정의

프로젝트의 원활한 관리를 위해 여러 단계를 정의하여 프로젝트를 그 단계에 맞춰 수행할 때 이러한 단계들을 프로젝트 생명주기(PLC: Project Life Cycle)라고 한다. 이렇게 누구나 프로젝트의 생명주기를 정의하여 각자의 프로젝트를 관리하는 것은 아무 문제가 없으나 고객의 프로젝트를 수행하는 데 있어서는 고객뿐만 아니라 제 3자도 인정하는 일반적으로 잘 알려지고 검증이 된 단계들로 구성된 프로젝트 생명주기를 선택하여 적용하는 것이 프로젝트의 관리 차원에서나 고객과의 관계에 있어서도 훨씬 나은 방법이라 생각한다. 요즘은 프로젝트를 의뢰한 고객이 특정 PLC를 선정하여 적용하기를 원하기도 한다.

2. 프로젝트 생명주기는?

  1) 각 단계별 어떤 활동들이 수행되어야 하는지를 정의한다.
  2) 각 단계별 어떤 산출물들이 작성되어야 하며, 이러한 산출물들이 어떻게 검토되고 확인되어야 하는지를 정의한다.
  3) 각 단계별 역할과 책임을 정의한다.
  4) 각 단계별 관리 및 통제 방안에 대해 정의한다.

3. 프로젝트 생명주기의 특성

  1) 프로젝트 생명주기를 구성하는 각 단계들은 순차적이며, 몇 개의 단계들은 중첩되어 수행된다.
  2) 비용과 인력 투입 정도가 프로젝트 초기에는 낮고, 중간 단계에는 가장 높으며, 프로젝트가 종료되어 가는 단계에서는 다시 낮게 떨어진다.
  3) 불확실성의 정도가 프로젝트 초기에는 가장 높으며, 프로젝트 목표에 대한 실패 위험 또한 가장 높다. 하지만 프로젝트가 진행됨에 따라 이러한 불확실성과 실패 위험은 점차 감소하게 된다.
  4) 프로젝트에 대한 이해 당사자들의 영향이 프로젝트 초기에는 높으며, 프로젝트가 진행되면서 점차 낮아진다.
  5) 변경과 에러 수정 비용이 초기에는 낮으나 프로젝트가 진행될수록 증가하게 된다.

4. 제품 생명주기와 프로젝트 생명주기

<PMBOK 3rd. Ed. p.24 그림 2-4 제품과 프로젝트 생애주기 사이의 관계 참고>

5. 참고: 개발 방법론

개발에 필요한 절차와 적용 기술 및 관련 산출물을 정의한다.

1) 구성 요소

−Procedures, Tasks, Techniques, Templates, Tools, Management

2) 패러다임에 따른 구분

−폭포형, 프로토 타입, 나선형, RAD형

3) 이론적 성격에 따른 구분

−구조적 방법론, 정보공학 방법론, 객체지향형, 컴포넌트 기반, 프레임워크

4) 개발 유형에 따른 구분

−SI 개발 방법론, 패키지형 개발 방법론, ……

프로젝트관리란 무엇인가?

1. 정의

"Project management is the application of knowledge, skills, tools, and techniques to project activities to meet project requirements. Project management is accomplished through processes, using project management knowledge, skills, tools, and techniques that receive inputs and generate outputs."

······PMBOK

2. Project Management Areas

목 적	「프로젝트관리」에 대해 정의를 해보고 그 의미를 이해한다.
소요 시간	10분
교육 내용	1. PMBOK에서 말하고 있는 프로젝트관리의 정의에 대해서 알아본다. 2. 프로젝트관리의 영역을 살펴본다.
논의 내용	각자의 조직에서는 프로젝트관리를 위해 어떤 시스템, 제도 및 관련 조직이 있으며 운영 방식에 대해서 얘기해 보자
참석자 활동	N/A
산출물	N/A
실습 자료	N/A
참고 자료	1. A Guide to the Project Management Body of Knowledge 3rd ed. 2. IT Project Management-Providing Measurable organizational Value
기 타	N/A

1.관리란 무엇인가?

    1) Planning – deciding what is to be done

    2) Organizing – making arrangements

    3) Staffing – selecting the right people for the job

    4) Directing – giving instructions

    5) Monitoring – checking on progress

    6) Controlling – taking action to remedy hold-ups

    7) Innovating – coming up with new solutions

    8) Representing – liaising with users

2. 프로젝트관리란 무엇인가?

“Project management is the application of knowledge, skills, tools, and techniques to project activities to meet project requirements. Project management is accomplished through processes, using project management knowledge, skills, tools, and techniques that receive inputs and generate outputs.”

······PMBOK

3. 프로젝트관리 영역······PMBOK

    1) 프로젝트 통합관리

    2) 프로젝트 범위관리

    3) 프로젝트 시간관리

    4) 프로젝트 원가관리

    5) 프로젝트 품질관리

    6) 프로젝트 인적자원관리

    7) 프로젝트 의사소통관리

    8) 프로젝트 위험관리

    9) 프로젝트 조달관리

PMBOK 개요

Project Management Body of Knowledge
- Section Ⅰ: The Project Management Framework
- Section Ⅱ: The Standard for Project Management of a Project
- Section Ⅲ: The Project Management Knowledge Area
- Section Ⅳ: Appendices
- Section Ⅴ: Glossary and Index

목 적	프로젝트관리 workshop의 기본 골격이 되는 PMI의 PMBOK Guide 3rd ed. 의 전반적인 내용을 간략히 요약 설명하여 워크숍의 원활한 진행을 위한 기초 지식을 공유한다.
소요 시간	2시간 30분
교육 내용	PMBOK의 전반적인 내용을 간략히 요약 전달하여 프로젝트관리에 대한 개요를 파악하게 한다.
논의 내용	1. PMBOK의 study 경험은? 2. PMP 준비 경험 및 취득 여부 확인
참석자 활동	N/A
산출물	N/A
실습 자료	N/A
참고 자료	A Guide to the Project Management Body of Knowledge 3rd ed.
기 타	N/A

실습 프로젝트에서의 PMBOK 적용 정보

WBS	이 름	산 출 물	프로세스	프로젝트관리 지식 영역
		aPMS 구축 프로젝트		PMBOK
1	aPMS 구축 프로젝트	-		
1.1	초기 준비 작업			
1.1.1	Workshop	Workshop 결과보고서		
1.1.2	Kick Off meeting	Kick Off보고서		
1.2	분석 및 설계	-		
1.2.1	프로젝트 수행 계획 작업	가정 목록, 제약 사항 목록, Stakeholder 목록, Role and Responsibility, 프로젝트 Charter, 품질관리계획서, 위험 및 이슈 관리 계획서, 형상관리계획서, 프로젝트 일정, WBS Dictionary, 의사소통계획서, 프로젝트 범위 정의서	4.1 Develop Project Charter 4.2 Develop Preliminary Project Scope Statement 4.3 Develop Project Management Plan 5.1 Scope Planning 5.2 Scope Definition 5.3 Create WBS 6.1 Activity Definition 6.2 Activity Sequencing 6.3 Activity Resource Estimating 6.4 Activity Duration Estimating 6.5 Schedule Development 10.1 Communication Planning 11.1 Risk Management Planning 11.5 Risk Response Planning	Project Integration Management Project Scope Management Project Time Management Project Communication Management Project Risk Management
1.2.2	현황 파악	설문지, 인터뷰계획서, 인터뷰기록, As-Is 분석서	4.2 Develop Preliminary Project Scope Statement	Project Integration Management
1.2.3	구축 항목 도출	To-Be계획서	4.3 Develop Project Management Plan	Project Integration Management
1.2.4	프로젝트 수행 계획 작성	프로젝트 수행계획서	4.3 Develop Project Management Plan 5.1 Scope Planning 5.2 Scope Definition 6.5 Schedule Development 10.1 communication Planning 11.1 Risk Management Planning 11.5 Risk Response Planning	Project Scope Management Project Scope Management Project Time Management Project Communication Management Project Risk Management
1.2.5	위험 및 이슈 관리 대장 Update	위험 및 이슈 관리 대장	11.2 Risk Identification 11.3 Qualitative Risk Analysis 11.4 Quantitative Risk Analysis 11.6 Risk Monitoring and Control	Project Risk Management
1.2.6	중간보고서 작성	중간보고서, 진척관리, 투입 인력 현황	10.3 Performance Reporting	Project Communication Management
1.2.7	중간보고		10.3 Performance Reporting	Project Communication Management
1.3	구축	-		
1.3.1	표준 프로세스 구축(1차)	구축된 프로세스		
1.3.2	품질검토 및 시정조치 요청	품질체크 리스트, 품질검토 결과서, 시정조치 요청서	4.4 Direct and Management Project Execution 4.5 Monitor and Control Project Work 5.4 Scope Verification 5.5 Scope Control 6.6 Schedule control 8.2 Perform Quality Assurance 8.3 Perform Quality Control	Project Integration Management Project Scope Management Project Time Management Project Quality Management
1.3.3	지적사항 보완		4.5 Monitor and Control Project Work 8.2 Perform Quality Assurance	Project Integration Management Project Quality Management
1.3.4	프로세스 교육	교육 자료		
1.3.5	시정조치 확인	시정조치 결과보고서	4.4 Direct and Management Project Execution	Project Integration Management

목 적	실습 프로젝트가 PMBOK의 프로세스 영역의 어느 부분을 반영하고 있는지에 대해 확인해보면서 PMBOK이 실제 프로젝트에서 어떻게 활용이 되는지를 파악한다.
소요 시간	20분
교육 내용	실습 프로젝트의 PMBOK 프로세스 적용 정도를 파악한다.
논의 내용	프로젝트를 수행하면서 경험한 다른 표준들과의 비교 활동 등에 대해 의견을 교환한다.
참석자 활동	N/A
산출물	N/A
실습 자료	N/A
참고 자료	N/A
기 타	N/A

실습 프로젝트 task들과 PMBOK의 프로세스들과의 매핑

aPMS 구축 프로젝트			PMBOK	
WBS	이 름	산출물	프로세스	프로젝트관리 지식 영역
1	aPMS 구축 프로젝트	–	–	–
1.1	초기 준비 작업	–	–	–
1.1.1	Workshop	Workshop 결과보고서	–	–
1.1.2	Kick Off meeting	Kick Off보고서	–	–
1.2	분석 및 설계	–	–	–
1.2.1	프로젝트 수행 계획 작업	가정 목록, 제약 사항 목록, Stakeholder 목록, Role and Responsibility, 프로젝트 Charter, 품질관리계획서, 위험 및 이슈 관리 계획서, 형상관리 계획서, 프로젝트 일정, WBS Dictionary, 의사소통계획서, 프로젝트 범위 정의서	4.1 Develop Project Charter 4.2 Develop Preliminary Project Scope Statement 4.3 Develop Project Management Plan 5.1 Scope Planning 5.2 Scope Definition 5.3 Create WBS 6.1 Activity Definition 6.2 Activity Sequencing 6.3 Activity Resource Estimating 6.4 Activity Duration Estimating 6.5 Schedule Development 10.1 Communication Planning 11.1 Risk Management Planning 11.5 Risk Response Planning	Project Integration Management Project Scope Management Project Time Management Project Communication Management Project Risk Management
1.2.2	현황 파악	설문지, 인터뷰계획서, 인터뷰기록, As-Is 분석서	4.2 Develop Preliminary Project Scope Statement	Project Integration Management
1.2.3	구축 항목 도출	To-Be계획서	4.3 Develop Project Management Plan	Project Integration Management
1.2.4	프로젝트 수행 계획 작성	프로젝트 수행계획서	4.3 Develop Project Management Plan 5.1 Scope Planning 5.2 Scope Definition 6.5 Schedule Development 10.1 Communication Planning 11.1 Risk Management Planning 11.5 Risk Response Planning	Project Integration Management Project Scope Management Project Time Management Project Communication Management Project Risk Management

aPMS 구축 프로젝트			PMBOK	
WBS	이 름	산출물	프로세스	프로젝트관리 지식 영역
1.2.5	위험 및 이슈 관리 대장 Update	위험 및 이슈 관리 대장	11.2 Risk Identification 11.3 Qualitative Risk Analysis 11.4 Quantitative Risk Analysis 11.6 Risk Monitoring and Control	Project Risk Management
1.2.6	중간보고서 작성	중간보고서, 진척관리, 투입 인력 현황	10.3 Performance Reporting	Project Communication Management
1.2.7	중간보고	–	10.3 Performance Reporting	Project Communication Management
1.3	구축	–	–	–
1.3.1	표준 프로세스 구축(1차)	구축된 프로세스	–	–
1.3.2	품질검토 및 시정조치 요청	품질체크 리스트, 품질검토 결과서, 시정조치 요청서	4.4 Direct and Management Project Execution 4.5 Monitor and Control Project Work 5.4 Scope Verification 5.5 Scope Control 6.6 Schedule control 8.2 Perform Quality Assurance 8.3 Perform Quality Control	Project Integration Management Project Scope Management Project Time Management Project Quality Management
1.3.3	지적사항 보완	–	4.5 Monitor and Control Project Work 8.2 Perform Quality Assurance	Project Integration Management Project Quality Management
1.3.4	프로세스 교육	교육 자료	–	–
1.3.5	시정조치 확인	시정조치 결과보고서	4.4 Direct and Management Project Execution	Project Integration Management
1.3.6	위험 및 이슈 관리 대장 Update	위험 및 이슈 관리 대장	11.2 Risk Identification 11.3 Qualitative Risk Analysis 11.4 Quantitative Risk Analysis 11.6 Risk Monitoring and Control	Project Risk Management
1.3.7	표준 프로세스 구축(2차)	구축된 프로세스	–	–
1.3.8	품질검토 및 시정조치 요청	품질체크 리스트, 품질검토 결과서, 시정조치 요청서	4.4 Direct and Management Project Execution 4.5 Monitor and Control Project Work 5.4 Scope Verification 5.5 Scope Control 6.6 Schedule control 8.2 Perform Quality Assurance 8.3 Perform Quality Control	Project Integration Management Project Scope Management Project Time Management Project Quality Management

aPMS 구축 프로젝트			PMBOK	
WBS	이 름	산출물	프로세스	프로젝트관리 지식 영역
1.3.9	지적사항 보완	–	4.5 Monitor and Control Project Work 8.2 Perform Quality Assurance	Project Integration Management Project Quality Management
1.3.10	프로세스 교육	교육 자료	–	–
1.3.11	시정조치 확인	시정조치 결과보고서	4.4 Direct and Management Project Execution	Project Integration Management
1.3.12	위험 및 이슈 관리 대장 Update	위험 및 이슈 관리 대장	11.2 Risk Identification 11.3 Qualitative Risk Analysis 11.4 Quantitative Risk Analysis 11.6 Risk Monitoring and Control	Project Risk Management
1.3.13	중간보고서 작성	중간보고서, 진척관리, 투입 인력 현황	10.3 Performance Reporting	Project Communication Management
1.3.14	중간보고	–	10.3 Performance Reporting	Project Communication Management
1.4	테스트	–	–	–
1.4.1	프로세스 검토	프로세스 검토보고서	–	–
1.4.2	품질검토 및 시정조치 요청	품질체크 리스트, 품질검토 결과서, 시정조치 요청서	4.4 Direct and Management Project Execution 4.5 Monitor and Control Project Work 5.4 Scope Verification 5.5 Scope Control 6.6 Schedule control 8.2 Perform Quality Assurance 8.3 Perform Quality Control	Project Integration Management Project Scope Management Project Time Management Project Quality Management
1.4.3	지적사항 보완	–	4.5 Monitor and Control Project Work 8.2 Perform Quality Assurance	Project Integration Management Project Quality Management 1.4.4 프로세스 승인 –
1.4.5	시정조치 확인	시정조치 결과보고서	4.4 Direct and Management Project Execution	Project Integration Management
1.4.6	위험 및 이슈 관리 대장 Update	위험 및 이슈 관리 대장	11.2 Risk Identification 11.3 Qualitative Risk Analysis 11.4 Quantitative Risk Analysis 11.6 Risk Monitoring and Control	Project Risk Management
1.4.7	중간보고서 작성	중간보고서, 진척관리, 투입 인력 현황	10.3 Performance Reporting	Project Communication Management
1.4.8	중간보고	–	10.3 Performance Reporting	Project Communication Management
1.5	이행	–	–	–

aPMS 구축 프로젝트			PMBOK	
WBS	이 름	산출물	프로세스	프로젝트관리 지식 영역
1.5.1	현업 적용	–	4.7 Close Project	Project Integration Management
1.5.2	현업 적용 데이터 수집	현업 적용 결과서	4.7 Close Project	Project Integration Management
1.5.3	향후관리 방안 제시	유지 보수 방안	4.7 Close Project	Project Integration Management
1.5.4	위험 및 이슈 관리 대장 Update	위험 및 이슈 관리 대장	11.2 Risk Identification 11.3 Qualitative Risk Analysis 11.4 Quantitative Risk Analysis 11.6 Risk Monitoring and Control	Project Risk Management
1.5.5	프로젝트 종료작업	Lessons Learned, 진척관리	4.7 Close Project	Project Integration Management
1.5.6	프로젝트 종료보고서 작성	프로젝트 수행 평가보고서	4.7 Close Project	Project Integration Management
1.5.7	프로젝트 종료보고	–	4.7 Close Project	Project Integration Management

| 04 | Module 4 |

Module 4

1. 모듈 명	Module 04
2. 목 적	프로젝트 Charter에 대한 구성을 살펴보고, 작성 실습을 통해 프로젝트 Charter의 작성 목적과 의미를 파악한다.
3. 소요 시간	3시간
4. 모듈이 끝나면	프로젝트 Charter를 작성할 수 있으며, 프로젝트 Charter의 중요성을 인식하고 성공적인 프로젝트 수행을 위해서 프로젝트 Charter를 어떻게 작성하는 것이 좋은지를 판단할 수 있다.
5. 교육 내용	Sample 프로젝트를 기반으로 팀별 프로젝트 Charter를 작성하게 한다.
6. 논의 내용	N/A
7. 참석자 활동	1. 프로젝트 Charter의 작성 시점, 목적 및 구성 항목 등을 이해한다. 2. 프로젝트 Charter를 작성한다.
8. 산출물	프로젝트 Charter
9. 실습 자료	프로젝트 Charter(프로젝트관리 Workshop 실습문서 양식)
10. 참고 자료	1. A Guide to the Project Management Body of Knowledge 3rd ed. 2. State of Michigan Project Management Methodology 3. 프로젝트관리 Workshop 프로젝트
11. 기 타	N/A

Module 4

Contents

1. 프로젝트 Charter란?

2. 프로젝트 Charter 작성 실습

3. 결과 발표

프로젝트 Charter란?

1. 정의
- 공식적으로 프로젝트의 존재와 시작을 알리는 문서

2. 작성 목적
- 프로젝트와 프로젝트 관리자에 대한 관리적인 지원을 확인

3. 구성
- 프로젝트 일반 정보, 프로젝트 목적, 프로젝트 목표, 프로젝트 범위, 가정, 제약 사항, 권한, 역할과 책임, 관리 포인트, 관련자 서명 정보 등

4. 주의 사항
- 프로젝트 시작 직후에 프로젝트 관리자가 작성
- Senior Management Commitment 의 확보 필요
- 프로젝트 수행계획서의 작성 근거로 활용

목 적	프로젝트 Charter에 대해 이해한다.
소요 시간	20분
교육 내용	프로젝트 Charter의 정의와 작성 목적을 설명한다.
논의 내용	N/A
참석자 활동	프로젝트 Charter의 개념을 숙지한다.
산출물	N/A
실습 자료	N/A
참고 자료	1. A Guide to the Project Management Body of Knowledge 3rd ed. 2. State of Michigan Project Management Methodology
기 타	N/A

교육 내용

1. 프로젝트 Charter란?

   1) 프로젝트 Charter는 프로젝트 관리자가 공식적으로 프로젝트의 존재와 시작을 알리고 승인받기 위해 작성한다.

   2) 승인 받은 프로젝트 Charter에 의해서 프로젝트 관리자는 프로젝트 수행 활동에 필요한 조직의 자원을 활용할 수 있는 권한을 가지게 된다.

2. 작성 목적

   프로젝트 Charter는 주로 아래와 같은 내용을 문서화하기 위해 작성한다.
   - 비즈니스 요구사항
   - 프로젝트 정의
   - 파악된 고객 요구사항
   - 고객 요구사항을 만족시키기 위한 신제품, 서비스 등

3. 구성 항목

   프로젝트 Charter는 아래와 같은 항목들로 구성될 수 있다.
   - 고객 요구사항(이해 당사자들의 요구와 기대치)
   - 비즈니스 요구, 프로젝트 정의 및 제품 요구
   - 프로젝트의 목적과 정의
   - 상위 수준의 마일스톤
   - 이해 당사자
   - 프로젝트 수행 조직
   - 가정
   - 제약 사항 등

4. 전체 프로젝트에서의 위치를 설명한다.

5. 기 타

   1) 프로젝트 관리자는 가능한 한 일찍 선정이 되어야 하며, 늦어도 프로젝트

Charter를 작성하는 시점이어야 한다.

2) PMBOK에서 말하는, 프로젝트를 수행하는 데 있어서 중요한 3가지 문서들 중 하나다.

- Project Charter(Formally authorizes the project)
- Project Scope Statement(States what work is to be accomplished and what deliverables need to be produced)
- Project Management Plan(States how the work will be performed)

3) 프로젝트 Charter가 만들어지는 시점이 기록된 WBS의 예를 든다.

프로젝트 Charter 작성 실습

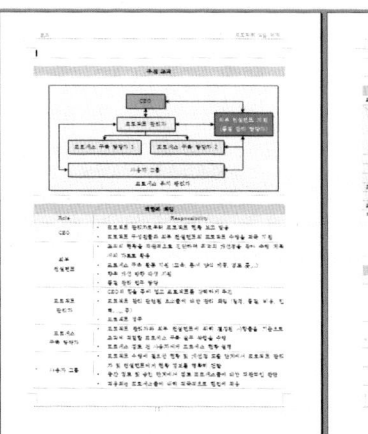

목 적	프로젝트 Charter를 작성할 수 있다
소요 시간	2시간
교육 내용	1. 프로젝트 Charter를 구성하는 항목을 다시 한번 간략히 소개한다. 2. 예제 프로젝트 내용을 분석하여 프로젝트 Charter의 구성 항목과 매핑시켜 본다.
논의 내용	1. 프로젝트 Charter 구성 항목 작성을 위한 데이터 수집 방안(앞 페이지의 문서 간 연관 관계 그림 참고) 2. 프로젝트 Charter 구성 항목들의 중요성
참석자 활동	1. 예제 프로젝트의 내용을 숙지한다. 2. 예제 프로젝트를 분석하여 PMBOK의 각 프로세스 영역별로 분석한다.
산출물	프로젝트 Charter
실습 자료	프로젝트 Charter(프로젝트관리 Workshop 실습문서 양식)
참고 자료	1. A Guide to the Project Management Body of Knowledge 3rd ed. 2. State of Michigan Project Management Methodology 3. 프로젝트관리 Workshop 프로젝트
기 타	N/A

결과 발표

1. 팀별 작성 결과 발표

2. 의견 교환

목 적	팀별로 작성한 프로젝트 Charter를 서로 검토하며 접근의 다양한 방법을 경험한다.
소요 시간	40분
교육 내용	작성한 프로젝트 Charter들을 수집하고 팀별 순서대로 발표하도록 한다.
논의 내용	프로젝트 내용의 프로세스별 분석 의견 교환
참석자 활동	1. 예제 프로젝트의 내용을 숙지한다. 2. 예제 프로젝트를 분석하여 PMBOK의 각 프로세스 영역별로 분석한다.
산출물	프로젝트 Charter
실습 자료	N/A
참고 자료	1. A Guide to the Project Management Body of Knowledge 3rd ed. 2. State of Michigan Project Management Methodology 3. 프로젝트관리 Workshop 프로젝트
기 타	N/A

05 | Module 5

Module 5

1. 모듈 명	Module 05
2. 목 적	프로젝트를 수행하는 데 있어서 필요한 몇 가지 필수 고려 사항들을 살펴보고 프로젝트에 어떻게 적용하는지를 파악한다.
3. 소요 시간	2시간 25분
4. 모듈이 끝나면	프로젝트에 영향을 주는 가정, 제약 사항, Stakeholder, R&R, 마일스톤 등에 대한 개념을 이해하고 프로젝트에 적용하여 작성할 수 있다.
5. 교육 내용	1. Sample 프로젝트를 기반으로 고려 대상 항목들을 작성한다. 2. 역할과 책임을 명확히 정의한다. 3. 마일스톤의 중요성 인식
6. 논의 내용	1. 어떤 항목들이 가정, 제약 사항들이 될 수 있나? 2. 우리 프로젝트에서는 Stakeholder가 누구인가?
7. 참석자 활동	1. 프로젝트 Charter의 작성 시점, 목적 및 구성 항목 등을 이해한다. 2. 프로젝트 Charter를 작성한다.
8. 산출물	프로젝트 Charter
9. 실습 자료	가정목록, 제약 사항 목록, R&R, Stakeholder목록, 프로젝트 Charter (프로젝트관리 Workshop 실습문서 양식)
10. 참고 자료	1. State of Michigan Project Management Methodology 2. 프로젝트관리 Workshop 프로젝트
11. 기타	N/A

Module 5

Contents

가 정 (Assumptions)

1. 프로젝트를 수행하는 데 있어서 사실이라고 하는 전제

목 적	가정에 대한 개념을 이해하고 관리할 수 있다.
소요 시간	10분
교육 내용	가정의 정의와 목적을 설명한다.
논의 내용	N/A
참석자 활동	가정의 개념과 프로젝트에 있어서의 중요성을 인식한다.
산출물	N/A
실습 자료	N/A
참고 자료	1. State of Michigan Project Management Methodology 2. 프로젝트관리 Workshop 프로젝트
기 타	N/A

교육 내용

1. 가정은 프로젝트에 있어서 아직 수행되지 않은 활동들에 대해 수행을 계획하면서 전제되는 사항들이다.

2. 솔루션의 실현을 위한 근거를 제공하기 때문에 중요하다.

3. 가정은 문서화되어야 하고, 이러한 가정이 기준을 벗어날 때에는 원인을 분석하여 보고되고 대응하기 위해 검토되어야 한다.

4. 문서화된 가정은 지속적으로 검토되어야 한다. <u>가정이 성립되지 않을 경우</u> 가정을 기반으로 구성된 모든 것들이 <u>위험 요소화</u>되어 버릴 수 있기 때문이다.

5. 개발 일정을 작성하는 데 있어서 가정을 문서화하는 것은 프로젝트의 성공에 있어서 중요하며 이러한 명확한 문서화 없이는 일정에 있어서의 변경에 아주 어렵고 위험하다. 예를 들면, 특정 기능 구현을 위해 적절한 기술력을 가진 사람이 투입되기로 가정되어 일정이 단축될 걸로 가정된 것이 문서화되었는데 그렇지 않은 사람이 투입되었다면 프로젝트 관리자는 그것에 대한 위험을 감지하고 적절한 대응 방안을 마련할 수 있지만, 이러한 가정에 대한 문서화가 없다면 일정은 프로젝트 관리자가 인식하지 못하고 나중에 심각한 위험에 빠질 가능성이 높다.

6. 가정의 예) 제품은 정해진 날짜에 테스트를 할 수 있게 준비될 것이다. 요구사항은 변화하지 않을 것이다.

7. 전체 프로젝트에서의 '가정' 문서의 위치를 설명한다.

제약 사항 (Constraints)

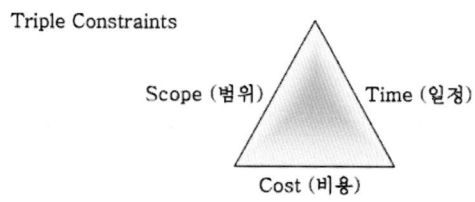

Triple Constraints

Scope (범위)　　　Time (일정)

Cost (비용)

제약 사항 변경	영향 정도
일정 축소	비용 증가, 저 품질 또는 범위 축소
비용축소	일정 증가, 저 품질 또는 범위 축소
고품질 또는 범위 증가	일정 증가, 비용 증가

목 적	제약 사항에 대한 개념을 이해하고 관리할 수 있다.
소요 시간	10분
교육 내용	제약 사항의 정의와 목적을 설명한다.
논의 내용	N/A
참석자 활동	프로젝트를 수행하는 데 있어서 제약 사항이 어떻게 영향을 줄 수 있는지를 파악한다.
산출물	N/A
실습 자료	N/A
참고 자료	1. State of Michigan Project Management Methodology 2. 프로젝트관리 Workshop 프로젝트
기 타	N/A

교육 내용

1. 제약 사항이란 프로젝트의 성공적인 완수에 방해가 되는 프로젝트의 속성 중의 하나다.

2. 프로젝트는 인적 자원, 비용, 일정, 지원 장비 및 기술적인 수준과 같이 여러 형태의 제약 사항들을 가질 수 있다.

3. 프로젝트 관리자들은 프로젝트 요구사항을 관리하는 데 있어서 최소한 아래 3가지의 제약 사항에 관심을 가져야 한다.

4. Triple Constraints: 범위, 일정, 비용

5. 프로젝트의 품질은 위 3가지 요소들에 영향을 받으며, 고품질의 프로젝트는 정해진 범위, 시간 및 비용 내에서 요구된 제품이나 서비스를 완료한다는 것을 의미한다고도 할 수 있다.

6. 위 3가지 요소는 서로 밀접한 관계가 있어서 어느 한 가지에 변화가 있으면 다른 한 가지 또는 두 가지는 영향을 받게 된다.

7. PMBOK의 Chapter 5, 6 그리고 7에 자세히 나와 있으니 참고

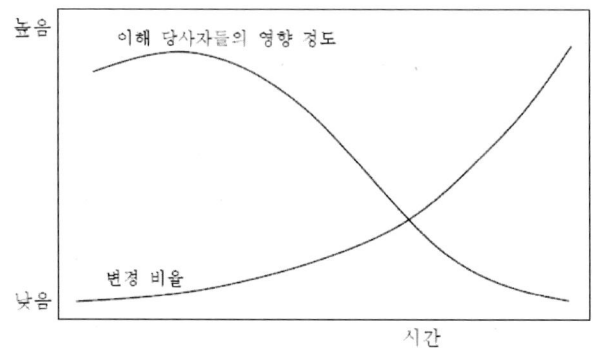

이해 당사자 (Stakeholder)

프로젝트 진행 시간에 따른 이해당사자의 영향 정도

목 적	이해 당사자에 대한 개념을 이해하고 관리할 수 있다.
소요 시간	10분
교육 내용	1. 이해 당사자의 정의를 설명한다. 2. 프로젝트에서 이해 당사자의 역할에 대해 살펴본다.
논의 내용	N/A
참석자 활동	N/A
산출물	N/A
실습 자료	N/A
참고 자료	1. State of Michigan Project Management Methodology 2. 프로젝트관리 Workshop 프로젝트
기 타	N/A

교육 내용

1. 이해 당사자는 프로젝트 수행이나 수행 결과에 영향을 주거나 받는 사람이나 조직을 말한다.

2. 이해 당사자의 예로는, 프로젝트 구성원, 프로젝트 관리자, 프로젝트 스폰서, 관련 부서, 제품이나 서비스에 대한 (내/외부) 고객 등이 될 수 있다.

3. 이해 당사자들은 프로젝트에 직접 또는 간접적으로 영향을 준다. 이러한 영향은 프로젝트 후반으로 갈수록 프로젝트의 품질을 만족하면서 완료하기는 더욱 힘들어져 가능한 한 프로젝트 초기에 이해 당사자들을 파악하고 각각의 요구사항을 최대한 많이 빨리 파악하고 확인받으며 프로젝트 내내 지속적으로 관리하는 것이 성공적인 프로젝트 수행의 관건이라고 할 수도 있다.

4. 프로젝트를 수행하는 데 있어서 관련된 이해 당사자들의 요구사항을 관리하고, 만족시키기는 대단히 어려운 일이다. 이해 당사자는 다양한 역할, 경험 및 기술들을 가지고 있기 때문에 이들의 요구사항이나 기대치 또한 다양할 수밖에 없기 때문이다.

5. 역할 예)

구 분	역 할
프로젝트 관리자	프로젝트관리 책임자
고객/사용자	프로젝트의 산출물을 사용하는 사람이나 조직. 다양한 계층의 고객이 있을 수 있음
이행 조직	프로젝트를 수행하는 데 있어서 직접적으로 관계가 깊은 사람들이 속한 조직
프로젝트 팀 구성원	프로젝트 수행 조직 구성원들
프로젝트관리 팀	프로젝트관리 활동들에 직접적으로 관련된 프로젝트 팀 구성원들
스폰서	프로젝트에 경제적인 자원을 제공하는 개인이나 단체
영향력 행사자	프로젝트 수행 결과에 직접적인 관계가 있지는 않지만 속한 조직의 지원 때문에 긍정적 혹은 부정적으로 영향을 줄 수 있는 개인이나 단체
PMO	프로젝트 수행 결과에 직접 또는 간접적으로 책임을 짐

핵심 이해 당사자들과 역할 구분

역할과 책임 (Role & Responsibility)

역할과 책임	
Role	Responsibility
CEO	• 프로젝트 관리자로부터 프로젝트 현황 보고받음 • 프로젝트 구성원들과 외부 컨설턴트의 프로젝트 수행을 적극 지원
외부 컨설턴트	• 조직의 현황을 객관적으로 진단하여 최적의 개선점을 찾아 수행계획서의 자료로 활용 • 프로세스 구축 활동 지원(교육, 문서 양식 제공, 검토 등……) • 향후 개선 방향 작성 지원 • 품질관리 업무 담당
프로젝트 관리자	• CEO의 힘을 등에 업고 프로젝트를 강력하게 추진 • 프로젝트관리 관련된 요소들에 대한 관리 책임(일정, 품질, 비용, 인력, ……등) • 프로젝트 성공)
프로세스 구축 담당자	• 프로젝트 관리자와 외부 컨설턴트에 의해 결정된 사항들을 기준으로 조직에 적절할 프로세스 구축 실무 작업을 수행 • 프로세스 검토 전 사용자에게 프로세스 현황 설명
사용자 그룹	• 프로젝트 수행에 필요한 현황 및 개선점 도출 단계에서 프로젝트 관리자 및 컨설턴트에게 현황 정보를 명확히 전달 • 중간 검토 및 승인 단계에서 검토 프로세스들에 대한 객관적인 판단 • 적용되는 프로세스들에 대해 적극적으로 현업에 적용 • 개선점을 담당자(사내 프로세스 유지 관리자)에게 FeedBack
프로세스 유지 관리자	• 사용자들로부터 접수된 개선 사항을 검토 승인 받고 프로세스 보완, 교육 및 재적용

목 적	역할과 책임에 대한 개념과 프로젝트에서의 중요 정도를 이해한다.
소요 시간	10분
교육 내용	1. 역할과 책임에 대한 정의를 설명한다. 2. 프로젝트를 수행하는 데 있어서 어떤 역할들이 필요하고 각 역할자들의 책임이 무엇인지를 살펴본다.
논의 내용	실제 프로젝트에서 어떻게 적용하고 있나?
참석자 활동	역할과 책임에 대해 숙지한다.
산출물	N/A
실습 자료	N/A
참고 자료	1. State of Michigan Project Management Methodology 2. 프로젝트관리 Workshop 프로젝트
기 타	N/A

교육 내용

1. 프로젝트를 수행하는 데 있어서 어떤 역할들이 필요할지를 최대한 일찍 파악한다.

2. 파악된 역할들에 대해 각각 어떤 권한과 책임을 가지는지를 기술하고 담당자들을 매핑한다(역할 맵, 역할 매트릭스).

3. 프로젝트 활동들이 수행되기 전에 정의된 모든 역할자들과 그에 따른 책임들을 각 담당자들에게 전달하여 충분히 숙지할 수 있도록 프로젝트 초기에 충분히 교육

4. 역할자들의 적절한 수행 활동들에 대해서는 지속적으로 관리한다.(예: 품질검토 대상 항목(체크리스트)으로 등록하여 관리)

역할과 책임 Matrix

프로젝트 주요 활동들에 대한 역할과 책임 관계

프로젝트 주요활동 / 역 할	Charter 프로젝트	As-Is 분석	To-B0 계획	프로젝트 수행 계획	프로세스 구축	단계별 중간보고	프로세스 검토/승인	프로세스 보안	현업 적용	보안	유지 보수 방안	프로젝트 수행 평가 보고
CEO	A	I	I	A	I	I	I	I	I	I	I	I
외부 컨설턴트	I	E	E	I	E	I	I	E	E	E	E	I
프로젝트 관리자	E	EC	EC	EC	EC	E	E	EC	EC	EC	C	E
프로세스 구축 담당자				E	EC	I	I	EC	EC	EC		I
사용자 그룹	I	EC	I	I	I	I	EC	I	EC	I	I	I
프로세스 유지 관리자							I	I	I	E	I	I

※ 범례

　E: (Responsibility for Execution) 실행 담당

　A: (Final Approval for Authority) 승인/최종 승인

　C: (Must be Consulted) 논의/컨설턴트 지원

　I: (Must be Informed) 공지

마일스톤 (Milestone)

마일스톤이란······

목 적	마일스톤에 대한 개념을 이해한다.
소요 시간	10분
교육 내용	마일스톤의 정의와 적용 목적을 살펴본다.
논의 내용	N/A
참석자 활동	1. 마일스톤에 대해서 이해한다. 2. 마일스톤 작성 절차에 대해서 의논해 본다.
산출물	N/A
실습 자료	N/A
참고 자료	2. State of Michigan Project Management Methodology 3. 프로젝트관리 Workshop 프로젝트
기 타	N/A

교육 내용

1. 프로젝트에 있어서 중요한 시점을 나타내며, 일정 마일스톤(Schedule Milestone)이라고도 한다.

2. 프로젝트 초기에 프로젝트 수행 팀은 프로젝트 진행에 있어서 중요한 시점들을 파악하고 고객에게 확인받음으로써 핵심 마일스톤의 확인 작업을 먼저 해야 한다.(합의된 마일스톤은 일정에 대한 제약 사항이 됨)

3. 여기에서 기술된 마일스톤들은 여러 관리계획의 기준점들이 되어 활용된다.
   (예: 품질 계획, 형상관리 계획, 의사소통 계획 등)

4. 확정된 마일스톤들을 기준으로 프로젝트 수행 팀에서는 업무 흐름에 따라 적절한 마일스톤들을 추가하여 전체 일정 마일스톤을 완성한다.

5. 작성되고 승인된 마일스톤은 프로젝트 수행 팀 내에서도 관리 기준으로서 중요한 의미를 가지지만, 고객이 프로젝트에 대한 작업 상태나 진척을 확인하는 중요한 시점이 되기도 하므로 진척에 차질이 없게 하기 위해서는 즉, 마일스톤 단위로 작업의 진행 정도가 부족한 경우가 발생되지 않게 하기 위해서는 각 마일스톤 내에서의 작업의 완성도에 대한 관리를 철저히 해야 한다.

6. 예)
   - Requirements approval
   - Phase review approval
   - Prototype approval
   - Design reviews completion
   - Code reviews completion
   - Unit test completion
   - Integration test completion
   - Acceptance test completion
   - System acceptance by customer
   - Customer shipment
   - Documentation delivery

작성 실습

1. 가정(Assumptions) 목록

2. 제약 사항(Constraints) 목록

3. 이해 당사자(Stakeholder) 목록

4. 역할과 책임(Role and Responsibility)

5. 마일스톤(Milestone)

목 적	프로젝트를 수행하는 데 있어서 필요한 몇 가지 필수 고려 사항들을 작성할 수 있다.
소요 시간	40분
교육 내용	1. 예제 프로젝트를 간략히 요약 설명한다. 2. 실습할 내용과 연관 지어 예제 프로젝트를 분석해 본다.
논의 내용	N/A
참석자 활동	예제 프로젝트를 기반으로 앞에서 언급한 프로젝트 수행 시 고려해야 할 중요한 항목들을 작성한다.
산출물	가정 목록, 제약 사항 목록, 이해 당사자 목록, 역할과 책임, 마일스톤(프로젝트관리 Workshop 실습문서 양식)
실습 자료	프로젝트관리 Workshop 실습문서 양식
참고 자료	1. State of Michigan Project Management Methodology 2. 프로젝트관리 Workshop 프로젝트
기 타	N/A

결과 발표

1. 팀별 작성 결과 발표

2. 의견 교환

목 적	작성 결과를 검토하고 프로젝트에서 활용할 수 있다.
소요 시간	55분
교육 내용	1. 작성 내용들에 대한 요약 설명 2. 팀별 작성 결과를 순서를 정해 발표하도록 한다.
논의 내용	1. 각 작성 내용들을 서로 검토하여 적절하게 표현되었는지에 대해 의견을 교환한다. 2. 실제 프로젝트에서는 어떻게 작성되고 활용되었는지에 대해 의논한다.
참석자 활동	예제 프로젝트를 기반으로 작성된 내용을 발표하고 의견 교환한다.
산출물	가정 목록, 제약 사항 목록, 이해 당사자 목록, 역할과 책임, 마일스톤
실습 자료	N/A
참고 자료	1. State of Michigan Project Management Methodology 2. 프로젝트관리 Workshop 프로젝트
기 타	N/A

06 | Module 6

Module 6

1. 모듈 명	Module 06
2. 목 적	프로젝트관리를 위한 핵심 프로세스 영역에 대한 개요를 파악하고 실습을 통해 프로젝트에 적용할 수 있게 한다.
3. 소요 시간	2시간 50분
4. 모듈이 끝나면	프로젝트관리를 위한 핵심 프로세스 영역에 대해 이해하고 프로젝트에 적용할 수 있다.
5. 교육 내용	1. 의사소통관리 이해 2. 위험 및 이슈 관리에 대한 이해 3. 품질관리에 대한 이해 4. 형상관리에 대한 이해 5. 프로젝트 범위 결정하기
6. 논의 내용	N/A
7. 참석자 활동	각 프로세스 영역과 관련된 산출물을 작성하고 발표하여 각 조직들에서 수행하는 프로젝트관리 방법들을 비교 검토해본다.
8. 산출물	N/A
9. 실습 자료	관련 산출물
10. 참고 자료	A Guide to the Project Management Body of Knowledge 3rd ed.
11. 기 타	N/A

Module 6

Contents

의사소통관리

1. 의사소통관리란?

- "……is the Knowledge Area that employs the processes required to ensure timely and appropriate generation, collection, distribution, storage, retrieval, and ultimate disposition of project information."
  ……PMBOK
- 의사소통관리는 프로젝트 내에서 서로 다른 조직들 간의 정보 교환의 토대를 관리하는 것

2. 의사소통관리의 목적

- 누가 정보를 필요로 하는가?
- 어떠한 정보가 필요한가?
- 이러한 정보는 언제 필요한가?
- 정보는 어떻게 수집되는가?
- 수집된 정보는 어떻게 공유가 되는가?

목 적	의사소통 프로세스에 대해 이해하고 프로젝트에 적용할 수 있다.
소요 시간	10분
교육 내용	의사소통관리에 대해 이해한다.(정의, 목적, 계획서 등)
논의 내용	각 조직에서의 의사소통 방법에는 어떤 것들이 있나?
참석자 활동	N/A
산출물	N/A
실습 자료	N/A
참고 자료	1. A Guide to the Project Management Body of Knowledge 3rd ed. 2. Project Management Methodology 3. IT Project Management-Providing Measurable organizational Value
기 타	N/A

교육 내용

1. 의사소통관리의 목적

    1) 프로젝트 조직 내에서 누가 어떤 정보를 언제 필요로 하는가?

    2) 프로젝트 구성원들 간의 프로젝트 내에서의 의사소통을 가장 잘할 수 있는 방법은 무엇인가?

    3) 프로젝트 정보를 얼마나 빠르게 관련자들에게 전달해야 하나?

    4) 얼마나 자주 정보를 필요로 하나?

    5) 정보를 필요로 하는 사람들에게 정보를 전달할 가장 편리한 방법은 무엇인가?

    6) 조직이나 프로젝트 수행 팀 내에 의사소통을 위한 시스템은 존재하는가?

    7) 정보를 필요로 하는 주기와 기간은?

2. 의사소통관리계획서의 구성

    1) 정보는 어떻게 수집되고 갱신되는가?

      − 프로젝트 관리자는 정보를 어떻게 수집할 것인가?

      − 갱신된 정보는 얼마나 자주 보고될 것인가?

      − 핵심 정보가 갱신되면 어떤 후속 활동들이 취해지는가?

    2) 정보는 어떻게 통제되고 배분되는가?

      − 프로젝트 정보의 흐름을 정의하고 정보의 흐름에 대한 결정을 누가 할 것인지를 정의

      − 정보가 보관된 곳의 접근 권한 수준을 결정

      − 정보 보안 정책 정의

    3) 정보는 어떻게 보관되는가?

      − 프로젝트 구성원들이 접근 가능하도록 프로젝트 파일들을 어떻게 어디에 보관할 것인지를 정의

3. 의사소통계획서 템플릿 Sample

    1) 문서 정보

    2) 의사소통 일정 계획

    3) 교환 정보 형식

4) 의사소통 관련 시스템

5) 정보 교환 대상자의 교환 기간

6) 의사소통계획서 갱신 방안

의사소통 계획						
구 분	주 기	보고자	보고대상	시 점	내 용	산출물
착수 미팅	1회	프로젝트 관리자	CEO, 프로젝트 관련자	프로젝트 시작 직후	프로젝트에 대한 개요를 관련자들에게 전달하고 프로젝트의 시작을 알림	프로젝트 수행계획서
중간 보고	3회	프로젝트 관리자	CEO	프로젝트 진행 중 정해진 시점	프로젝트 진행 상황 (일정, 비용, 품질, 인력, 문제점, 개선점, 향후 계획 등)	프로젝트 중간보고서
종료 보고	1회	프로젝트 관리자	CEO, 프로젝트 관련자	프로젝트 종료 직후	프로젝트의 종료를 대/내외적으로 공식적으로 알림	프로젝트 수행 평가 보고서
주간업무보고	매주	프로젝트 관리자	프로젝트 관련자	매주 금요일 오후 2시	금주 실적, 특이 사항 및 차주계획 등에 대한 정보 공유	주간업무 보고서
월간업무보고	매월	프로젝트 관리자	CEO, 프로젝트 관련자	매달 말일	금월 실적, 특이 사항 및 차월계획 등에 대한 정보 공유(중간보고가 있는 달은 중간보고를 월간업무보고를 대체)	월간업무보고서

※ 장소는 프로젝트실의 대회의실

4. 효과적인 회의

From: Running Effective Meetings, High Technology Careers magazine 1998

1) Plan in Advance: 회의에서 얻고자 하는 결과가 무엇인지를 결정하고 이 결과를 얻기 위해 도움이 되는 사람들만을 참여시킴.

2) Cover the Logistics: 회의 환경에 주의. 참석자 전체를 수용할 만한 충분한 크기, 시청각 장비, 펜, 종이 등. 회의 전 미리 회의장의 온도와 조명 등을 확인.

3) Set a Clear Agenda: 참석자들에게 미리 배포된 회의의 안건은 간단명료해야 함. 각 안건들에는 소요 시간들을 설정하며, 각각에 대해 논의가 필요한

지, 결정이 필요한지 아니면 단순히 정보 제공 정도로만 다루어질 것인지를
미리 설정할 수도 있음.

4) Select a Facilitator: 회의 진행자를 선정. 회의 진행자는 회의가 주제를 벗어
나지 않고, 특정인에 의해 주도되는 것을 방지하며, 참석자 모든 사람의 의
견을 다양하게 받아볼 수 있도록 기회를 골고루 분배한다.

5) Establish Ground Rules: 회의 시작 시 규칙을 설정
  - 회의는 정해진 시간에 시작해서 정해진 시간에 종료
  - 모든 사람이 참석한다.
  - 제약 없이 자유롭게 논의한다.
  - 발표자는 방해 받지 않고 말할 수 있는 권한을 가진다.
  - 회의 내용, 발표 내용들에 대한 비밀이 보장된다.

6) Reinforce with Visual Aids: OHP, Beam-Project, Chart 등을 활용하여 회의
의 효과를 높인다.

7) Keep a Meeting Record: 회의를 하면 논의된 결정 사항, 결과, 활동, 관련
자, 일정 등에 대한 내용을 기록한다.

8) Evaluate: 모든 회의는 피드백을 받아 평가된다.

5. 의사소통 매트릭스

	같은 시간	다른 시간
다른 장소	전화, 전화회의, 음성회의, 메신저	전자 메일, web 게시판
같은 장소	미 팅	전자 메일, web 게시판

위험 및 이슈 관리

1. 위험관리란?

- "……includes the processes concerned with conducting risk management planning, identification, analysis, responses, and monitoring and control on a project"

  ……PMBOK

2. 위험관리의 목적

- "……are to increase the probability and impact of positive events, and decrease the probability and impact of events adverse to the project."

  ……PMBOK

3. 위험관리 절차/이슈관리 절차
4. 위험관리계획서/이슈관리계획서

목 적	위험관리 프로세스에 대해 이해하고 프로젝트에 적용할 수 있다.
소요 시간	15분
교육 내용	1. 위험관리에 대해 이해한다.(정의, 목적, 절차, 계획서 등)
논의 내용	각 조직에서 위험을 관리하는 방법이나 담당자는?
참석자 활동	N/A
산출물	N/A
실습 자료	N/A
참고 자료	1. A Guide to the Project Management Body of Knowledge 3rd ed. 2. Project Management Methodology 3. IT Project Management-Providing Measurable organizational Value
기 타	N/A

교육 내용

1. 위험관리란?

 1) 우리는 프로젝트 초기에 프로젝트의 성공적인 완료를 위한 다양한 종류의 계획을 작성하고 실천하려고 노력한다. 하지만 프로젝트의 유동적인 환경으로 인하여 계획한 대로 수행하기가 어려운 상황이 많이 발생한다. 이러한 어려운 상황들 중에서 프로젝트의 성공에 부정적인 영향을 줄 수 있는 부분을 가능하면 일찍 파악하고 대비하여 부정적인 영향을 최소화 해보자는 것이 위험관리다.

 2) 위험관리는 위험을 식별, 분석 및 대응 전략을 개발하는 것이 그 핵심 활동이다.

 3) 일반적으로 많은 프로젝트에서는 체계적인 위험관리를 수행하고 있지 않으며, 문제가 발생하여 어려운 상황에 직면했을 경우에 임기응변적인 대응을 통해 해결하는 경우가 많다. 계획적이지 않은 이러한 위험 대응 접근 방법을 Crisis Management 또는 Fire Fighting이라고도 한다.

2. 위험관리의 목적

 1) 위험을 피하는 것이 위험관리의 목적이 아니며 어떤 위험에 어떻게 대응할지에 대한 적절한 대응 방안을 수립하고 대응하는 것이다.

 2) 위험을 조기에 파악하여 위험의 영향을 최소화한다.

3. 위험관리 절차

 1) 위험 계획

  - 위험관리 전략 개발

   ① 위험관리 방법론 정의

   ② 위험의 가정

   ③ 위험관리를 위한 역할과 책임

   ④ 위험관리 일정

   ⑤ 위험 우선순위 및 점수 부여 기법

   ⑥ 위험 판단 기준

⑦ 위험 정보 공유 방안

⑧ 위험 추적

- 위험 식별 방안/활동, 위험 분석 방안/활동 및 위험 대응 방안 수립

2) 위험 식별

- 프로젝트 목표, 범위, 일정 예산 품질 목표 등의 프로젝트의 모든 영역에서 모든 이해 당사자들로부터 위험을 파악한다.
- 프로젝트 초기에는 프로젝트 구성원들과 함께 브레인스토밍과 같은 방법을 사용하여 위험 식별을 할 수 있으며, 이 방법은 프로젝트 구성원들에게 프로젝트 전반에 관한 이해를 높이는 방법이기도 하다.
- 위험의 식별을 위한 참여자는 가능하면 많을수록 좋다.
- 식별 방법들

① 프로젝트 기술서 검토

② 관련 문서들 검토(프로젝트 Charter, WBS, 예산 추정 정보, 인력 투입 계획, 가정과 제약 사항 목록 등)

③ 유사 프로젝트 참여자와의 인터뷰

④ 이해 당사자와 프로젝트 구성원들과의 브레인스토밍

⑤ 유사 프로젝트를 통한 위험 사례 파악

3) 위험 분석/평가

- 식별된 위험에 대해 정성적, 정량적인 영향 정도를 파악, 정리한다.

4) 위험 대응 방안 수립

- 위험 발생 시 적절한 대응을 할 수 있도록 위험의 영향을 최소화할 수 있는 절차와 기법들을 사전에 정의한다.
- 대응 방안 종류

① 완화(Mitigation): 리스크가 발생함에 따라 예상되는 비용 또는 발생 가능성을 감소시키기 위한 특정 활동 계획을 수립하고 실행

② 회피(Avoidance): 일반적으로 프로젝트 전략 자체를 수정함으로써 리

스크의 발생원인 및 그 위협을 근본적으로 제거

③ 단계적 확대(Escalation): 프로젝트 팀의 직접 통제 밖으로 리스크를 옮기는 것으로 이는 상위관리자의 협조가 필요

④ 수용(Acceptance): 리스크가 발생할 때까지는 리스크를 무시하는 것으로 리스크 해결이 요구되는 시점에 해결 활동 수행

⑤ 이전(Transference): 리스크를 다른 부분으로 전환하는 것. 리스크 이전이란 리스크를 제거하는 것이라기보다는 다른 리스크로 전환시키는 것을 의미. 예를 들어, 문제 발생 시 프로젝트 내부 전문가가 없는 경우 프로젝트 외부 전문가를 통해 문제를 해결하는 경우를 의미.

5) 위험 모니터링
- 위험 정보 및 관련 문서와 전략 등의 자료에 대한 위험 중앙 집중 관리 방안 마련
- 위험 담당자를 선임하여 위험 모니터링 담당 역할 부여
- 정기 또는 부정기 상태 보고 미팅 시 위험에 관한 현황 정보 교환
- 지속적인 위험의 식별, 분석, 평가 및 대응 방안 수립 활동 수행

6) 위험 통제
- 위험관리의 핵심 활동들은 프로젝트가 종료될 때까지 계속 순환되며 수행된다. 이를 위험 통제 사이클이라고 하며 아래와 같은 순환 구조를 가진다.

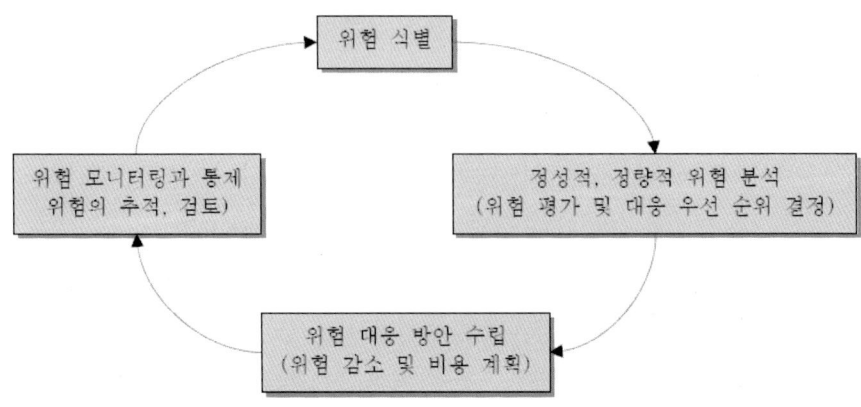

4. 위험 가능성과 영향의 관계

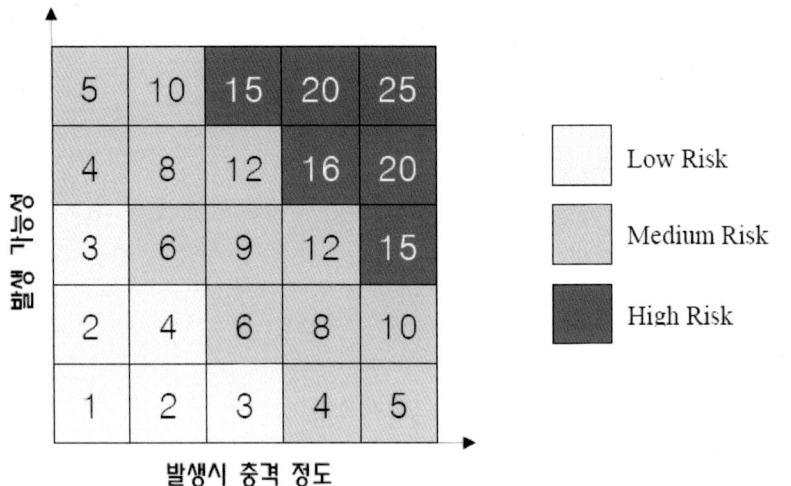

5. 위험관리계획서의 구성

1) 식별된 위험, 위험 설명, 원인, 영향 분야, 영향 정도

2) 위험관리를 위한 역할 및 책임 정의

3) 위험의 정성적, 정량적 분석 결과

4) 위험 대응 전략 정의

5) 대응 전략 수행 활동 정의

6) 대응 전략 수행을 위한 예산과 일정 정의

7) 주요 위험들에 대한 임시 대응 계획 및 예비/대체 계획 수립

6. 위험관리계획서 템플릿 Sample

  1) 문서 정보

  2) 위험관리 전략

    - 위험관리 방법론 정의

    - 위험의 가정

    - 위험관리를 위한 역할과 책임

    - 위험관리 일정

    - 위험 우선순위

    - 위험 판단 기준

    - 위험 정보 공유 방안

    - 위험 추적 절차

  3) 위험 식별

  4) 위험의 정성적, 정량적 분석

  5) 위험 대응 계획

품질관리

1. 품질관리란?

"……include all the activities of the performing organization that determine quality policies, objectives, and responsibilities so that the project will satisfy the needs for which it was undertaken."

……PMBOK

2. 품질관리의 목적

"……is to improve products and services while achieving cost reductions throughout the project."

3. 품질관리 절차

4. 품질관리계획서

목 적	품질관리 프로세스에 대해 이해하고 프로젝트에 적용할 수 있다.
소요 시간	15분
교육 내용	1. 품질관리에 대해 이해한다.(정의, 목적, 절차, 계획서 등)
논의 내용	각 조직에서 품질관리를 위해 어떤 부서나 팀이 존재하며 그 운영은 어떤 절차에 따라 수행되나?
참석자 활동	N/A
산출물	N/A
실습 자료	N/A
참고 자료	1. A Guide to the Project Management Body of Knowledge 3rd ed. 2. Project Management Methodology 3. IT Project Management-Providing Measurable organizational Value 4. Software Quality Engineering, John Wiley & Sons
기 타	N/A

교육 내용

1. 품질관리란?

    1) 품질 정책, 목표 및 책임을 결정하고품질 계획, 품질 보증, 품질 통제 및 품질 개선 등의 수행을 관리하는 모든 활동

    2) 정책, 절차 그리고 품질 계획, 품질 보증 및 품질 통제 등의 프로세스를 통해서 품질관리 시스템을 운영되며, 관련 프로세스들은 지속적으로 개선이 된다.

    3) 성공적인 품질관리를 위해서는 항상 고객의 관점에서 품질관리를 수행해야 한다.

    4) 모든 프로젝트 구성원들은 품질 표준에 적합한 제품 생산을 위해 적극 참여해야 한다.

    5) 작업 완료 후 품질검토를 통해 문제를 파악하는 것보다는 작업 진행 중에 각 구성원들이 작업들에 대한 품질 표준 달성을 위해 주의를 기울인다면 비용 측면에서도 훨씬 효과적이다

    6) 품질검토를 위한 체크리스트는 품질관리 절차를 정의하는 시점에 작성이 된다.

    7) 품질과 등급

    8) 품질 시스템(ISO 9001, Six Sigma, CMM 등)

    9) 대표적인 4가지 기본 기법들

      −cost-benefit analysis(ROI, Payback period, ……)

      −Benchmarking(과거 수행된 유사 프로젝트 사례 조사)

      −Flowcharting(Fishbone 또는 Ishikawa Diagram, System or Process Flowcharts)

      −Modeling(System or Process Flowcharts)

2. 품질관리의 목적

    1) 프로젝트 전반에 걸쳐 비용 절감 달성을 위해 제품과 서비스를 향상시키는 것이다.

3. 품질관리 절차

    ≪High-Level 품질관리 절차≫

[품질계획서 작성] → [품질 보증 활동 수행] → [품질 통제 활동 수행]

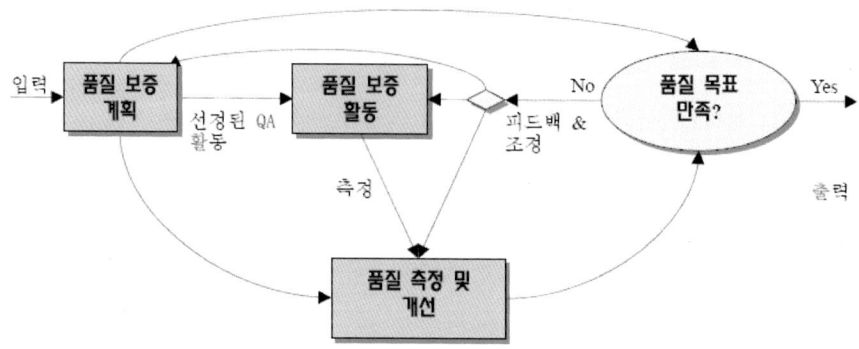

1) 품질계획서 작성

  - 프로젝트와 관련된 품질 기준을 파악하고 이 품질 기준을 어떻게 만족시
    킬 것인지에 대한 정보를 기술
  - 조직의 품질 정책과 표준을 다양한 도구와 기법 등을 적용하여 품질 계획화

2) 품질 보증 활동 수행

  - 프로젝트가 품질 표준을 만족하며 진행되고 있다는 확신을 제공하기 위해
    프로젝트 성과를 평가
  - 품질 표준과 고객 요구가 일치한다는 것을 확인하기 위해 품질 감사 실시

3) 품질 통제 활동 수행

  - 프로젝트가 품질 표준에 부합되는지의 여부를 파악하고 부적합 수행 결과
    의 원인을 제거하기 위해 특정 프로젝트 수행 결과를 모니터링 함

4. 품질관리계획서의 구성

  1) 전체 프로젝트, 프로젝트의 목적, 고객, 고객의 비즈니스 니즈 등의 요약 기
     술한 정보를 기술하거나 또는 프로젝트 범위 정의서를 추가하여 프로젝트의
     수행 범위를 나타낸다.

  2) 계약서, 마일스톤 및 체크리스트 등을 포함하는 인도물 목록을 작성한다.

  3) 인도물들의 각각에 대한 고객의 인수 기준을 기술한다.

  4) 품질 보증 활동들을 정의한다.

- 테스트
- 인수 절차
- 문서화
- 일정 체크리스트
- 검토와 확인
- 의사소통 활동
- 지속적인 개선 절차

5) 프로젝트 모니터링과 통제 활동들을 정의한다.
- 품질 통제 정보를 어떻게 수집할 것인가?
- 통제를 위해 어떤 정보가 어떻게 사용되는가?
- 어떻게, 언제 품질 감사와 검토를 수행해야 하나?
- 인수 기준에 대한 편차는 어떻게 보고되고 해결되는가?

6) 프로젝트 구성원들의 품질에 대한 역할과 책임들을 기술한다.
- 품질 보증 및 통제 활동을 위해서 수행되는 작업들에 대해 프로젝트 구성원들에게 역할과 책임을 할당(인수 테스트, 검토, 확인 보고 등)

5. 품질관리계획서 템플릿 Sample
1) 문서 정보
2) 프로젝트 범위
3) 인도물 기술
4) 인수 기준
5) 품질 보증 활동
6) 프로젝트 모니터링과 통제
7) 프로젝트 팀의 품질 책임

형상관리

1. 품질관리란?

"……includes the process for submitting proposed changes, tracking systems for reviewing and approving proposed changes, defining approval levels for authorizing changes, and providing a method to validate approved changes. In most application areas, the configuration management system includes the change control system. ……"

……PMBOK

2. 형상관리의 목적

"……is to improve products and services while achieving cost reductions throughout the project."

3. 형상관리계획서

4. 형상관리 활동

목 적	형상관리 프로세스에 대해 이해하고 프로젝트에 적용할 수 있다.
소요 시간	15분
교육 내용	형상관리에 대해 이해한다.
논의 내용	각 조직에서 형상관리를 위해 어떤 시스템이 사용되며, 그 담당자는 어떤 역할을 하나?
참석자 활동	N/A
산출물	N/A
실습 자료	N/A
참고 자료	1. A Guide to the Project Management Body of Knowledge 3rd ed. 2. Project Management Methodology 3. IT Project Management-Providing Measurable organizational Value 4. Configuration management Principles and Practice 5. Software Configuration Management Patterns. Effective Teamwork, Practical Integration
기 타	N/A

교육 내용

1. 형상관리란?

   1) 형상관리는 선정된 중간 작업 산출물, 제품 구성 요소 및 제품의 보관 통제, 변경 통제 및 상태 보고 등을 관리하는 것이다.

   2) 형상관리는 변경 요청, 변경 요청 승인과 검토를 위한 추적 시스템, 위임된 변경에 대한 승인 수준 결정 및 적절한 승인된 변경 방법 제공 등을 위한 프로세스들을 포함한다. 대부분의 애플리케이션 영역에서 형상관리는 변경 통제를 포함한다.

   3) 형상관리는 프로젝트의 품질 통제의 한 부분이다. 형상관리가 없으면 관리자들은 작성되는 제품에 관해 거의 또는 아무런 통제 활동도 수행하지 않게 된다. 예를 들면, 작성되고 있는 제품의 상태는 어떤지, 또한 변경될 수 있는지 어떤지, 최신의 버전은 무엇인지 등.

   4) 형상관리는 프로젝트의 제품을 식별하고 추적하고 보호하는 것이다.

2. 형상관리의 목적

   1) 자산을 관리하지 않으면 그 조직은 효과적 또는 효율적이 될 수 없다. 특히 그 자산이 그 조직의 비즈니스에 치명적일 경우는 더욱더 그렇다. 프로젝트 자산 역시 관리가 되어야 한다. 프로젝트 자산은 프로젝트가 개발하는 제품이다.

   2) 형상관리는 선택적이지 않다. 제품 버전이 하나 이상이 만들어져 있다면 형상관리를 하고 있는 것이며, 단지 공식적으로 얼마나 잘 하고 있느냐의 문제일 뿐이다. 문서화된 제품에 대한 형상관리 또한 인도물에 대한 형상관리 못지않게 중요하다.

3. 형상관리 구성 항목

   1) 형상 항목 식별: 형상관리 대상을 선정

   2) 형상 통제: 제품의 릴리즈와 변경을 통제

   3) 형상 상태 감사: 형상관리 대상인 제품의 구성요소들, 변경 요청 사항들의 상태를 기록하고 보고하며 제품에 있어서의 구성 요소에 관한 중요한 통계

정보를 수집한다.

4) 검토: 제품의 완료 여부 확인, 프로젝트 기간 중 제품 구성 요소의 상태와 구성 요소들 간의 일관성 유지

5) 빌드 관리: 빌드와 릴리즈를 만들기 위해 사용하는 절차와 도구들을 관리

6) 프로세스 관리: 소프트웨어를 개발하고 릴리즈하는 데 적용되는 조직의 개발 프로세스 관리

7) 팀워크: 제품 변경이 적절히 구축 시스템에 적절히 반영되도록 모든 개발자들 간의 상호 작용 통제

4. 형상관리계획서 구성 항목

1) 문서 정보
   - 문서 정보 기술

2) 형상관리 수행 자원
   - 형상관리 수행 조직
   - 담당자 보유 기술 요건, 자격
   - 장비, 툴 또는 시스템 요구 사항

3) 형상관리 절차
   - 형상관리 표준 프로세스
   - 가이드
   - 절차
   - 정책

4) 형상 항목 식별
   - 형상 항목 식별
   - 형상 항목 목록
   - 형상 항목별 설명
   - 형상 통제 방안

5) 형상 ID 부여
   - 식별된 형상 항목에 ID 부여 규칙에 따라 형상관리 ID 부여

6) 형상 항목 변경 절차

　　　－형상 항목들에 대해 변경이 발생했을 때의 업무 처리 절차

7) 버전 통제

　　－버전과 릴리즈 승인 절차의 문서화

8) 형상 라이브러리 관리 방안

　　－형상관리의 핵심이 되는 형상 라이브러리 관리 방안 기술

　　－형상 라이브러리는 온라인 시스템이나 또는 문서가 될 수 있다.

5.형상관리 활동

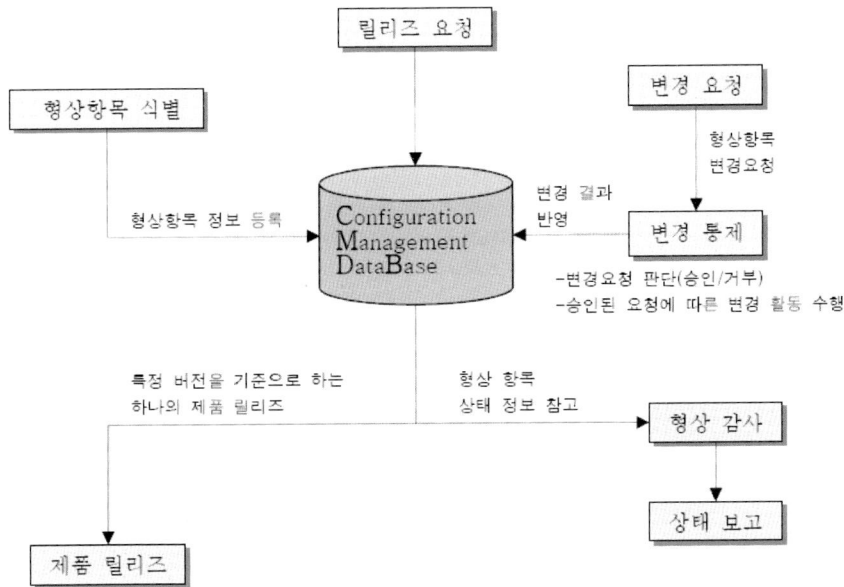

프로젝트 범위 결정

1. 프로젝트 범위와 목표와의 관계

2. 프로젝트 범위 정의서
- 프로젝트 범위 정의서란?
- 범위 정의서 작성을 위한 입력

3. 프로젝트 범위관리
- 정의
- 관련 활동

4. 프로젝트 범위 정의서 구성 항목

목 적	프로젝트 수행 범위를 결정하는 방법을 살펴보고 프로젝트에 적용할 수 있다.
소요 시간	10분
교육 내용	프로젝트의 범위를 결정하는 요인들을 파악한다.
논의 내용	1. 각 조직에서 프로젝트를 수행할 때 그 범위는 언제, 누가 어떤 방법을 통해서 결정하나? 2. 범위의 변경 발생원인에는 어떤 것들이 있고 적절한 대응 방안은 무엇인가?(Scope Creeping)
참석자 활동	N/A
산출물	N/A
실습 자료	N/A
참고 자료	1. A Guide to the Project Management Body of Knowledge 3rd ed. 2. Project Management Methodology 3. IT Project Management-Providing Measurable organizational Value 4. Software Project Management 2nd ed.
기 타	N/A

교육 내용

1. 프로젝트 범위와 목표와의 관계
    1) 프로젝트 목표
        - 프로젝트에서 완수하려고 하는 결과물의 표현
        - 예) 조직의 프로젝트들을 효율적으로 관리할 수 있는「프로젝트관리 시스템 구축」
    2) 프로젝트 범위
        - 프로젝트의 목표 달성을 위해 필요한 노력의 양
        - 예) 30MM 투입 인력, 기간 6개월, 이런 저런 기능을 포함하는 프로젝트 관리 시스템 구축

2. 프로젝트 범위 정의서
    1) 프로젝트 범위 정의서란?
        - 프로젝트의 전체 규모를 가늠할 수 있는 핵심 자료
        - 프로젝트의 최종 결과를 판단하는 중요한 기준
    2) 범위 정의서 구성 요소
        - 프로젝트의 결과/완료 기준: 프로젝트가 완료되면 어떤 인도물들이 작성되며 그 특징들이 무엇인지 그리고 프로젝트의 각 단계별 성공 기준은 무엇인지를 기술
        - 프로젝트의 수행에 사용될 접근 방법: 어떤 프로세스와 기술들이 사용될 것인가, 프로젝트는 내부적으로 수행될 것인가 혹은 외부에 의뢰할 것인가를 기술
        - 프로젝트 내용: 수행해야 할 작업들과 수행하지 않을 작업들을 기술
    3) 범위 정의서 작성을 위한 입력
        - 프로젝트 작업 정의서
        - 프로젝트 목표(제약사항과 가정 포함)
        - 프로젝트 feasibility 문서
        - 프로젝트 개념 문서
        - 프로젝트 Charter

3. 프로젝트 범위관리

1) 프로젝트 범위관리란?
   - 프로젝트관리의 subset
   - 프로젝트 범위는 어떻게 관리될 것인가 그리고 범위 변경은 어떻게 수행될 것인가를 기술
   - 프로젝트 내에서 범위 변경의 가능성을 논의하는 그리고 변경을 어떻게 식별할 것인가에 대한 간단한 정의서다.
   - 범위관리는 계획 단계에서 작성되는 형상관리 계획과 잘 통합되어 관리되어야 한다.
   - 좀 더 형식적인 프로세스들은 범위 크리핑이나 요구사항의 변경 발생 가능성이 큰 중/대형 프로젝트에 적용하는 것이 적절하다.

2) 관련 활동
   - 범위 계획: 프로젝트 범위관리계획서 작성(프로젝트 범위정의, 검증, 통제 방법 및 작업분류체계(WBS) 작성 및 정의 방법 문서화)
   - 범위 정의: 상세한 프로젝트 범위기술서 작성. 프로젝트의 완료를 결정
   - WBS 작성: 프로젝트 수행을 위한 작업 및 관련 인도물들을 정의
   - 범위 검증: 정의된 범위에 대해 완료 기준에 따른 완료 여부 판단
   - 범위 통제: 정의된 범위의 변경을 통제

4. 프로젝트 범위 정의서 구성 항목

1) 문서 정보
   - 문서 정보 기술

2) 프로젝트 결과/완료 기준
   - 프로젝트가 완료되면 어떤 인도물들이 작성되며 그 특징들이 무엇인지 그리고 프로젝트의 각 단계별 성공 기준은 무엇인지를 기술

3) 적용 접근 방안
   - 어떤 프로세스와 기술들이 사용될 것인가, 프로젝트는 내부적으로 수행될 것인가 혹은 외부에 의뢰할 것인가를 기술

4) 프로젝트 내용
   - 수행해야 할 작업들과 수행하지 않을 작업들을 기술

작성 실습

1. 의사소통관리 계획

2. 위험관리 계획

3. 이슈관리 계획

4. 품질관리 계획

5. 형상관리 계획

6. 프로젝트 범위 결정

목 적	프로젝트관리 영역들에 대한 작성 실습을 통해 각 영역별관리 특성을 이해한다.
소요 시간	1시간
교육 내용	프로젝트관리 지식의 영역별관리 특성들에 따라 해당계획서를 작성한다.
논의 내용	N/A
참석자 활동	N/A
산출물	N/A
실습 자료	프로젝트관리 Workshop 실습문서 양식
참고 자료	영역별 관련 참고 자료
기 타	N/A

결과 발표

1. 팀별 작성 결과 발표

2. 의견 교환

목 적	작성 결과를 검토하고 프로젝트에서 활용할 수 있다.
소요 시간	45분
교육 내용	특정 팀에 대한 작성 결과물에 대해 논의한다.
논의 내용	1. 각 작성 내용들이 적절하게 표현되었는지에 대해 의견을 교환한다. 2. 실제 프로젝트에서는 어떻게 작성되고 활용되었는지에 대해 의논한다.
참석자 활동	1. 예제 프로젝트를 기반으로 작성된 내용을 발표하고 의견을 교환한다.
산출물	의사소통계획서, 위험관리계획서, 이슈관리계획서, 품질관리 계획, 형상관리계획서, 프로젝트 범위 정의서
실습 자료	작성 산출물
참고 자료	N/A
기 타	N/A

07 | Module 7

Module 7

1. 모듈 명	Module 07
2. 목 적	프로젝트 수행계획서의 작성 목적을 이해한다.
3. 소요 시간	1시간 15분
4. 모듈이 끝나면	프로젝트관리를 위한 무엇을 고려해야 하며 어떻게 계획해야 하는지를 알 수 있다.
5. 교육 내용	Sample 프로젝트를 기반으로 프로젝트 수행계획서를 작성하게 한다.
6. 논의 내용	프로젝트관리 시(계획서 작성 시) 반드시 관리해야 할 사항들이 어떤 것들이 있을 수 있는가?
7. 참석자 활동	프로젝트 수행계획서를 작성하고 상호 검토를 통해 보완한다.
8. 산출물	프로젝트 수행계획서(프로젝트관리 Workshop 실습문서 양식)
9. 실습 자료	프로젝트 수행계획서(프로젝트관리 Workshop 실습문서 양식)
10. 참고 자료	1. A Guide to the Project Management Body of Knowledge 3rd ed. 2. State of Michigan Project Management Methodology 3. 프로젝트관리 Workshop 프로젝트
11. 기 타	N/A

Module 7

Contents

프로젝트 수행계획서 만들기

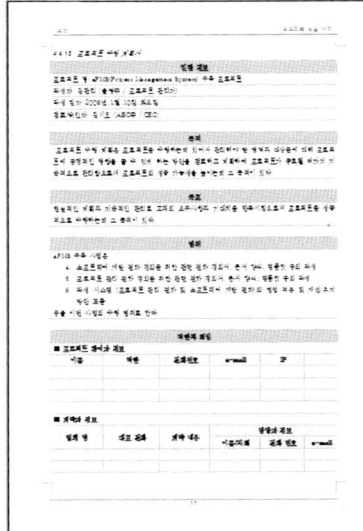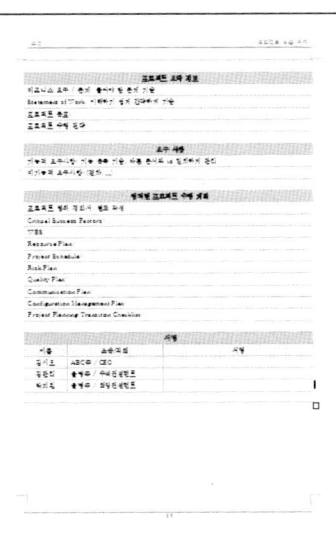

목 적	프로젝트 수행계획서의 작성 목적을 이해하고 작성할 수 있다.
소요 시간	50분
교육 내용	프로젝트 수행계획서의 정의와 작성 목적을 설명한다.
논의 내용	1. 프로젝트 수행계획서 작성 시 고려해야 할 사항들에는 어떤 것들이 있을 수 있는가? 2. 프로젝트 수행 계획 대비 수행 결과 검토는 어떤 방법들이 있을 수 있는가? 3. 검토 결과에 대한 대책은? 4. 프로젝트 수행계획서의 Update는 어떤 과정을 거쳐 진행되는가?
참석자 활동	예제 프로젝트 기반으로 프로젝트 수행을 관리할 수 있도록 계획서를 작성한다.
산출물	프로젝트 수행계획서(프로젝트관리 Workshop 실습문서 양식)
실습 자료	프로젝트 수행계획서(프로젝트관리 Workshop 실습문서 양식)
참고 자료	1. A Guide to the Project Management Body of Knowledge 3rd ed. 2. State of Michigan Project Management Methodology 3. 프로젝트관리 Workshop 프로젝트
기 타	N/A

교육 내용

1. 예제 프로젝트 기반으로 프로젝트 수행을 관리할 수 있도록 계획서를 작성한다.

2. 프로젝트 수행계획서에 대하여…… (5분)

   1) 프로젝트 수행계획서는 프로젝트 계획 단계에 작성된다.

   2) 프로젝트 수행 계획은 가정(Assumptions)과 제약 사항(Constraints)을 고려하여 가능한 한 수행 가능하게 작성이 되어야 한다.

   3) 프로젝트 수행계획서가 작성되면 프로젝트 관리자는 계획서에 작성된 활동들의 수행을 위해서 모든 노력을 집중해야 한다.

   4) 프로젝트가 성공적으로 수행 완료될 수 있도록 활동하는 모든 것들이 프로젝트 수행계획서에 명확하게 정의되고 지속 관리되어야 프로젝트의 성공 확률이 높아진다.

   5) 프로젝트가 진행 중일 때에는 프로젝트 수행계획서를 기반으로 모니터링과 통제 활동이 수행되고, 필요할 경우 기준에 맞는 프로젝트 수행 활동이 되도록 보완 조치 활동을 수행하게 될 수도 있으므로 이 계획서에는 통제 기준이 명확히 명시되어야 한다. (예: 품질관리계획서의 체크 기준들)

   6) 변경이 필요할 경우 변경 항목이 프로젝트의 어느 부분에 영향을 주는지는 정밀하게 분석하고 관리하여야 한다.

   7) 프로젝트 수행계획서는 프로젝트가 진행되면서 지속적으로, 점진적으로 상세화, 구체화 된다는 의미로 "rolling wave planning"이라고 부르기도 한다.
   (PMBOK 2004 p.46)

결과 발표

1. 팀별 작성 결과 발표

2. 의견 교환

목 적	작성 결과를 검토하며 프로젝트에서 활용할 수 있다.
소요 시간	25분
교육 내용	1. 작성 내용들에 대한 요약 설명 2. 팀별 작성 결과를 순서를 정해 발표하도록 한다.
논의 내용	1. 각 팀별로 작성된 내용들을 서로 검토하여 적절하게 표현되었는지에 대해 의견 교환한다. 2. 실제 프로젝트에서는 어떻게 작성되고 활용되었는지 각자의 경험을 발표하며 의논한다.
참석자 활동	1. 예제 프로젝트를 기반으로 작성된 내용을 발표하고 의견 교환한다.
산출물	프로젝트 수행계획서(프로젝트관리 Workshop 실습문서 양식)
실습 자료	프로젝트 수행계획서(프로젝트관리 Workshop 실습문서 양식)
참고 자료	1. A Guide to the Project Management Body of Knowledge 3rd ed. 2. State of Michigan Project Management Methodology 3. 프로젝트관리 Workshop 프로젝트
기 타	N/A

08 | Module 8

Module 8

1. 모듈 명	Module 08
2. 목 적	WBS 작성 목적을 이해한다.
3. 소요 시간	3시간
4. 모듈이 끝나면	WBS를 작성할 수 있다.
5. 교육 내용	1. WBS에 대한 개념을 이해한다. 2. 프로젝트에서의 WBS의 중요성을 인식하고, 관리의 기준이 되어야 한다는 것을 이해한다.
6. 논의 내용	현실적인 관리 방안은?
7. 참석자 활동	WBS를 작성하고 관리 방안에 대해 논의한다.
8. 산출물	WBS Dictionary (프로젝트관리 Workshop 실습문서 양식)
9. 실습 자료	WBS Dictionary (프로젝트관리 Workshop 실습문서 양식)
10. 참고 자료	1. A Guide to the Project Management Body of Knowledge 3rd ed. 2. State of Michigan Project Management Methodology 3. 프로젝트관리 Workshop 프로젝트
11. 기 타	N/A

Module 8

Contents

1. WBS 기본 개념

2. WBS 작성 실습

3. 결과 발표

4. WBS관리

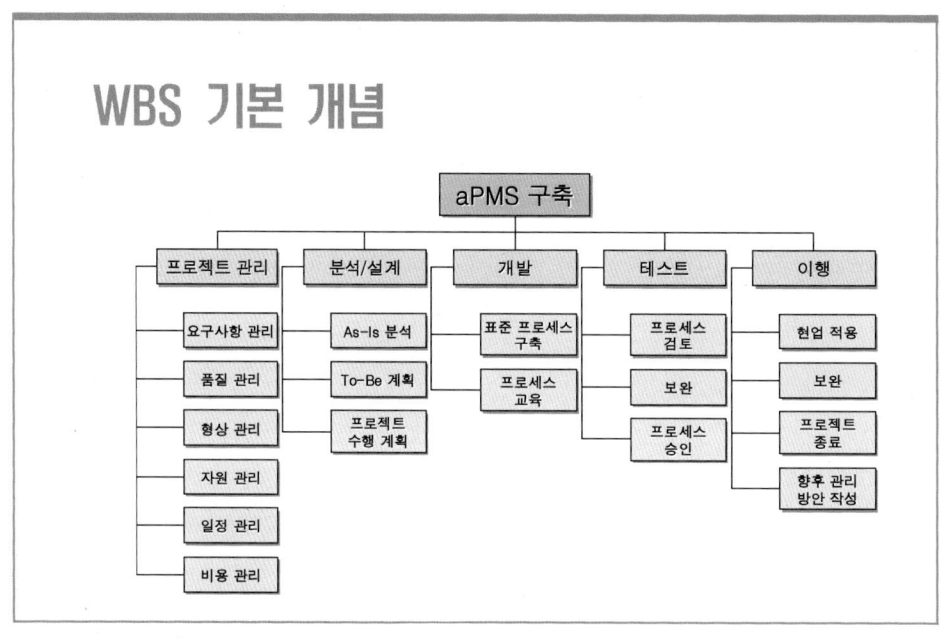

목 적	WBS에 대한 기본 개념을 이해한다.
소요 시간	20분

교육 내용	1. WBS에 대한 기본 개념을 설명한다. (참고 문서 활용)
	  1) Work Breakdown Structure
	  2) WBS는 산출물 지향의, 업무가 상세히 분해되어 계층적으로 표현된 것이다.
	  3) 각 상세 업무는 프로젝트 구성원에 의해서 수행되고 프로젝트의 목적에 부합되어야 하며, 관련된 산출물이 작성되어야 한다.
	  4) 초기에는 프로젝트의 승인된 범위 정의 내용을 기준으로 작성되며, 프로젝트 진행 중에는 범위를 관리하는 기준의 된다.
	  5) PMBOK 기반의 sample 소개(PMBOK 3rd ed. p.113)

논의 내용	N/A
참석자 활동	N/A
산출물	N/A
실습 자료	N/A
참고 자료	1. A Guide to the Project Management Body of Knowledge 3rd ed. 2. State of Michigan Project Management Methodology 3. 참고 자료_WBS
기 타	N/A

WBS 작성 실습

1. AON(Activity-On-Node)

- 노드: 작업
- 이벤트: 노드의 끝
- 관계: 노드와 노드 쌍

17	4	18
	Task 7	
17	C	18

18	8	26
	Task 8	
18	C	26

26	2	28
	Task 10	
26	C	28

0	2	2
	Task 1	
0	C	2

2	6	8
	Task 2	
2	C	8

8	3	11
	Task 3	
8	C	11

11	6	17
	Task 5	
11	C	17

17	4	21
	Task 6	
18	1	21

21	3	24
	Task 9	
22	1	25

24	3	27
	Task 11	
25	1	28

28	4	32
	Task 12	
28	C	32

8	2	10
	Task 4	
23	15	25

2. WBS Dictionary

목 적	WBS를 작성할 수 있다.
소요 시간	1시간 40분
교육 내용	WBS를 직접 작성해 본다.
논의 내용	1. 각 팀별로 작성된 내용들을 서로 검토하고 의견 교환 2. 실제 프로젝트에서는 어떻게 작성되고 활용되는지 각자의 경험을 공유
참석자 활동	예제 프로젝트를 기반으로 작성된 내용을 발표하고 의견 교환한다.
산출물	*WBS Dictionary*(프로젝트관리 Workshop 실습문서 양식)
실습 자료	1. A0 크기 종이: 全紙(Post-It 부착용) 2. Post-It(Activity 정의 및 선/후행 관계 실습) 3. 테이프(발표 시 칠판에 부착용) 4. 디지털 카메라(촬영 후 컴퓨터로 보면서 진행 시)
참고 자료	1. A Guide to the Project Management Body of Knowledge 3rd ed. 2. State of Michigan Project Management Methodology 3. 프로젝트관리 Workshop 프로젝트
기 타	N/A

교육 내용

1. 예제 프로젝트와 작성했던 자료들을 참고로 팀별 Activity를 정의하고 선/후행 관계 및 기간을 작성한다.(40분)

2. Critical Path를 찾아본다.(30분)

   1) 네트워크 다이어그램

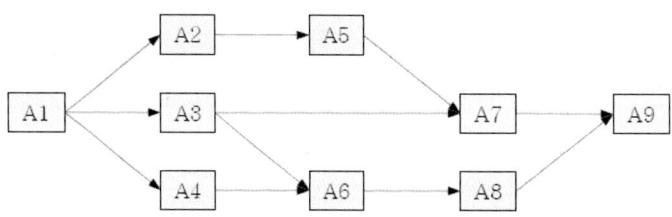

   2) Critical Path 계산법

   ① →大, ←小

   ② Float: ES-LS나 LF-EF

   ③ Critical Path: Float가 '0'인 즉, 여유 시간이 없는 활동들의 path, Critical Path에 있는 활동들의 일정 변경은 전체 일절 변경에 직접적인 영향을 주므로 요주의 관리 대상으로 취급해야 함.

ES(Earliest Start)	Duration	EF(Earliest Finish)
Task Description		
LS(Late Start)	Float(Slack)	LF(Late Finish)

   3) 실 습

3. WBS Dictionary를 작성한다. (30분) ß 다음 시간의 'WBS관리'에서 MS Project 로 작성 시 Input으로 활용되므로 주어진 시간 내에 가능하면 상세히 정의한다.

4.4.24 WBS Dictionary

이 름	기간	시작날자	완료날자	작업 설명	완료기준	자원이름	검토자	승인자	보고대상	산출물
aPMS 구축 프로젝트	108	08-1-5	08-5-31							
초기 준비 작업	2	08-1-5	08-1-9							
Workshop	2	08-1-5	08-1-8	프로젝트 관련자(이해 당사자)들은 프로젝트의 성공적인 수행을 위해 여러 고려 사항들을 검토하고 최선의 방안을 찾는다.	–	CEO 프로젝트 관리자 프로세스 구축 담당자 1. 프로세스 구축 담당자 2. 품질관리 담당자, 외부 컨설턴트, 사용자 그룹	–	–	–	Workshop 결과 보고서
						프로젝트 관리자	–	–		
Hick Off meeting	0	08-1-9	08-1-9	내/외부의 프로젝트 관련자들에게 프로젝트의 시작을 공식적으로 알리며 프로젝트의 성공적인 완료에 협조를 요청하고 관련부분의 지원을 확인한다.	–	프로젝트 관리자	–	–	프로젝트 관련자	Hick Off보고서
분석 및 실계	17	08-1-9	08-2-1							
프로젝트 수행 계획 작업	3	08-1-9	08-1-11	프로젝트의 성공적인 완료를 위해 고려해야 할 여러 부문의 항목들에 대해 초기 데이터를 수집하고 계획하는 작업	내부 검토 및 승인 완료	프로젝트 관리자, 품질관리 담당자 외부 컨설턴트	프로젝트 관리자, 품질관리 담당자, 외부 컨설턴트	CEO	CEO 프로젝트 관련자	가경 목록 계약 사항 목록 Stakeholder 목록 Role and Responsibility, 프로젝트 Charter, 품질관리계획서, 형상관리계획서 – 프로젝트 일경, WBS Dictionary, 의사소통계획서 프로젝트 범위경의서
현황 파악	7	08-1-12	08-1-20	프로젝트 수행을 위한 구체적인 문제 영역을 파악하는 작업	Az-Iz 분석서의 승인완료	프로젝트 관리자 외부 컨설턴트	프로젝트 관리자	프로젝트 관리자	프로젝트 관리자	설문지, 인터뷰계획서, 인터뷰 기록, Az-Iz 분석서
구축 항목 도출	2.5	08-1-23	08-1-25	파악된 현황을 기준으로 해결해야 할 과제들을 도출, 분류/경리하는 작업	To-Be 계획서 승인완료	프로젝트 관리자 외부 컨설턴트	프로젝트 관리자	CEO	CEO	To-Be계획서
프로젝트 수행 계획 작성	2.5	08-1-25	08-1-27	해결 과제들에 대한 해결 절차를 계획하는 작업이며, 프로젝트 수행에 필요한 모든 작업들이 포함지어 프로젝트 종료 시까지 지속적으로 개선 및 관리 지어야 하는 함	승인 완료	프로젝트 관리자	외부 컨설턴트	CEO	CEO 프로젝트 관련자	프로젝트 수행 계획서
위험 및 이슈	1	08-1-18	08-1-18	프로젝트 수행계획에 영향을 주는	–	프로젝트	–	–	–	위험 및 이슈 관리대장

예제 프로젝트sample 활동 정의

NO	WBS	작업 이름	기 간	자 원	선행 작업	후속 작업
1	1	aPMS 구축 프로젝트	103일	–	–	–
2	1.1	초기 준비 작업	2 일	–	–	–
3	1.1.1	Workshop	2 일	CEO, 프로젝트 관리자, 프로세스 구축 담당자 1,프로세스 구축 담당자 2,품질관리 담당자, 외부 컨설턴트 사용자 그룹	–	4
4	1.1.2	Kick Off meeting	0 일	프로젝트 관리자	3	6,10
5	1.2	분석 및 설계	17 일	–	–	–
6	1.2.1	프로젝트 수행 계획 작업	3 일	프로젝트 관리자, 품질관리 담당자, 외부 컨설턴트	4	7
7	1.2.2	현황 파악	7 일	프로젝트 관리자, 외부 컨설턴트	6	8
8	1.2.3	구축 항목 도출	2 일	프로젝트 관리자, 외부 컨설턴트	7	9
9	1.2.4	프로젝트 수행 계획 작성	3 일	프로젝트 관리자	8	11
10	1.2.5	위험 및 이슈 관리 대장 Update	1 일	프로젝트 관리자	4	19,11
11	1.2.6	중간보고서 작성	2 일	프로젝트 관리자	9,10	12
12	1.2.7	중간보고	0 일	프로젝트 관리자	11	14,17
13	1.3	구 축	43 일	–	–	–
14	1.3.1	표준 프로세스 구축(1차)	14 일	프로젝트 관리자, 프로세스 구축 담당자 1, 프로세스 구축 담당자 2	12	15,20
15	1.3.2	품질검토 및 시정조치 요청	5 일	품질관리 담당자	14	16
16	1.3.3	지적사항 보완	5 일	프로세스 구축 담당자 1, 프로젝트 관리자, 프로세스 구축 담당자 2	15	18
17	1.3.4	프로세스 교육	5 일	외부 컨설턴트	12	23
18	1.3.5	시정조치 확인	3 일	품질관리 담당자	16	21
19	1.3.6	위험 및 이슈 관리 대장 Update	1 일	프로젝트 관리자	10	25
20	1.3.7	표준 프로세스 구축(2차)	15 일	프로젝트 관리자, 프로세스 구축 담당자 1, 프로세스 구축 담당자 2	14	21

NO	WBS	작업 이름	기 간	자　원	선행 작업	후속 작업
21	1.3.8	품질검토 및 시정조치 요청	5 일	품질관리 담당자	20,18	22
22	1.3.9	지적사항 보완	5 일	프로세스 구축 담당자 1, 프로젝트 관리자, 프로세스 구축 프로세스 구축 2	21	24
23	1.3.10	프로세스 교육	5 일	외부 컨설턴트	17	26
24	1.3.11	시정조치 확인	1 일	품질관리 담당자	22	26
25	1.3.12	위험 및 이슈 관리 대장 Update	1 일	프로젝트 관리자	19	26,34
26	1.3.13	중간보고서 작성	3 일	프로젝트 관리자	23,20,25,24	27
27	1.3.14	중간보고	0 일	프로젝트 관리자	26	29
28	1.4	테스트	19 일	–	–	–
29	1.4.1	프로세스 검토	5 일	프로젝트 관리자	27	32,30
30	1.4.2	품질검토 및 시정조치 요청	5 일	품질관리 담당자	29	31
31	1.4.3	지적사항 보완	3 일	프로세스 구축 담당자 1, 프로젝트 관리자, 프로세스 구축 담당자 2	30	33
32	1.4.4	프로세스 승인	1 일	사용자 그룹	29	35
33	1.4.5	시정조치 확인	2 일	품질관리 담당자	31	35
34	1.4.6	위험 및 이슈 관리 대장 Update	1 일	프로젝트 관리자	25	41,35
35	1.4.7	중간보고서 작성	4 일	프로젝트 관리자	33,32,34	36
36	1.4.8	중간보고	0 일	프로젝트 관리자	35	38,40,39
37	1.5	이 행	22 일	–	–	–
38	1.5.1	현업 적용	15 일	프로젝트 관리자, 외부 컨설턴트	36	42
39	1.5.2	현업 적용 데이터수집	10 일	프로젝트 관리자	36	42
40	1.5.3	향후관리 방안 제시	5 일	외부 컨설턴트	36	42
41	1.5.4	위험 및 이슈 관리 대장 Update	1 일	프로젝트 관리자	34	42
42	1.5.5	프로젝트 종료작업	5 일	프로젝트 관리자, 외부 컨설턴트	40,41,39,38	43
43	1.5.6	프로젝트 종료보고서 작성	2 일	프로젝트 관리자	42	44
44	1.5.7	프로젝트 종료보고	0 일	프로젝트 관리자	43	–

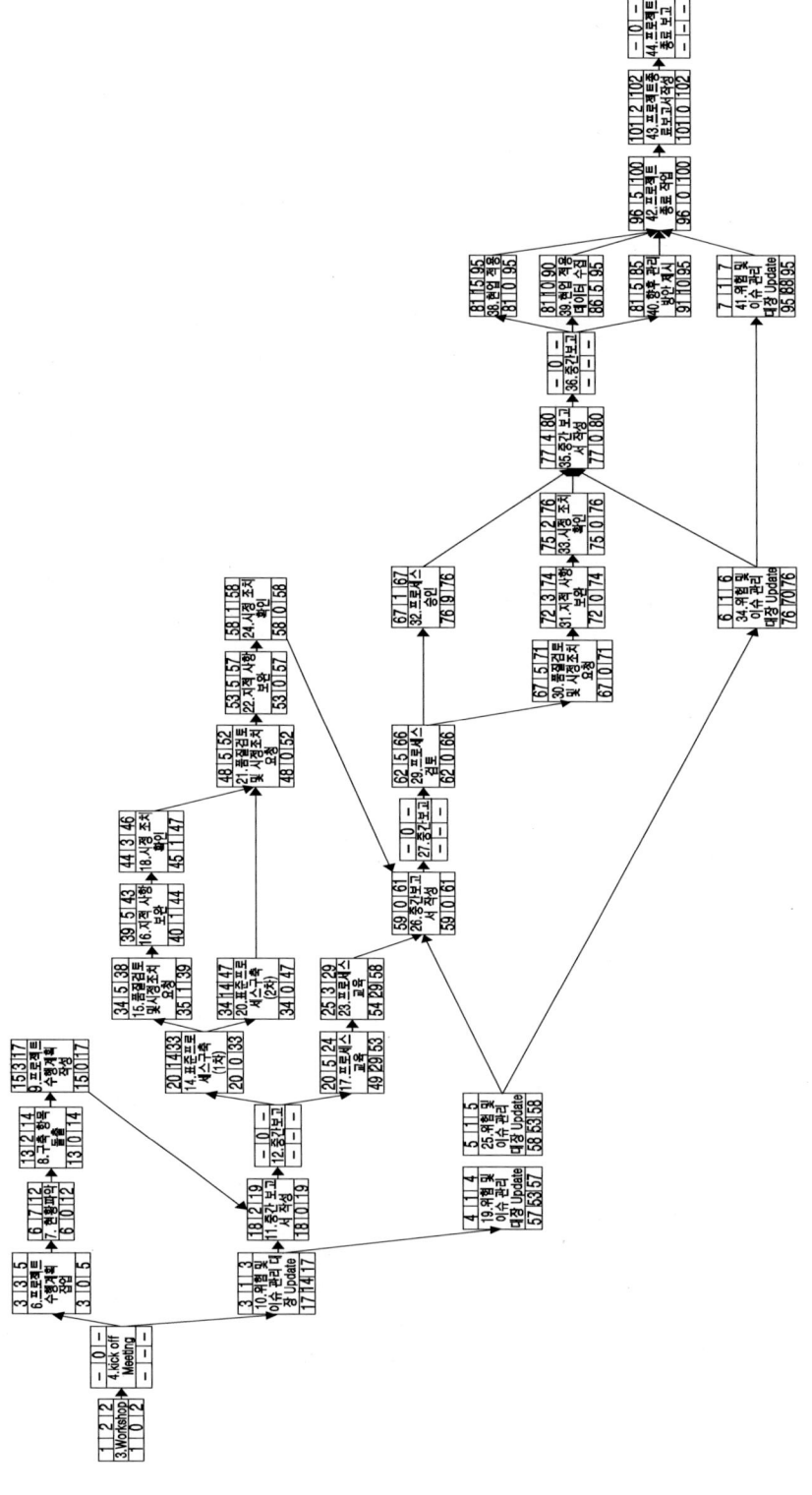

교육 내용

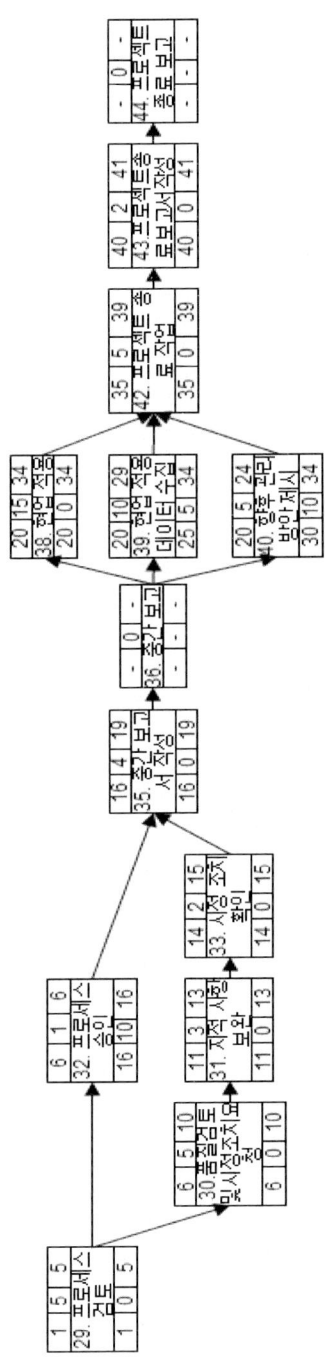

결과 발표

1. 팀별 작성 결과 발표

2. 의견 교환

목 적	고객의 요구사항에 따라 활동들을 분류하고 WBS로 작성할 수 있다.
소요 시간	40분
교육 내용	1. 작성 내용들에 대한 요약 설명 2. 팀별 작성 결과를 발표하도록 한다.
논의 내용	1. 각 팀별로 작성된 내용들을 서로 검토하여 적절하게 표현되었는지에 대해 의견 교환한다. 2. 실제 프로젝트에서는 어떻게 작성되고 활용되었는지 각자의 경험을 발표하며 의논한다.
참석자 활동	예제 프로젝트를 기반으로 작성된 내용을 발표하고 의견 교환한다.
산출물	WBS Dictionary(프로젝트관리 Workshop 실습문서 양식)
실습 자료	N/A
참고 자료	1. A Guide to the Project Management Body of Knowledge 3rd ed. 2. State of Michigan Project Management Methodology 3. 프로젝트관리 Workshop 프로젝트
기 타	N/A

WBS관리

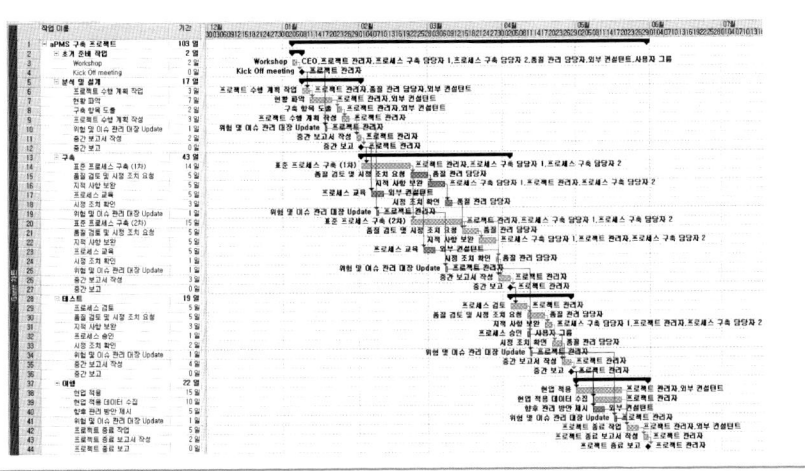

목 적	작성된 WBS의 관리 방안에 대해 알아본다.
소요 시간	20분
교육 내용	1. 작성된 Sample WBS Dictionary를 보여주고 간략히 설명한다. 2. Sample WBS를 기반으로 MS Project로 작성된 일정표를 보여준다. 3. MS 프로젝트로 작성되는 과정을 소개하며, 툴의 기능을 간략히 소개한다.
논의 내용	N/A
참석자 활동	N/A
산출물	N/A
실습 자료	N/A
참고 자료	1. 참고 자료_MSP 2. 프로젝트관리 Workshop 프로젝트
기 타	N/A

09 | Module 9

Module 9

1. 모듈 명	Module 09
2. 목 적	프로젝트의 진행관리와 종료에 대해서 이해한다.
3. 소요 시간	3시간 40분
4. 모듈이 끝나면	프로젝트 진행관리에 따른 보고서를 작성할 수 있고 공식적인 종료 절차를 수행할 수 있다.
5. 교육 내용	1. 프로젝트 진행관리 관련 작업 실습(중간보고) 2. 프로젝트 종료보고 실습(프로젝트 수행 평가보고서)
6. 논의 내용	진행관리를 위한 대안은?
7. 참석자 활동	1. 프로젝트 현황을 집계하여 중간보고서로 작성한다. 2. 프로젝트 수행 평가보고서를 작성한다.
8. 산출물	중간보고서, 프로젝트 수행 평가보고서
9. 실습 자료	중간보고서, 프로젝트 수행 평가보고서 (프로젝트관리 Workshop 실습문서 양식)
10. 참고 자료	프로젝트관리 Workshop 프로젝트(프로젝트 기본 정보)
11. 기 타	N/A

Module 9

Contents

프로젝트 진행관리

프로젝트 상태 보고
- 진척(일정)
- 투입 인력
- 위험 및 이슈
- 범 위
- 변 경
- 품 질
- 비 용

목 적	프로젝트 진행 중 단계별 프로젝트의 상태를 보고할 수 있다.
소요 시간	50분
교육 내용	프로젝트 진행관리의 목적과 방법을 설명한다.
논의 내용	N/A
참석자 활동	중간보고서를 작성한다.
산출물	중간보고서
실습 자료	중간보고서(프로젝트관리 Workshop 실습문서 양식)
참고 자료	1. A Guide to the Project Management Body of Knowledge 3rd ed. 2. State of Michigan Project Management Methodology 3. 프로젝트관리 Workshop 프로젝트
기 타	N/A

교육 내용

1. 프로젝트 진행관리의 목적을 설명한다.(5분)

   1) 프로젝트가 성공적이었다라고 하는 것은 요구사항을 기준으로 정해진 기간 내에 정해진 비용으로 정해진 요구사항(품질)을 만족시키며 프로젝트가 종료되었다는 것이며, 결국 프로젝트의 진행관리는 이러한 프로젝트의 성공을 위해 관련 활동들을 관리하는 것이라고 말할 수 있겠다.

   2) 관리 없이 프로젝트가 성공할 수 있을까? 담당실무자가 임의로 활동하여 별 탈 없이 마무리 지을 수 있는 부분이 있을 수도 있지만 각각의 최소 활동 단위들이 조합된 상위 수준부터는 누군가의 관리/통제 없이는 프로젝트가 크면 클수록 비례하여 큰 혼란이 올 것이다.

   3) 이러한 관리와 통제의 여러 가지 수단/방법 중의 하나로 프로젝트의 상태를 수시 또는 정기적으로 검토하여 필요할 경우 보완/정하는 활동을 프로젝트가 종료되는 시점까지 지속해야 한다.

   4) 여기에서는 초 단기간 동안 초미니 프로젝트를 수행하기 때문에 프로젝트 상태 보고를 중간보고서라는 형태로 간략하게 작성해 보기로 한다.

   5) 우선 프로젝트의 진행 상태를 파악하기 위한 대상 영역을 다음과 같이 몇 개를 선택하여 뭘 어떻게 관리해야 하는지를 살펴보자.

2. 프로젝트상태보고서의 구성 항목을 설명한다.(5분)

영 역	검토 방안
진척 (일정)	현재 일정 진행 상황 데이터를 수집하여 프로젝트관리 계획과 비교하여 그 차이를 파악하고 보고한다.
투입 인력	투입 현황을 파악하여 프로젝트관리 계획 대비 갭을 파악하여 보고한다.
위험 및 이슈	위험 및 이슈들에 대해 어떤 이슈들이 언제 발생 되었는지, 현재 해결은 된 상태인지, 대응 방안은 무엇이고 문제점은 무엇인지 등에 관한 정보와 각각의 처리 결과 숫자(발생, 해결, 처리 중)를 정리, 보고한다.
범 위	초기에 설정된 고객 요구사항 명세를 기준으로 요구사항의 완료 및 변경 상태를 지속적으로 관리하여야 하며, 현 상태에서의 요구사항 해결 정도(작업 진척도), 요구사항 변경 요청 개수, 요구사항 변경 처리 완료 개수, 변경으로 인한 범위 및 관련 영역의 영향 정도 등에 관한 정보를 분석하여 보고한다.

영 역	검토 방안
변 경	변경이 발생할 수 있는 거의 모든 영역이 그 대상이 되며, 대표적인 영역이 요구사항, 일정, 투입 인력 등이 될 수 있으며, 변경에 관한 상태 보고는 각각의 영역들에 대해 계획 대비 현 상태(변경 요청 개수, 처리 완료 개수, 처리 진행 중 개수)를 비교/분석하여 보고한다.
품 질	프로젝트 초기에 정해진 품질검토 시점에 수행한 수행 결과를 정리/보고한다. 검토 대상, 검토 기준, 적합 및 부적합 개수, 시정조치 요청 개수, 시정조치 완료 개수, 미완료 개수 등을 정리 보고한다.
비 용	초기 계획이 변경됨과 동시에 계획된 비용의 변경이 발생한다고 볼 수 있다. 각 영역의 변경이 비용과 어떻게 연관되어 어느 정도의 비용이 발생하는지에 대해서는 각 영역의 특성에 따라 너무나 다양하기 때문에 이 Workshop에서는 비용 관련 업무는 대상에서 제외한다.

3. 중간보고서(프로젝트 상태보고서)를 작성한다.(40분)

프로젝트 진적						
구 분 　 　 단 계	분석 및 설계	구축 1	구축 2	테스트	이 행	최 종
계획 누계	20	40	60	80	100	
실적 누계	19	38	52	67	88	
차 이(%)	1%	4%	8%	13%	17%	

투입 인력 현황								
소 속	역 할	담당자	구분	분석 및 설계	구축 (2M)	테스트	이행	합 계
ABC	프로세스 구축 담당자1	김구축	계획	0	2	0.5		2.5
			실적	0	2.5	0.75		3.25
	프로세스 구축 담당자1	이구축	계획	0	2	0.5		2.5
			실적	0	2.5	0.75		3.25

※ 일정이 한 달 연장되어 투입 인력 실적이 증가됨

ABC	계획	5
총 합	실적	6.5

소 속	역 할	담당자	구분	분석 및 설계	구축 (2M)	테스트	이행	합 계
을 병	프로젝트 관리자(컨설런트)	김관리	계획	1	2	1		4
			실적	1.25	2.5	1.25		5
	컨설런트	박지원	계획	0.5	0.5	0.5		1.5
			실적	0.75	1.0	0.75		2.5

※ 일정이 한 달 연장되어 투입 인력 실적이 증가됨

을 병	계획	5.5
총 합	실적	7.5

전 체	계획	10.5
총 합	실적	14.0

위험 및 이슈 현황															
구 분 \ 단 계	분석 및 설계			구축 1			구축 2			테스트			이 행		
	O	C	P	O	C	P	O	C	P	O	C	P	O	C	P
이슈(/ 합계)	1					1			1	1/2		1			
위험(/ 합계)	1					1			1	1/2		1			

※ O: Opened. C: Closed. P:Pending

품질검토 현황					
구 분 \ 단 계	분석 및 설계	구축 1	구축 3	테스트	이 행
부적합/누계	–	2 / 2	3 / 5	2 / 7	–
시정조치 요청/누계	–	2 / 2	3 / 5	2 / 7	–
시정조치 확인/누계	–	2 / 2	3 / 5	2 / 7	–

교육현황
- 외부 컨설턴트에 의해 구축 작업에 필요한 관련 프로세스 교육이 2차 실시됨 - 프로젝트 관리자를 포함하여 프로젝트 팀 구성원 전원이 참석하였으며, 사내의 관심 있는 구성원들도 일부 참여함

향후 계획

요청 사항

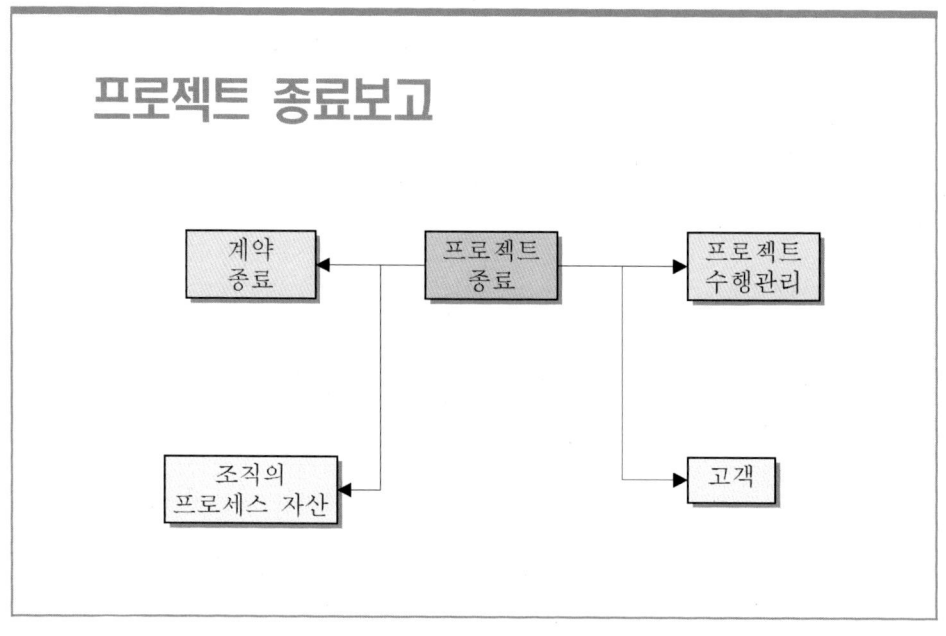

프로젝트 종료보고

목 적	프로젝트 종료를 위한 활동들을 이해하고 종료보고서를 작성할 수 있다.
소요 시간	1시간
교육 내용	프로젝트 종료를 위한 작업들과 단계를 설명한다.
논의 내용	프로젝트 종료보고서 작성 시 유의할 점
참석자 활동	프로젝트 수행 평가보고서를 작성한다.
산출물	프로젝트 수행 평가보고서
실습 자료	프로젝트 수행 평가보고서 (프로젝트관리 Workshop 실습문서 양식)
참고 자료	1. A Guide to the Project Management Body of Knowledge 3rd ed. 2. State of Michigan Project Management Methodology 3. 프로젝트관리 Workshop 프로젝트
기 타	N/A

교육 내용

1. 계약종료(Contract Closure) (설명 5분, 작성 55분)
   1) 프로젝트가계약 사항과 다름없음을 계약 주체와 확인하고 관련 정보를 정리한다.

2. 행정종료(Administrative Closure)
   1) 프로젝트종료보고서는 프로젝트의 성공 또는 실패를 문서화한다.
   2) 관련자들에게 공식적으로 프로젝트의 종료를 알리면서
   3) 프로젝트와 관련된 이력 정보들을 기록하여 향후 비슷한 크기나 범위 또는 유형의 다른 프로젝트를 수행해야 할 경우 도움이 될 수 있게 한다.
   (PMDB, PAL, Lessons Learned)

3. 기록되는 정보는 프로젝트의 특성에 따라 다양할 수 있으며, 일반적인 항목 몇 개를 나열하면 다음과 같다.
   1) 프로젝트 종료 승인 서명
   2) 프로젝트구성원과 간단한 이력
   3) 프로젝트 수행 조직
   4) 일정관리 이력
   5) 범위관리 이력
   6) 품질관리 이력
   7) 위험관리 이력
   8) 형상관리 이력
   9) 요구사항관리 이력
   10) Lessons Learned 등

목 적	프로젝트 종료 선언
소요 시간	10분
교육 내용	프로젝트 종료를 선언하고 성공을 자축한다.
논의 내용	N/A
참석자 활동	N/A
산출물	N/A
실습 자료	N/A
참고 자료	N/A
기 타	N/A

프로젝트 수행 결과 Debriefing

프로젝트 수행 결과를 Review하여 관리의 문제점, 개선점, 재활용 가능한 부분들을 찾아본다.

목 적	프로젝트의 계약 및 행정적인 종료 후, 프로젝트에 대한 수행 평가 과정을 통해 프로젝트에 참여했던 구성원들과 수행 조직 관련자들은 성공 요소, 문제점, 개선점 등과 같은 정보를 파악하여 향후 프로젝트에 활용할 수 있게 한다.
소요 시간	1시간 40분
교육 내용	1. Workshop 동안 작성했던 산출물들을 기준으로 절차와 산출물, 프로젝트 운영 방법 등에 대해 팀 단위로 발표한다. 2. 참석자들은 수행 내역을 서로 분석하여 향후 프로젝트에 유용한 정보로 활용될 수 있는 경험을 공유하도록 한다.
논의 내용	프로젝트 결과물 총평
참석자 활동	팀 단위 프로젝트 수행 결과를 발표한다.
산출물	N/A
실습 자료	N/A
참고 자료	N/A
기 타	N/A

| 10 | Module 10 |

Module 10

1. 모듈 명	Module 10
2. 목 적	개선 framework들에 대해 간략히 살펴보고 프로젝트관리 활동과의 관계를 살펴본다.
3. 소요 시간	1시간 10초
4. 모듈이 끝나면	폭넓은 프로젝트관리 영역 지식의 접근 방법을 파악한다.
5. 교육 내용	국제 표준 관련 요약 정보를 공유한다.
6. 논의 내용	각 구성원들이 소속된 조직의 국제 표준 활용 정도에 대해 의견을 나눈다.
7. 참석자 활동	N/A
8. 산출물	N/A
9. 실습 자료	N/A
10. 참고 자료	관련 표준들
11. 기 타	N/A

Module 10

Contents

1. 개선 Framework 소개

2. CMMI

3. ISO 9001:2000

4. ITIL

5. SPICE

개선 Framework 소개

1. CMMI

2. ISO 9001:2000

3. ITIL

4. SPICE

목 적	개선 Framework 관련 표준들을 간략히 소개한다.
소요 시간	10초
교육 내용	개선 Framework 관련 표준들을 간략히 소개한다.
논의 내용	N/A
참석자 활동	N/A
산출물	N/A
실습 자료	N / A
참고 자료	관련 표준들
기 타	N / A

CMMI

1. 개요

2. 적용 목적

3. 구조

4. 기타

목 적	CMMI에 대해 소개한다.
소요 시간	15분
교육 내용	CMMI에 대한 개요를 소개한다.
논의 내용	N / A
참석자 활동	N / A
산출물	N / A
실습 자료	N / A
참고 자료	1. Guidelines for Process Integration and Product Improvement 2. SCAMPI V1.1: Method Definition Document(CMU / SEI-2001-HB-001)
기 타	N / A

교육 내용

1. 개요

    1) Capability Maturity Model Integration(CMMI®)

    2) CMMI is not a process but describe the characteristics of effective processes

2. 적용목적

    1) It provides a single framework for improvement in software engineering, systems engineering, integrated product and process development, and supplier sourcing.

3. 구조(CMMI Model Components)

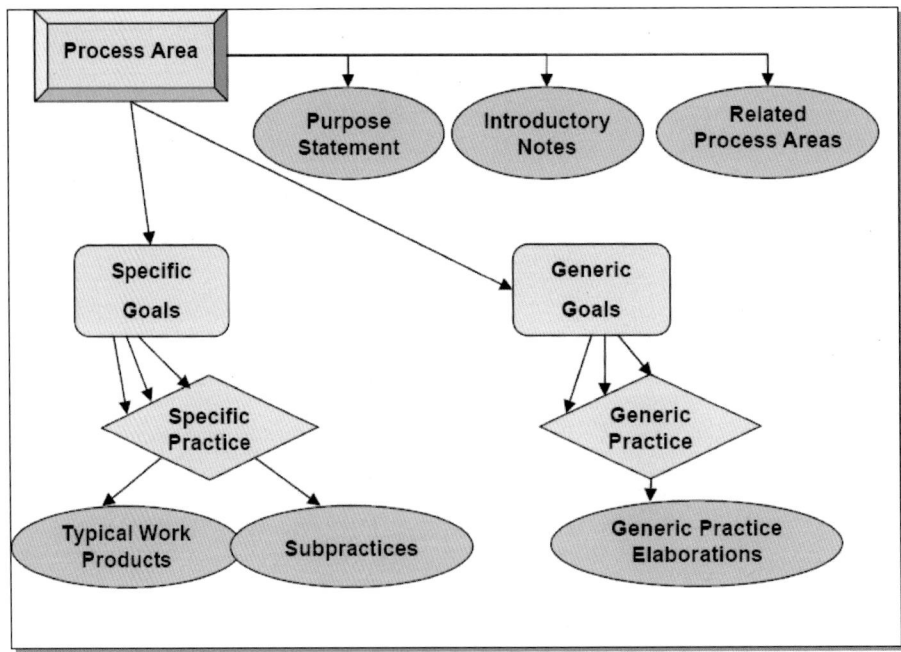

    1) A process area is a cluster of related practices in an area that, when implemented collectively, satisfies a set of goals considered important for making significant improvement in that area.

2) Purpose Statement describes the purpose of the process area

3) The introductory notes section of the process area describes the major concepts covered in the process area

4) A specific goal describes the unique characteristics that must be present to satisfy the process area.

5) Generic goals appear near the end of a process area and are called "generic" because the same goal statement appears in multiple process areas.

6) A specific practice is the description of an activity that is considered important in achieving the associated specific goal.

7) The typical work products section lists sample outputs from a specific practice.

8) Generic practices appear near the end of a process area and are called "generic" because the same practice appears in multiple process areas.

9) A generic practice elaboration appears after a generic practice in a process area to provide guidance on how the generic practice should be applied uniquely to the process area.

4. 기 타

1) What is Process

① Process-a sequence of steps performed for a given purpose(IEEE)

② Process-the logical organization of people, materials, energy, equipment, and procedures into work activities designed to produce a specified end result(From Pall, Gabriel A. *Quality Process Management.* Englewood Cliffs, N.J.: Prentice-Hall, 1987.)

③ Process-activities that can be recognized as implementations of practices in a model(CMMI glossary)

2) CMMI for Process Improvement

CMMI

① emphasizes the development of processes to improve product development and customer services in organizations

② provides a framework from which to organize and prioritize process improvement activities(product, business, people, technology)

③ supports the coordination of multi-disciplined activities that may be required to successfully build a product

④ emphasizes the alignment of process improvement efforts objectives with organizational business objectives

3) CMMI Model Disciplines

The disciplines explicitly included in CMMI models are;

① Systems Engineering(SE)

② Software Engineering(SW)

③ Integrated Product and Process Development(IPPD)

④ Supplier Sourcing(SS)

※ 「CMMI-SE/SW/IPPD/SS」

4) Understanding Maturity Levels

① Maturity level 1: Initial

－At maturity level 1, processes are usually ad hoc and chaotic. The organization usually does not provide a stable environment to support the processes.

－depends on the competence and heroics of the people in the organization and not on the use of proved processes.

② Maturity level 2: Managed

－At maturity level 2, the projects of the organization have ensured that requirements are managed and that processes are planned, performed, measured, and controlled.

－At maturity level 2, the status of the work products and the delivery of services are visible to management at defined points(e.g., at major milestones and at the completion of major tasks). The work products and services satisfy their specified process descriptions, standards, and procedures.

③ Maturity level 3: Defined

- At maturity level 3, processes are well characterized and understood, and are described in standards, procedures, tools, and methods.

- The organization's set of standard processes, which is the basis for maturity level 3, is established and improved over time.

- These standard processes are used to establish consistency across the organization. Projects establish their defined processes by tailoring the organization's set of standard processes according to tailoring guidelines.

④ Maturity level 4: Quantitatively Managed

- At maturity level 4, the organization and projects establish quantitative objectives for quality and process performance and use them as criteria in managing processes.

- Quantitative objectives are based on the needs of the customer, end users, organization, and process implementers. Quality and process performance is understood in statistical terms and is managed throughout the life of the processes.

- A critical distinction between maturity levels 3 and 4 is the predictability of process performance. At maturity level 4, the performance of processes is controlled using statistical and other quantitative techniques, and is quantitatively predictable. At maturity level 3, processes are typically only qualitatively predictable.

⑤ Maturity level 5: Optimizing

- Maturity level 5 focuses on continually improving process performance through incremental and innovative process and technological improvements.

- At maturity level 4, the organization is concerned with addressing special causes of process variation and providing statistical predictability of the results.

- Although processes may produce predictable results, the results may be insufficient to achieve the established objectives. At maturity level 5, the organization is concerned with addressing common causes of process variation and changing the process to improve process performance and to achieve the established quantitative process-improvement objectives.

5) ARC 평가 방법의 등급별 특징

    ※ ARC: (Appraisal Requirements for CMMISM, Version1.1

    (심사방법을 ARC Class A, B 또는 C로 구분하고 있음))

    SCAMPI: (Standard CMMI Assessment Method for Process Improvement)

    Class A는 ARC의모든 요구사항을 만족해야 한다,

    SCAMPI는 Class A의 심사 방법의 예다.

Characteristics	Class A	Class B	Class C
Amount of Objective Evidence Gathered(relative)	High	Medium	Low
Ratings Generated	Yes	No	No
Resource Needs(relative)	High	Medium	Low
Team Size(relative)	Large	Medium	Small
Appraisal Team Leader Requirements	Lead appraiser	Lead appraiser or person trained and experienced	Person trained and experienced

6) SEI Training for CMMI

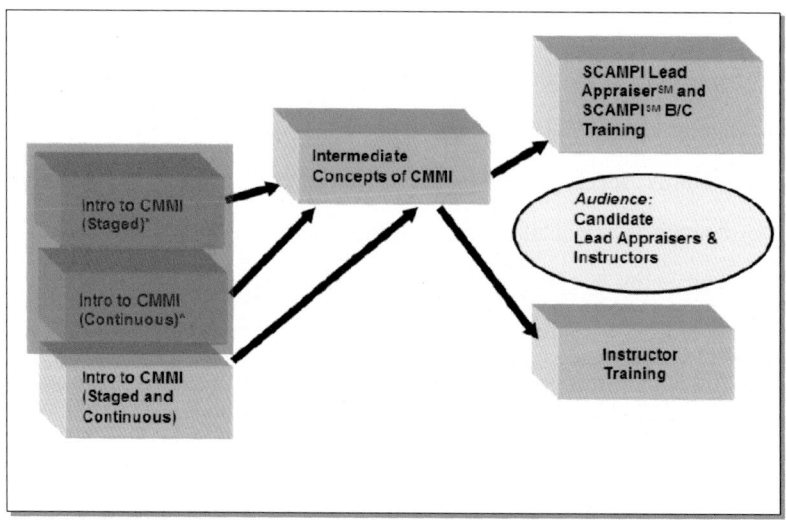

ISO 9001:2000

1. 개요

2. 적용 목적

3. 구조

4. 기타

목 적	ISO 9001:2000에 대해 소개한다.
소요 시간	10분
교육 내용	ISO 9001:2000에 대한 개요를 소개한다.
논의 내용	N / A
참석자 활동	N / A
산출물	N / A
실습 자료	N / A
참고 자료	ISO 9001:2000
기 타	N / A

교육 내용

1. 개 요

1) ISO 소개

① ISO: International Organizationfor Standardization(국제표준화기구)

② 1947

③ 제품 및 서비스의 국제적 교환을 촉진하기 위한 국제 규격의 제정 및 보급

④ 기술 발전을 위한 정보, 지식의 국제간 교류촉진

⑤ 비정부 기구

⑥ 스위스 제네바

2) ISO 9000:2000 → 품질경영시스템에 대한 기본사항을 서술하고 품질경영시스템에 대한 용어를 규정

3) ISO 9001:2000 → 조직이 고객 및 적용되는 규제 요구사항과 고객만족 달성 목표를 충족하는 제품을 제공하는 조직의 능력을 실증할 필요가 있는 조직인 경우의 품질경영시스템에 대한 요구사항을 규정

4) ISO 9004:2000 → 품질경영시스템의 효과성뿐만 아니라 효율성도 고려하는 지침을 제공. 이 규격의 목표는 조직의 성과 개선과 고객만족 및 기타 이해관계자의 만족

5) ISO 9001:2000 및 ISO 9004:2000 규격을 제대로 수립하고 실행하기 위해서는 ISO 9000:2000의 "용어 및 정의"를 명확하게 이해하여야 함(총 80개)

2. 적용목적(범위)

1) 품질경영 시스템의 실행을 통하여 이점을 추구하는 조직

2) 제품의 요구사항이 만족될 것이라는 확신을 그들의 공급자로부터 찾는 조직

3) 제품의 사용자

4) 품질경영에 사용되는 용어의 상호 이해에 관련되는 자(예: 공급자, 고객, 규제기관)

5) ISO 9001 요구사항과의 적합성에 대하여 품질경영시스템을 평가 또는 심사하는 조직의 내부 또는 외부관련자(예: 심사자, 규제기관, 인증/등록 기관)

6) 관련규격 개발자

3. 구   조

1) 프로세스를 기반으로 한 품질 경영 시스템 모델

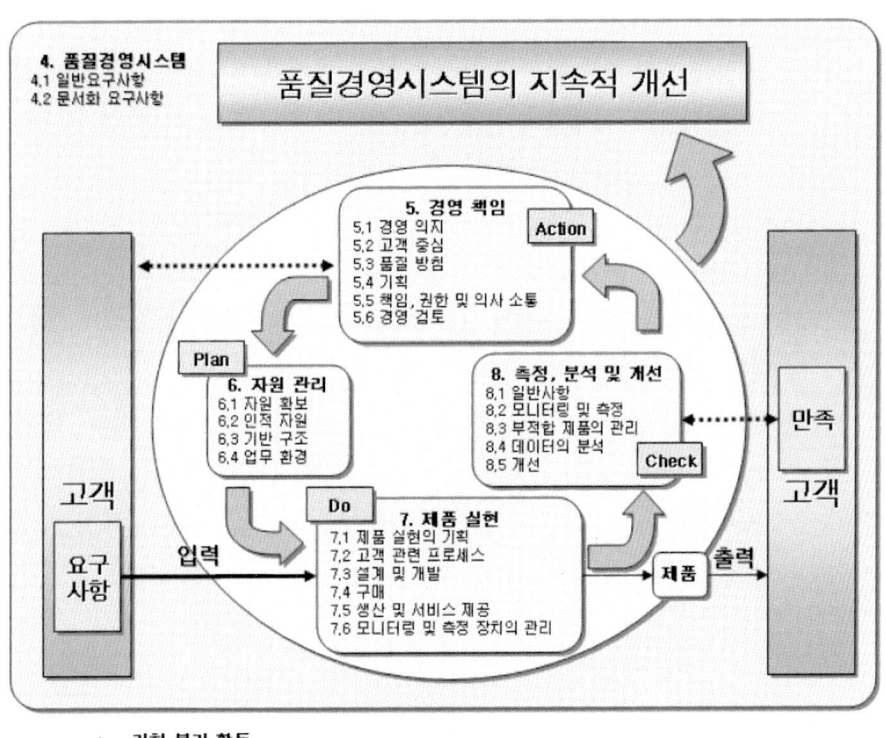

4. 기   타

1) 품질경영 원칙 8가지

[출처: ISO 9000:2000], 품질경영시스템 규격에 대한 기초 형성.

① 고객 중심: 조직은 그들의 고객에 의존하고 있다. 따라서 현재 및 미래
의 고객 욕구를 이해하고 고객 요구사항을 충족시키며 고객의 기대를 넘
어서도록 노력해야 할 것이다.

② 리더십: 리더는 조직의 목적과 방향의 일관성을 확립한다. 리더는 사람
들이 조직의 목표를 달성하는 데 전적으로 참여할 수 있는 내부환경을
조성하고 유지해야 할 것이다.

③ 전원 참여: 모든 계층의 사람들이 조직의 필수 요소다. 따라서 전원이 참여함으로써 그들의 능력이 조직의 이익을 위하여 발휘될 수 있다.

④ 프로세스 접근 방법: 관련된 자원 및 활동이 하나의 프로세스로써 관리될 때 희망하는 결과가 보다 효율적으로 얻어질 수 있다.

⑤ 경영에 대한 시스템 접근 방법: 상호 연계된 프로세스를 하나의 시스템으로 파악하고 이해하며 관리하는 것은 조직의 목표를 달성하는 데에 있어서 조직의 효과성 및 효율성에 기여한다.

⑥ 지속적 개선: 조직의 총체적 성과에 대한 지속적 개선은 조직의 영구적인 목표이어야 할 것이다.

⑦ 의사결정에 대한 사실적 접근 방법: 효과적인 결정은 데이터 및 정보의 분석에 근거한다.

⑧ 상호 유익한 공급자 관계: 조직 및 조직의 공급자는 상호 의존적이며, 상호 이익이 되는 관계는 가치를 창조하기 위한 양쪽 모두의 능력을 증진시킨다.

2) ## 인증 절차 흐름도 ##

ITIL

1. 개요

2. 적용목적

3. 구조

4. 기타

목 적	ITIL에 대해 소개한다.
소요 시간	20분
교육 내용	ITIL에 대한 개요를 소개한다.
논의 내용	N / A
참석자 활동	N / A
산출물	N / A
실습 자료	N / A
참고 자료	ITIL Foundation for IT Service Management workbook
기 타	N / A

교육 내용

1. 개 요

  1) Information Technology Infrastructure Library

  2) Business Requirement를 위한 IT Service 배치

  3) 방법론이 아닌 Best Practice

  4) ITIL 프로세스의 적용은 조직으로부터 조직으로의 변경, 즉 프로세스에 따른 조직의 변경을 의미

  5) 최상의 서비스를 제공하기 위한 최적의 비용을 제시

  6) 영국정부 상거래국(OGC) 산하의 중앙컴퓨터통신국(CCTA)이 품질 높고 저렴한 IT 서비스 실현을 위해 상호 연관 있는 실무 규약 모음집을 개발. 1986년 45여 권의 책을 처음 발간.

  7) IT 서비스 관리 분야에서 전 세계적인 "de-facto"표준

  8) itSMF가 발간, 현재 버전3.0(IT Service Management Forum)

  9) 비독점

  10) 효율적인 IT 서비스 관리를 위한 People, Process, Technology의 관계 정의

  11) ITIL은 많은 책으로 구성되어 있으며, 서비스 제공(Service Delivery)과 서비스 지원(Service Support)은 그 중의 일부임

  12) 전 세계적으로 검증된 IT 서비스 관리 분야의 표준 모델 정의(Best Practice)

  13) 고객 중심, Business 중심, 프로세스 중심, 프로세스 간 연관성 중심의 Best practice

  14) Best Practice란?

  ① Best Practice는 특정 분야에 종사하는 유능하고 경험 많은 전문가들이 겪은 최상의 경험을 바탕으로 한 일련의 지침

  ② Best Practice는 다음 조건들을 기반으로 함

     −한 사람 이상

     −한 개 조직 이상

     −한 개 기술 이상

     −한 개 사건 이상

  ③ Best Practice 접근 방법의 특징과 장점:

　　　　-목표가 아닌 시작점을 제공

　　　　-규정이 아닌 지침을 제공

　　　　-공통 비전과 공통 언어로 내부 관리 촉진

　　　　-외부로부터 강제된 것이 아님

　　　　-포괄적

　　　　-전문성 기반 마련

　15) IT Service의 정의

　　　① IT 부서에서 제공하는 IT 시설

　　　② 한 개 이상의 사업 분야를 지원하기 위해 IT 시스템에서 제공하는 연관
　　　　성 있는 기능의 집합체

2. 적용 목적

　1) 비용절감

　2) 가용성개선

　3) 용량조정

　4) 처리능력 증대

　5) 자원 활용 최적화

　6) 확장성증대

　7) 기타

　　　① 공통의 언어(Common Language)

　　　　-서로 이해가 가능한 서비스 용어 사용

　　　　-비즈니스 요구가 IT 서비스로 즉각 반영

　　　　-고객지향 의지 확인

　　　② SLM 기반의 좋은 관계 유지

　　　　-SLA를 통한 명확한 서비스 정의 및 제공

　　　　-서비스 성과에 대한 Reporting 프로세스

　　　③ 개선의 가능성

　　　　-서비스의 가능성에 대한 상호 간의 고민

　　　　-비용 대비 효과에 근거한 서비스 제시

④ IT 서비스에 대한 높은 품질 요구

-IT 서비스에 대한 조직의 의존도 증가

-실패에 대한 가시성 확보

-고객요구사항의 정밀도 증가

-기반구조의 복잡성 증가

-고객 확보 전쟁

3. 구 조

1) ITIL 구성

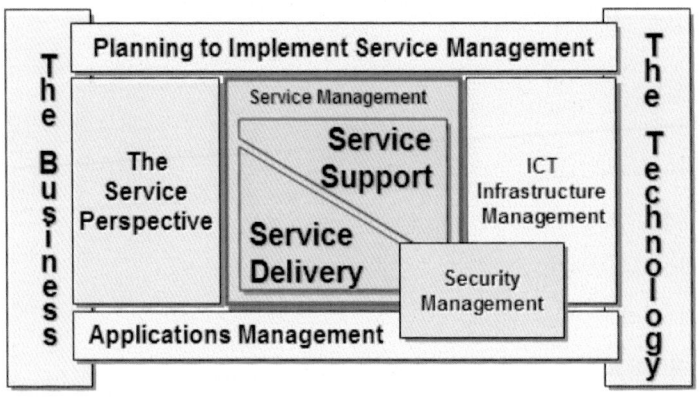

2) Core ITSM Components

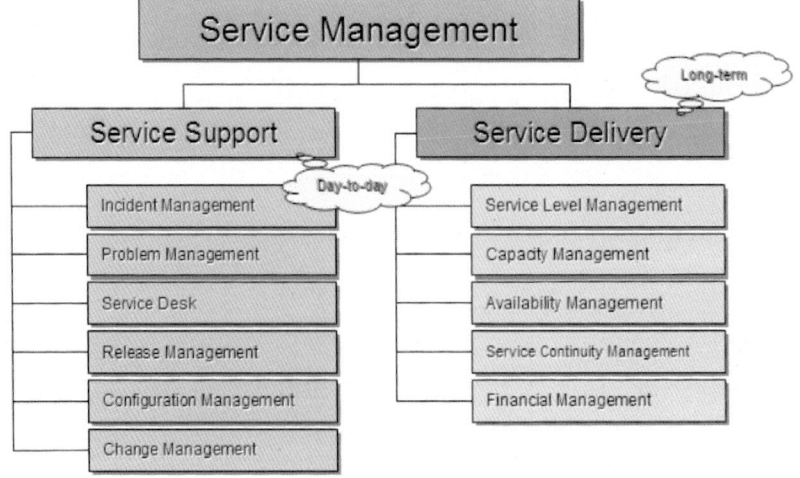

3) Service Management Processes

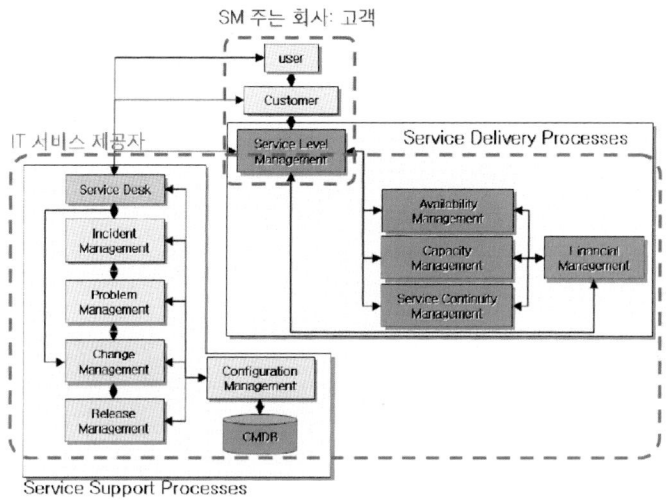

4. 기 타

1) <u>과거</u>: IT 조직이 내부적으로 기술적 중심으로 업무를 집중, <u>현재</u>: 비즈니스 조직의 요구 사항에 따라 IT 서비스 품질 향상에 역량을 집중하고 있으며 고객 지향적인 접근 방식을 채택. 즉, IT를 비즈니스로써 인식하고 관리

2) ITIL은 고품질의 IT 서비스 제공에 초점을 맞추고 있으며 특히 고객과의 관계(IT조직, 고객 및 파트너와의 포괄적 관계를 의미)를 중점적으로 취급

3) 서비스 관리의 3대 핵심 목표

① 비즈니스와 고객의 현재와 미래의 요구에 맞게 IT 서비스를 배치

② IT 서비스 제공의 질 향상

③ 서비스 제공에 대한 장기간 비용 절감

4) 기대효과

① 서비스 품질의 향상

② 서비스 품질 대비 IT 비용의 계량화

③ 비즈니스, 고객 및 사용자 요구를 만족시키는 서비스 구현

④ 주요 IT프로세스의 통합

⑤ IT 서비스 제공을 위한 조직 내 책임 및 역할의 정의 및 인식

⑥ IT서비스 성능에 대한 지표화

SPICE

1. 개요

2. 적용 목적

3. 구조

4. 기타

목 적	SPICE에 대해 소개한다.
소요 시간	10분
교육 내용	SPICE에 대한 개요를 소개한다.
논의 내용	N/A
참석자 활동	N/A
산출물	N/A
실습 자료	N/A
참고 자료	IS 심사원 Migration 교육, KASPA
기 타	N/A

교육 내용

1. 개 요

   1) Software Process Improvement Capability dEtermination

   2) 세계표준화기구(ISO/IEC SC7 WG10)에서 제정한 표준 및 지침: ISO / IECDTR 15504

2. 적용목적

   ≪프로세스 개선 및 능력 결정에 사용할 수 있는 기반 제공≫

   1) 프로세스개선을 위해 프로세스의 현 상태를 이해하고자 할 때

      ① 조직 내 프로세스 심사를 통한 현황 및 개선점을 파악하여 보다 경쟁력 있는 조직으로의 도약발판 마련

      ② 고객의 요구사항 만족도 향상을 위한 적절한 프로세스 구축 근거 확보

   2) 특정요구사항 또는 요구사항들에 대해 자신의 프로세스가 적합한지 알아보려고 할 때

      ① 고객 및 시장 요구사항에 대한 대응성 최대화

      ② 전체 생명주기 비용 최소화

   3) 다른 조직의 프로세스가 특정 계약에 적합한지를 알아보려고 할 때

      ① 계약 체결 전 계약자의 능력과 관련된 위험을 식별하여 보다 안정적인 공급자 선정 시 활용

      ② 공급자 능력을 판단하는 정량적인 기준으로 활용

3. 구조(ISO / IEC 15504의 Components)

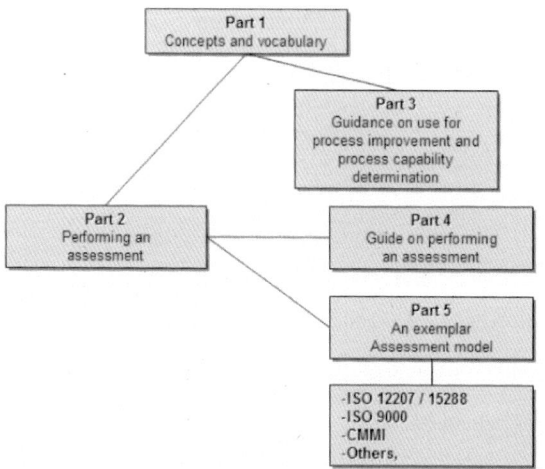

1) Parts

① ISO/IEC 15504-1: 프로세스 심사개념 및 심사 관련 용어 해설

② ISO/IEC 15504-2: 등급 결정의 일관성과 반복성을 보장할 수 있도록 심
사를 수행하기 위한 최소한의 요구사항 규정(표준)

③ ISO/IEC 15504-3: 심사를 수행하기 위한 요구사항 해석을 도와주는 지침
을 제공(Part 2의 부연 설명)

④ ISO/IEC 15504-4: 프로세스 개선 및 능력 결정에 관한 사용 지침을 제공

⑤ ISO/IEC 15504-5: 프로세스 심사모형 예제 제공(S/W)

2) Processes Dimension

≪3 lifecycles, 9groups, 48 processes≫

PRIMARY Life Cycle Processes

Acquisition Process Group (ACQ)
ACQ.1 Acquisition preparation
ACQ.2 Supplier selection
ACQ.3 Contract agreement
ACQ.4 Supplier monitoring
ACQ.5 Customer acceptance

Supply Process Group (SPQ)
SPQ.1 Supplier tendering
SPQ.2 Product release
SPQ.3 Product acceptance support

Engineering Process Group (ENQ)
ENG.1 Requirements elicitation
ENG.2 System requirements analysis
ENG.3 System architectural design
ENG.4 Software requirements analysis
ENG.5 Software design
ENG.6 Software construction
ENG.7 Software integration
ENG.8 Software testing
ENG.9 System integration
ENG.10 System testing
ENG.11 Software installation
ENG.12 Software and system maintenance

Operation Process Group (OPE)
OPE.1 Operational use
OPE.2 Customer support

ORGANIZATIONAL Life Cycle Processes

Management Process Group (MAN)
MAN.1 Organizational alignment
MAN.2 Organization management
MAN.3 Project management
MAN.4 Quality management
MAN.5 Risk management
MAN.6 Measurement

Process Improvement Process Group (PIM)
PIM.1 Process establishment
PIM.2 Process assessment
PIM.3 Process improvement

Resource and Infrastructure Process Group (RIN)
RIN.1 Human resource management
RIN.2 Training
RIN.3 Knowledge management
RIN.4 Infrastructure

Reuse Process Group (REU)
REU.1 Asset management
REU.2 Reuse program management
REU.3 Domain engineering

SUPPORTING Life Cycle Processes

Support Process Group (SUP)

SUP.1 Quality assurance
SUP.2 Verification
SUP.3 Validation
SUP.4 Joint review
SUP.5 Audit

SUP.6 Product evaluation
SUP.7 Documentation
SUP.8 Configuration management
SUP.9 Problem resolution management
SUP.10 Change request management

3) SPICE 능력 수준

- Level 5: Continuous improvement(Optimizing)
- Level 4: Quantitative measurement and control
  (Predictable)

-Level 3: Performed &managed using a defined process

(Established)

-Level 2: Identifiable work products+Planning &tracking

(Managed)

-Level 1: Identifiable work products

(Performed)

-Level 0: No work products

(Incomplete)

4) 능력수준과 프로세스 속성

Process Attribute ID	Capability Levels and Process Attributes
	Level 0: Incomplete process
	Level 1: Performed process
PA 1.1	**Process performance**
	Level 2: Managed process
PA 2.1	**Performance management**
PA 2.2	**Work product management**
	Level 3: Established process
PA 3.1	**Process definition**
PA 3.2	**Process deployment**
	Level 4: Predictable process
PA 4.1	**Process measurement**
PA 4.2	**Process control**
	Level 5: Optimizing process
PA 5.1	**Process innovation**
PA 5.2	**Continuous optimization**

4. 기　타

종 합

관련 표준들 간의 비교

- ISO/IEC 12207
- ISO 15504
- BS 15000
- CMMI
- ISO 9001

목 적	관련 표준들 간의 비교를 통해 조직의 적합한 프로세스 개선 모델을 파악한다.
소요 시간	5분
교육 내용	앞에서 언급된 표준들 및 관련 표준들 간의 비교를 통해 각각의 특징을 살펴본다.
논의 내용	N/A
참석자 활동	N/A
산출물	N/A
실습 자료	N/A
참고 자료	Module 10에서 언급된 참고 자료들
기 타	N A

교육 내용

구 분	ISO / IEC 12207	ISO / IEC 15504	BS 15000	CMMI	ISO 9001
개 념	S / W산업분야에서 참조할 수 있는 S / W 생명주기 프로세스에 대한 공통의 프레임워크	S / W 프로세스 개선 및 평가에 대한 프레임 워크 제공	비즈니스와 고객 요구에 초점을 맞춘 IT 서비스 관리 체계	개발 성숙도 및 능력에 대한 평가와 지속적인 품질개선 모델	품질경영시스템에 대한 외부 인증시킴
적용 범위	S / W 산업분야	S / W 산업분야	IT산업분야	S / W 및 시스템 산업분야	모든 산업분야
평가 형태	S / W 생명주기 프로세스에 대한 적용, 지침	외부 심사는 물론 자체 심사 가능	인증기관에 의한 BS 15000 인증	외부 심사에 의한 평가는 물론 자체 평가	외부 인증 심사원에 의해 제3자 심사
구성 체계	*3가지 프로세스 - 기본 생명주기 - 지원 생명주기 - 조직 생명주기	- 고객 - 공급자 - 공 학 - 프로젝트 - 지 원 - 조 직	- 서비스 관리 요구사항 - 서비스 관리 기획/실행 - 신규/변경 서비스 - 서비스 제공 프로세스 - 관계 프로세스 - 해결/통/릴리스	*모델 - CMMI-SE - CMMI-SW - CMMI-IPPD - CMMI-SS	- 경영책임 - 자원관리 - 제품실현 - 측정, 분석 및 개선
요구 사항	S / W생명주기 프로세스 정의 및 개선에 대한 적용 지침	각 프로세스의 능력 수준	IT서비스 제공 및 관리	조직의 능력 및 성숙도에 대한 수준	품질경영시스템에 대한 최소한의 요구 사항

03

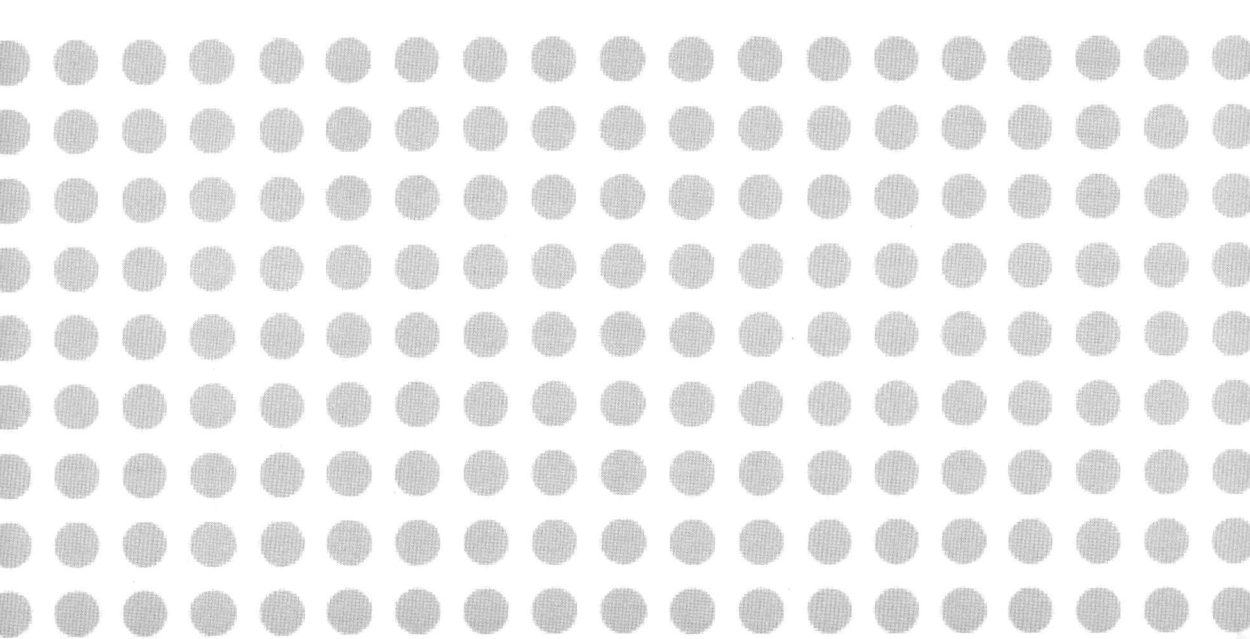

프로젝트관리 Workshop

프로젝트 설명

프로젝트관리 Workshop
프로젝트 설명

프로젝트관리란 무엇인가?

쉽게 한마디로 표현해 달라고? 너무 무리한 부탁임을 질문하는 당사자들이 더 잘 알고 있을 것입니다.

이 문서는 프로젝트관리란 무엇인가에 대한 이론적인 대답 대신 프로젝트관리는 이렇게도 하더라는 것을 예로 보여주기 위해서 작성되었습니다.

현장에는 경험이 많은 프로젝트 관리자도 있지만 고객이 요구하는 최종 결과물의 완료에만 급급한 개발자적인 마인드의 관리자도 적지 않은 것이 현실인 것 같습니다.

본 서는 프로젝트관리 영역과 단계를 최소화하면서 가능하면 현장감 있는 상황을 반영할 수 있도록 초미니 프로젝트를 설정하였으며, 프로젝트가 진행되면서 각 단계별 활동들을 수행하고 활동마다 작성해야 하는 산출물들을 작성하여 첨부하였습니다.

이 미니 프로젝트가 프로젝트의 모든 관리 영역의 포함하고 있지는 않지만 최소한의 프로젝트 단계와 단계별 구성 요소 및 관리 포인트들에 대해서는 간접 경험을 할 수 있을 것이라 생각합니다.

작지만 이 예제를 통해서 짧은 시간에 프로젝트가 어떻게 관리되는지에 대해서 파악할 수 있는 계기가 되기를 진심으로 바랍니다.

01 | 프로젝트 개요

프로젝트 명: 「aPMS(Advanced Project ManagementSystem) 구축 프로젝트」

ABC주식회사는 전 직원이 25명이며, 주요 사업 영역은 프로젝트관리 시스템 소프트웨어 패키지의 개발 및 판매다.

이 패키지는 프로젝트관리를 위한 다양한 기능을 가지고 있어 대부분의 고객이 패키지에 대해 만족하고 있다고 생각하고 있으나, 최근 들어 고객에게 제품이 납품되어 고객사에 설치되고 튜닝을 하는 과정에서 패키지 기능상의 예상치 못한 버그들로 인해 계획에 없던 인력이 투입되어야 하고, 고객으로부터 신뢰를 잃는 경우가 자주 발생하고 있는 상황이다.

이런 부정적인 상황을 극복하기 위하여 최고 경영자는 조직 내의 개발 프로세스를 표준에 맞게 정비하고 전 개발 과정을 꼼꼼히 관리하여 고객의 일반적인 요구사항의 수집 및 반영뿐만 아니라, 특화된 고객에 대해서도 유연하게 대응할 수 있는 구조로 패키지를 전면 재구성하려고 한다.

이 프로젝트는 외부 컨설턴트의 도움을 받아 관련 적용 표준들을 검토한 후, 단일 혹은 여러 개의 표준들을 기반으로 사내의 제품 개발 절차를 정의하고 <u>프로젝트 관리 프로세스를 구축</u>(Manual, Form, Template, Guide, ……)하여, 대외적으로는 보다 나은 고객 서비스의 제공으로 제품과 회사에 대한 신뢰의 확보 및 시장 확대를, 대내적으로는 제품의 개발 및 관리 절차 표준 적용으로 인한 비용절감을 꾀하는 데 그 목적이 있다.

전체 프로젝트 수행 기간은 5개월, 투입 인원은 13MM로 내부적으로 정하였다. 프로젝트관리를 위해 1명의 PM(외부 컨설턴트)이 투입되고, 외부 프로세스전문가가 1명 지원하게 되며, 내부 직원들로 구성된 프로세스 구축 실무자 2명이 프로세스를 실제 구축하기 위해 지원한다. 프로세스 구축 실무자들은 현재 파트타임으로 프로젝트에 투입되어 있어 이번 aPMS 구축 프로젝트에 100% 참여하는 것이 불가능한 상태며, 프로젝트 상황에 따라 융통성 있게 작업을 할 수 있게 담당 프로젝트 관리자에게 양해를 구하고 있다.

내부 직원들로 구성된 사용자 그룹은 프로세스 구축 계획 작성을 위한 현황 파악

수단 중의 하나인 인터뷰에 협조하고, 필요한 자료를 제공하여 조직의 현황 파악을 명확히 할 수 있도록 적극 지원하기로 하였다.

프로젝트 수행을 위한 전체 구성원들은 동시에 같은 장소에 모여 업무 협의 및 수시로 필요한 미팅을 하기가 어려운 상황이므로 프로젝트의 원활한 수행을 위해서는 적절한 대응 방안을 마련해야 한다.

프로젝트 참여자들뿐만 아니라 대부분의 조직 구성원들은 프로젝트관리 및 개발을 위한 적합한 교육이나 훈련이 되어 있지 않은 상태라 현황 파악, 적용 및 구축 시 교육훈련에 대한 적절한 전략이 필요한 상황이다.

당신은 프로젝트 관리자로서 성공적인 프로젝트가 될 수 있도록 아래의 조건들('2. 단계별 주요 활동 계획', '3. 산출물 요구사항', '4. 조직도')과 문서 양식들을 참고하여 수행 계획(R&R, Activity도출, Activity별 기간, 담당자, 산출물, 품질/의사소통 계획 등)을 작성하라는 요청을 받았다.

02 | 단계별 주요 활동 계획

단 계	주요 수행 활동
분석 및 설계	- CEO 및 관련자들에 대한 인터뷰 및 관련 자료 검토로 조직 현황 파악 - 개선 항목 도출 - 프로젝트 수행 계획 작성 - 현황 파악 내용을 중심으로 CEO에게 중간보고
구 축	- 표준 프로세스 구축 - 조직 구성원들에 대한 프로세스 교육 - 구축된 표준 프로세스를 중심으로 CEO에게 중간보고
테스트	- 구축된 표준 프로세스를 현업과 검토 - 보완 사항을 보완 후 관련자들에게 최종 승인
이 행	- 승인된 표준들을 사용자들에게 적용 후, 초기 데이터 수집 - 프로젝트 종료보고회 실시 - 구축된 프로젝트관리 프로세스에 대한 유지 보수 및 개선 방안 제시

03 │ 산출물 요구사항

NO	산출물 명	설 명
1	프로젝트 Charter	프로젝트의 시작을 공식적으로 알리는 프로젝트 개요 문서
2	가정 목록	프로젝트를 진행하는 데 있어서 필요한 예상되는 기반 조건들
3	제약 사항 목록	프로젝트 수행에 부정적인 영향을 주는 사항들
4	Stakeholder 목록	프로젝트 수행에 영향을 주거나 받는 사람(이해 당사자)
5	역할과 책임	프로젝트에 필요한 역할과 각 역할자별 책임
6	프로젝트 수행계획서	고객의 요구사항, 프로젝트 특성 및 여러 가지 프로젝트관리 요소들을 조합하여 프로젝트가 성공적으로 완료될 수 있도록 프로젝트 초기에 작성되는 계획 문서
7	품질관리계획서	프로젝트의 품질관리에 대한 계획서(품질관리 대상, 검토 기준, 담당자, 절차 등에 관한 정보를 기록
8	품질 관련 조직 예	—
9	품질관리 체크리스트	프로젝트 품질관리를 위한 체크 항목 리스트. 품질 보증 또는 품질 감사 활동의 기초 자료로 활용
10	품질검토 결과서	품질 보증 또는 품질 감사 활동 결과를 기록
11	의사소통계획서	프로젝트 내부 또는 내/외부 간 의사소통이 필요한 부분들에 대한 계획서(정기/비정기보고서, 회의, 메일, 자료 교환 등에 관한 시기, 장소, 방법, 관련자 등에 관한 정보를 기록)
12	위험 및 이슈 관리 계획서	프로젝트 수행 시 예상되는 위험이나 이슈들에 대한 관리계획 (위험 기준, 발생 가능성, 발생 시 대응 방안, 이슈 보고 방안, 처리 방안, 절차 등에 관한 정보를 기록)
13	위험 및 이슈 관리 대장	발생이 예상되는 파악된 위험이나 발생된 이슈들에 대한 기록을 관리하는 문서
14	시정조치 요청서	품질검토 후 검토 기준에 적합하지 않은 항목이나 부분들에 대해서 관련자(들)에게 시정을 요청하는 문서
15	시정조치 결과보고서	품질검토 지적사항들에 대한 시정조치 후 조치 담당자가 그 결과를 보고하는 문서
16	형상관리계획서	형상관리 대상 항목 목록, 관리 절차, 담당자, 관리 주기 등에 대한 정보를 기록한 문서
17	형상관리 조직운영 예	—
18	프로젝트 범위 정의서	프로젝트의 규모 산정의 근거 자료가 됨. 프로젝트의 산출물이나 특성이 무엇인지, 어떤 요소가 프로젝트의 성공에 필요한지, 프로젝트 완료 기준, 프로젝트 수행 접근 방법, 프로젝트에 포함되는 것들과 그렇지 않은 것들 명확히 구분(명확한 범위 정의)…… 등에 관한 정보를 기록한 문서
19	WBS Dictionary	프로젝트 수행을 위해 분석, 정의된 구체적인 수행 업무 항목들을 기록한 문서(단위 업무, 업무 설명, 업무 종료 기준, 시작/종료, 기간, 담당자, 산출물 등에 대한 정보)
20	프로젝트 일정	WBS를 기준으로 작성된 프로젝트 수행 일정

NO	산출물 명	설 명
21	진척관리	프로젝트 일정, 산출물, 투입 인력 정보 등에 대한 계획 대비 실적을 기록(중간 및 종료보고 시 활용)
22	투입 인력 현황	프로젝트에 투입된 모든 인력에 대해 계획 대비 실제 투입 인력 정보를 기록 관리
23	중간보고서	분석완료 시점, 구축 완료 시점, 테스트 완료 시점 등에 프로젝트 관련자들에게 해당 시점의 현황을 보고하기 위해 작성하는 문서
24	Lessons Learned	프로젝트를 진행하면서 얻어진 좋은 경험들(성공, 실패, know-how 등)을 수시로 기록하여, 향후 유사 사건 발생 시 해결 수단으로 재활용할 수 있도록 관리하는 문서
25	프로젝트 수행 평가보고서	프로젝트 종료 시 프로젝트 관리자가 CEO를 포함한 프로젝트 관련자들에게 프로젝트 수행 결과에 대한 전반적인 상황을 보고하기 위해 작성하는 문서

04 │ 조직도

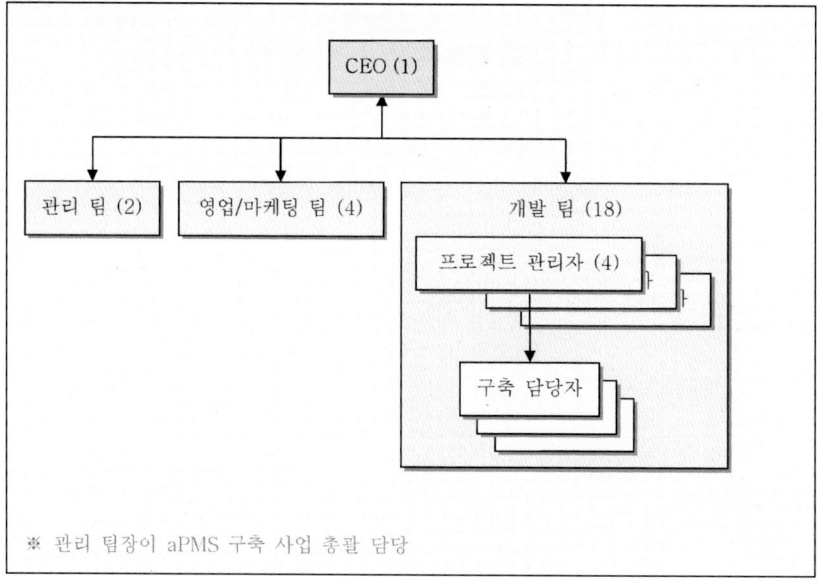

프로젝트 단계별수행 내역

05 | 분석 및 설계

1. 목 적

조직의 현황을 파악하고 관련자들과의 인터뷰 및 설문 활동을 통해 구축 시스템의 대상, 목적 및 범위 등에 대해 프로젝트가 진행되면서 고객과 구축 당사자 간의 혼란이 발생하지 않도록 프로젝트의 요구사항을 명확히 하며, 그 요구사항을 근거로 프로젝트 수행 활동들을 정의하여 보다 성공적인 프로젝트가 될 수 있도록 준비하는 데 그 목적이 있다.

2. 기 간

1개월

3. 수행 내역(WBS 기준)

ID	계 획				실 적		
	활동 계획	기간	R&R	산출물	기간	산출물	수행 활동
1.2.1	프로젝트 수행 계획 작업	3	프로젝트 관리자, 품질관리 담당자, 외부 컨설턴트	가정 목록, 제약 사항 목록, Stakeholder 목록, 역할과 책임, 프로젝트 Charter, 품질관리계획서, 위험관리계획서, 이슈관리계획서, 형상관리계획서, 프로젝트 일정, WBS Dictionary, 의사소통계획서, 프로젝트 범위 정의서	계획과 동일	계획과 동일	- 프로젝트 초기에 고객이 요구하는 공식적인 요구사항들을 기반으로 고객 요구사항을 여러 형태로 정리하는 작업을 수행함 - 프로젝트 초기에는 고객과의 지속적인 확인을 통해 가능한 한 명확하게 고객 요구사항을 파악하도록 집중하여 작업함

ID	계 획				실 적		
	활동 계획	기간	R&R	산출물	기간	산출물	수행 활동
1.2.2	현황 파악	7	프로젝트 관리자, 외부 컨설턴트	설문지, 인터뷰계획서, 인터뷰기록, As-Is 분석서	계획과 동일	계획과 동일	- 프로젝트 수행 계획 자료들을 기반으로 활동 계획 수립을 위한 요구사항 수집 및 확인 작업을 수행함 - 설문과 인터뷰는 CEO, 사용자 그룹(내/외부 프로젝트 PM들, 개발자들 중 일부)를 대상으로 함 - 설문은 e-mail을 이용함 - 대부분의 개발자가 외부 프로젝트를 수행하고 있는 상황이라 인터뷰는 외부 프로젝트 PM들의 확인을 받은 일정과 대상자들을 기준으로 계획하고 진행함
1.2.3	구축 항목 도출	2.5	프로젝트 관리자, 외부 컨설턴트	To-Be계획서	7.5	계획과 동일	- 파악된 현황을 기준으로 해결해야 할 과제들을 도출, 분류/정리하는 작업을 수행함 - 고객사에 파견되어 근무하고 있는 개발자들과의 인터뷰 실시 지연으로 구축 항목 도출을 위한 작업이 1주일 지연됨
1.2.4	프로젝트 수행 계획 작성	2.5	프로젝트 관리자	프로젝트 수행계획서	계획과 동일	계획과 동일	- 수집된 고객의 요청 자료들과 정리된 구축 항목들을 기반으로 프로젝트를 수행하는 데 필요한 모든 활동들을 정의하여 프로젝트 종료 시까지 지속적으로 관리 예정 - 모든 프로젝트의 진행관리는 작성된 프로젝트 수행계획서를 기준으로 함
1.2.5	위험 및 이슈 관리 대장 Update	1	프로젝트 관리자	위험관리대장, 이슈관리대장	계획과 동일	계획과 동일	- 프로젝트 수행에 영향을 주는 긍정/부정적인 요소들을 수시로 파악하여 위험과 이슈로 분류하여 예방하거나 해결될 수 있도록 지속적으로 관리 예정 - 프로젝트 관리자는 고객이나 프로젝트 수행 관련자들로부터 시스템을 이용하거나 구두 또는 메일 등으로 접수한 위험이나 이슈 항목들을 수시로 위험 및 이슈 관리 대장에 기록하고 정리하여 관련자들에게 알림 - 위험 1건 open(투입 인력의 불안정), 이슈 1건 open(일정 지연)
1.2.6	중간보고서 작성	2	프로젝트 관리자	중간보고서, 진척관리, 투입 인력 현황	계획과 동일	계획과 동일	- 초기 분석과 설계 단계에 대한 작업 현황을 최고 경영자에게 보고하기 위해 작업에 대한 일정, 산출물, 투입 인력 등에 대한 계획 대비 실적 등과 같은 진척 정보들을 정리하여 중간보고서를 작성함
1.2.7	중간보고	0	프로젝트 관리자	–	계획과 동일	계획과 동일	- 작성된 중간보고서를 최고 경영자 및 관련자들에게 보고함

4. 관련 산출물

1) 가정 목록

구 분	가 정
일 정	– 프로젝트 산출물은 일정에 맞게 구축된다. – 1주일은 5일, 1일은 8시간 근무다. – 일정에 대한 변경이 발생하지 않는다.
비 용	– 프로젝트 초기에 설정된 비용 범위 내에서 프로젝트를 완료할 수 있다.
품 질	– 일정, 비용 및 품질 등에 관한 고객의 요구사항에 적합하게 프로젝트가 수행된다.
투입 인력	– 프로젝트 수행 계획에 따라 적시에 적합한 인원이 투입되고 철수한다.
프로젝트관리	
작업 환경	– 초기에 계획된 작업 환경이 유지된다.
요구사항	– 요구사항 수집 단계에서 수집된 요구사항들은 이후에는 변경되지 않음 – 변경 사항이 발생하여도 일정, 비용 또는 품질에 영향을 주지 않도록 고객과 협의하여 조정할 수 있다.

2) 제약 사항 목록

구 분	제약 사항
일 정	– 프로젝트 수행계획서에 기술된 일정 마일스톤
비 용	– 정해진 비용 외의 예비비가 확보된 것이 없다.
품 질	
투입 인력	– 외부 프로젝트를 수행 중인 직원들의 프로젝트 참여로 인해 계획된 시간 이외의 작업이 어려울 수 있다.
프로젝트관리	
작업 환경	
요구사항	– 요구사항 변경이 발생할 경우 빠빠한 일정으로 인해 변경 작업을 수행할 시간이나 담당자가 없을 수도 있다.

3) 이해 당사자 목록

구 분	이해 당사자
프로젝트 내부	프로젝트 관리자, 프로세스 구축 담당자
조직 내부	CEO, 사용자 그룹, 프로세스 유지 관리자, 요구사항을 요청하는 내부 직원, 패키지 기능 정의 담당자, 매뉴얼 작성 담당자, 교육 담당자, 기술 전문가, 관리팀장
조직 외부	패키지 사용자 고객, 외부 컨설턴트

4) 역할과 책임

역 할	책 임
CEO	− 프로젝트 관리자로부터 프로젝트 현황 보고받음 − 프로젝트 구성원들과 외부 컨설턴트의 프로젝트 수행을 적극 지원
외부 컨설턴트	− 조직의 현황을 객관적으로 진단하여 최적의 개선점을 찾아 수행계획서의 자료로 활용 − 프로세스 구축 활동 지원(교육, 문서 양식 제공, 검토 등……) − 향후 개선 방향 작성 지원 − 품질관리 업무 담당
프로젝트 관리자	− CEO의 권한을 위임 받아 프로젝트를 강력하게 추진 − 프로젝트관리 관련된 요소들에 대한 관리 책임(일정, 품질, 비용, 인력, …… 등) − 프로젝트 성공
프로세스 구축 담당자	− 프로젝트 관리자와 외부 컨설턴트에 의해 결정된 사항들을 기준으로 조직에 적절한 프로세스 구축 작업을 수행 − 프로세스 검토 전 사용자 그룹에게 프로세스 현황 설명
사용자 그룹	− 프로젝트 수행에 필요한 현황 및 개선점 도출 단계에서 프로젝트 관리자 및 컨설턴트에게 현황 정보를 명확히 전달(설문, 인터뷰 등) − 중간 검토 및 승인 단계에서 검토 프로세스들에 대한 객관적인 판단 − 적용되는 프로세스들에 대해 적극적으로 현업에 적용 − 개선점을 담당자(사내 프로세스 유지 관리자)에게 Feed Back
프로세스 유지 관리자	− 사용자들로부터 접수된 개선 사항을 검토 승인 받고 프로세스 보완, 교육 및 재적용

5) 프로젝트 추진 조직

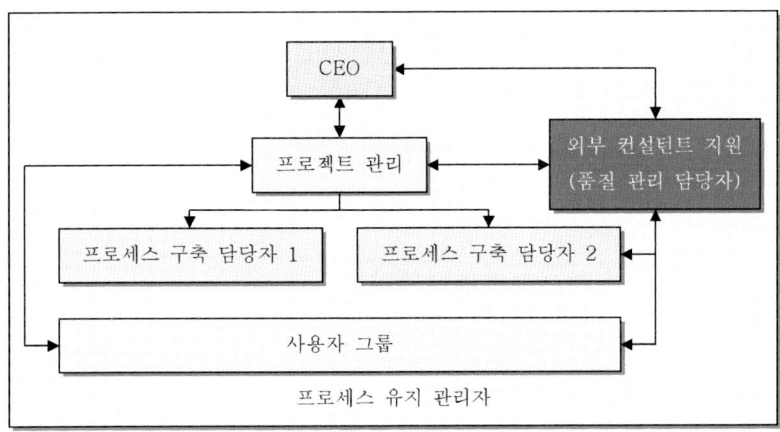

6) 프로젝트 Charter

일반 정보
프로젝트 명: aPMS(advanced Project Management System) 구축 프로젝트
작성자: 김관리(을병㈜/프로젝트 관리자)
작성 일자: 2006년 1월 10일 화요일
검토/승인자: 김시오(ABC㈜/CEO)

개 요
이 문서는 공식적으로 프로젝트의 존재와 시작을 알리기 위해 작성되며, 초기 프로젝트 계획 단계에서 작성되어 프로젝트 수행에 필요한 모든 계획들의 근거와 기준이 되게 하는 데 그 목적이 있다.

프로젝트 목적
aPMS 구축 사업을 통해 조직 내의 일관성 있는 제품 개발 프로세스를 확립함과 동시에 내/외부에서 수행되는 프로젝트들에 대한 체계적이고 일관성 있는 관리를 수행할 수 있는 기반을 마련하는 것이 이번 프로젝트의 목적이다.

프로젝트 목표
구축된 aPMS를 통해 업무의 효율성을 높이고 비용을 절감하여 결과적으로는 보다 경쟁력 있고 또한 자생력 있는 조직으로 성장해나가는 확고한 기반을 마련하는 것이 이 프로젝트의 목표다.

프로젝트 범위

aPMS 구축 사업은
 	
  1. 소프트웨어 개발 절차 정의를 위한 관련 절차 정의서, 문서 양식, 템플릿 등의 작성
  2. 프로젝트관리 절차 정의를 위한 관련 절차 정의서, 문서 양식, 템플릿 등의 작성
  3. 작성 시스템(프로젝트관리 절차 및 소프트웨어 개발 절차)의 현업 적용 및 개선/유지 방안 도출
 	
등을 수행 범위로 한다.

가 정	
구 분	**가 정**
일 정	- 프로젝트 산출물은 일정에 맞게 구축된다. - 1주일은 5일, 1일은 8시간 근무다. - 일정에 대한 변경이 발생하지 않는다.
비 용	- 프로젝트 초기에 설정된 비용 범위 내에서 프로젝트를 완료할 수 있다.
품 질	- 일정, 비용 및 품질 등에 관한 고객의 요구사항에 적합하게 프로젝트가 수행된다.
투입 인력	- 프로젝트 수행 계획에 따라 적시에 적합한 인원이 투입되고 철수한다.
프로젝트관리	
작업 환경	- 초기에 계획된 작업 환경이 유지 된다.
요구사항	- 요구사항 수집 단계에서 수집된 요구사항들은 이후에는 변경되지 않음 - 변경 사항이 발생하여도 일정, 비용 또는 품질에 영향을 주지 않도록 고객과 협의하여 조정할 수 있다.

제약 사항	
구 분	**제약 사항**
일 정	- 프로젝트 수행계획서에 기술된 일정 마일스톤
비 용	- 정해진 비용 외의 예비비가 확보된 것이 없다.
품 질	
투입 인력	- 외부 프로젝트를 수행 중인 직원들의 프로젝트 참여로 인해 계획된 시간 이외의 작업이 어려울 수 있다.
프로젝트관리	
작업 환경	
요구사항	- 요구사항 변경이 발생할 경우 빡빡한 일정으로 인해 변경 작업을 수행할 시간이나 담당자가 없을 수도 있다.

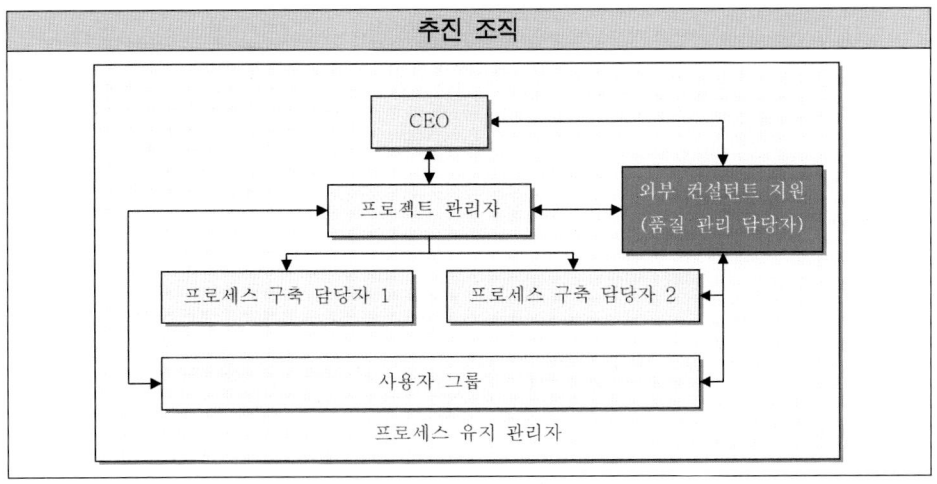

역할과 책임	
역 할	책 임
CEO	– 프로젝트 관리자로부터 프로젝트 현황을 보고받음 – 프로젝트 구성원들과 외부 컨설턴트의 프로젝트 수행을 적극 지원
사업 총괄자	– 고객사 입장에서의 프로젝트 총괄 담당. 원활한 프로젝트 수행이 될 수 있도록 지원. 프로젝트 관리자의 counterpart.
외부 컨설턴트	– 조직의 현황을 객관적으로 진단하여 최적의 개선점을 찾아 수행계획서의 자료로 활용 – 프로세스 구축 활동 지원(교육, 문서 양식 제공, 검토 등……) – 향후 개선 방향 작성 지원 – 품질관리 업무 담당
프로젝트 관리자	– 외부 컨설턴트 – CEO의 힘을 등에 업고 프로젝트를 강력하게 추진 – 프로젝트관리 관련된 요소들에 대한 관리 책임(일정, 품질, 비용, 인력, …… 등) – 프로젝트 성공을 책임
프로세스 구축 담당자	– 프로젝트 관리자와 외부 컨설턴트에 의해 결정된 사항들을 기준으로 조직에 적절한 프로세스 구축 실무 작업을 수행 – 프로세스 검토 전 사용자에게 프로세스 현황 설명
사용자 그룹	– 프로젝트 수행에 필요한 현황 및 개선점 도출 단계에서 프로젝트 관리자 및 컨설턴트에게 현황 정보를 명확히 전달 – 중간 검토 및 승인 단계에서 검토 프로세스들에 대한 객관적인 판단 – 적용되는 프로세스들에 대해 적극적으로 현업에 적용 – 개선점을 담당자(사내 프로세스 유지 관리자)에게 Feed Back
프로세스 유지 관리자	– 사용자들로부터 접수된 개선 사항을 검토 승인 받고 프로세스 보완, 교육 및 재적용

역할과 책임 Matrix												
프로젝트 주요 활동들에 대한 역할과 책임 관계												
프로젝트 주요 활동 / 역할	프로젝트 Charter	As-Is 분석	To-Be 계획	프로젝트 수행 계획	프로세스 구축	단계별 중간보고	프로세스 검토/승인	프로세스 보완	현업 적용	보완	유지 보수 방안	보고 프로젝트 수행 평가
CEO	A	I	I	A	I	I	I	I	I	I	I	I
외부 컨설턴트	I	E	E	I	E	I	I	E	E	E	E	I
프로젝트 관리자	E	EC	EC	EC	EC	E	E	EC	EC	EC	C	E
프로세스 구축 담당자				I	EC	I	I	EC	EC	EC		I
사용자 그룹	I	EC	I	I	I	I	EC	I	EC	I	I	I
프로세스 유지 관리자							I	I	I	E	I	I

※ 범례

E: (Responsibility for Execution) 실행 담당
A: (Final Approval for Authority) 승인 / 최종 승인
C: (Must be Consulted) 논의 / 컨설턴트 지원
I : (Must be Informed) 공지

단계별 주요 활동 계획	
단 계	주요 수행 활동
분석 및 설계	- CEO 및 관련자들에 대한 인터뷰 및 관련 자료 검토로 조직 현황 파악 - 개선 항목 도출 - 프로젝트 수행 계획 작성 - 현황 파악 내용을 중심으로 CEO에게 중간보고
구 축	- 표준 프로세스 구축 - 조직 구성원들에 대한 프로세스 교육 - 구축된 표준 프로세스를 중심으로 CEO에게 중간보고
테스트	- 구축된 표준 프로세스를 현업과 검토 - 지적사항을 보완 후 관련자들에게 최종 승인
이 행	- 승인된 표준들을 사용자들에게 적용 후, 초기 데이터 수집 - 프로젝트 종료보고회 실시 - 구축된 프로젝트관리 프로세스에 대한 유지 보수 및 개선 방안 제시

체크 포인트	
※관리자는 초기에 마일스톤마다 설정해 놓은 프로젝트 평가 기준을 기반으로 단계별 검토를 하여 프로젝트의 다음 단계로의 진행 여부를 결정한다.	
체크 포인트	평가 기준
분석 및 설계	– 조직이 개선하고자 하는 항목들이 반영되어 프로젝트가 수행되고 있는가? – 프로젝트 범위 외의 불필요한 작업들이 수행되고 있지 않은가? – 승인된 계획을 기반으로 일정, 비용, 품질 등이 관리되며 진행되고 있는가?
구 축	– 조직의 요구사항에 적절하게 표준 프로세스가 구축되었나? – 조직 구성원들의 표준과 절차에 대한 인식은 긍정적으로 개선이 되었나? – 프로젝트 범위 외의 불필요한 작업들이 수행되고 있지 않은가? – 승인된 계획을 기반으로 일정, 비용, 품질 등이 관리되며 진행되고 있는가?
테스트	– 프로젝트 산출물이 실무 담당자들이 사용하기에 적절하게 작성되었나? – 프로젝트 범위 외의 불필요한 작업들이 수행되고 있지 않은가? – 승인된 계획을 기반으로 일정, 비용, 품질 등이 관리되며 진행되고 있는가?
이 행	– 프로젝트 범위 외의 불필요한 작업들이 수행되고 있지 않은가? – 승인된 계획을 기반으로 일정, 비용, 품질 등이 관리되며 진행되고 있는가? – 구축된 프로젝트관리 프로세스에 대한 현실성 있는 유지 보수 및 개선 방안이 제시되었나?

참석자 서명		
이 름	소속/직책	서 명
김시오	ABC㈜/CEO	
김관리	을병㈜/수석컨설턴트	
박지원	을병㈜/임컨설턴트	

7) 형상관리계획서

일반 정보
프로젝트 명: aPMS(advanced Project Management System) 구축 프로젝트
작성자: 김관리(을병㈜/프로젝트 관리자)
작성 일자: 2006년 1월 10일 화요일
검토/승인자: 김시오(ABC㈜/CEO)

목 적
형상관리 계획은 고객이 원하는 정확한 인도물이 될 수 있도록, 프로젝트를 수행하는 동안 그 변경을 관리해야 할 대상을 선정하고, 그 관리 대상들에 대해 지속적으로 무결성을 관리가 적절히 수행되게 하는 데 그 목적이 있다.

목 표
형상관리 계획은 형상관리 대상 항목들에 대한 지속적인 관리를 통해 무결성이 보장된 제품을 고객에게 전달할 수 있도록 하는 것이 그 목표다.

범 위
aPMS 구축 프로젝트를 그 수행 범위로 하며, 형상관리 계획에 따라 선정된 형상 항목들을 형상관리의 대상으로 한다.

용어 정의
1. 형상 항목: 프로젝트 내에서 무결성 관리를 위해 구분된 대상들(예: 프로젝트 관련 문서, 관련 시스템, 개발 관련 소스, 툴 및 패키지 등)
2. 베이스 라인: 특정 시점을 기준으로 검토 및 승인된 형상 항목들은 다음 단계를 위한 기준이 된다. 이때 이 기준을 베이스 라인이라 한다.
3. 형상 라이브러리: 형상 항목이 저장되는 논리적 또는 물리적인 공간
4. 변경 관리: 형상관리에 포함된다. 변경 관리는 형상 항목의 변경을 통제하고, 문서화하고 저장하는 절차를 말하며 또한 변경, 평가, 승인 및 거부, 일정 조정 및 추적 등을 제안하는 것을 포함한다.
5. 형상관리: 형상 항목들에 대한 평가, 승인, 거부 및 변경에 대한 관리를 수행하는 활동들을 포함한다.

역할과 책임	
역 할	책 임
CEO	- 프로젝트 관리자로부터 정기 보고 시 형상관리 업무 활동 결과를 보고받음
사업 총괄자	- 고객사 입장에서의 프로젝트 총괄 담당. 원활한 프로젝트 수행이 될 수 있도록 지원. 프로젝트 관리자의 counterpart.
외부 컨설턴트	- 프로젝트 형상관리담당 업무 수행 - 형상 항목 선정, 고객 확인 및 무결성 관리
프로젝트 관리자	- 형상관리 업무 담당자(외부 컨설턴트)의 형상관리 업무에 대한 검토와 승인 - CEO에게 정기적으로 형상관리 활동 결과 보고(중간보고, 최종 보고)

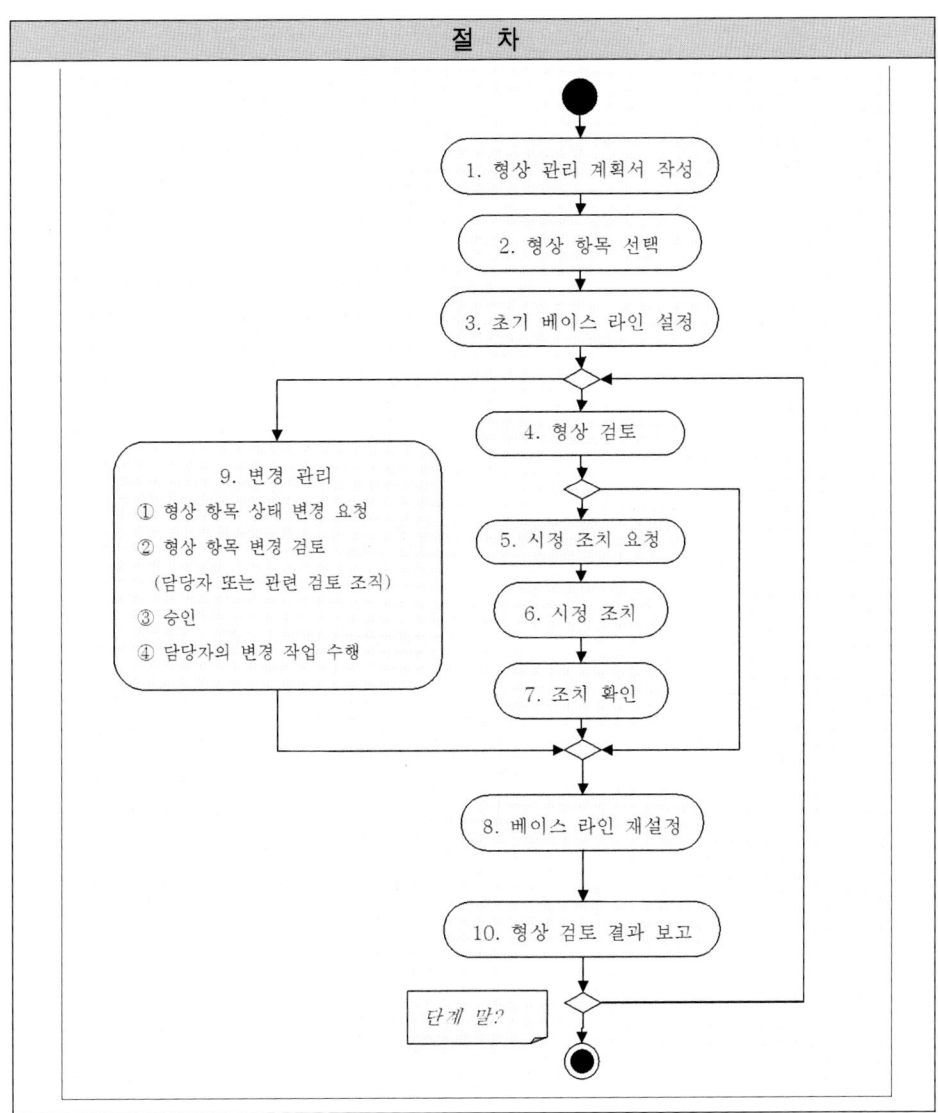

절   차

1. 형상 관리 계획서 작성

2. 형상 항목 선택

3. 초기 베이스 라인 설정

9. 변경 관리
① 형상 항목 상태 변경 요청
② 형상 항목 변경 검토
   (담당자 또는 관련 검토 조직)
③ 승인
④ 담당자의 변경 작업 수행

4. 형상 검토

5. 시정 조치 요청

6. 시정 조치

7. 조치 확인

8. 베이스 라인 재설정

10. 형상 검토 결과 보고

단계 말?

활동 설명

1. 형상관리계획서 작성

　　프로젝트의 형상관리 담당자는 프로젝트 초기에 형상관리에 대한 수행계획을 작성하여 프로젝트 관리자의 승인을 얻고 프로젝트 구성원들에게 프로젝트 형상관리 계획에 대해 설명한다.

2. 형상 항목 선택

　　형상관리 담당자는 프로젝트 수행 중 관리할 형상 항목을 선정하고 프로젝트 관리자의 승인을 얻는다.

활동 설명
3. 초기 베이스 라인 설정 형상관리 담당자는 초기 형상관리 기준으로 선정된 형상 항목의 상태를 초기 베이스 라인으로 설정하며, 다음 단계 형상 검토의 기준으로 활용한다.
4. 형상 검토 형상관리 담당자는 정해진 마일스톤에 따라 형상의 무결성을 체크하는 형상 검토 활동을 수행한다.
5. 시정조치 요청 형상 검토 후 검토 대상에서 형상 상태 유지에 오류가 발견되었을 경우 형상관리 담당자는 프로젝트 관리자에게 보고하고 담당자에게 시정조치를 요청한다.
6. 시정조치 시정조치 요청을 받은 담당자는 지적사항들에 대해 시정조치 요청에 적합한 수준으로 조치 후 형상관리 담당자에게 검토 요청을 한다.
7. 조치 확인 조치 담당자로부터의 조치 완료 항목들에 대한 확인 요청에 의해 형상관리 담당자는 재확인을 하여 적합함을 확인한다.
8. 베이스 라인 재설정 형상 검토 후 현재의 상태로 형상 베이스 라인을 재설정하여 다음 단계 형상 검토의 기준으로 활용한다.
9. 변경 관리 형상 항목에 대한 변경이 필요한 경우, ①형상 항목 상태 변경 요청 → ②형상 항목 변경 검토(담당자 또는 관련 검토 조직) → ③승인 → ④담당자의 변경 작업 수행 → ⑤형상 항목의 베이스 라인 재설정 등의 과정을 거쳐 형상 항목에 대한 변경을 관리한다.
10. 형상 검토 결과 보고 형상관리 담당자는 단계별 형상 상태 현황에 대해 프로젝트 관리자에게 보고하며, 프로젝트 관리자는 마일스톤마다의 보고 시 고객에게 형상 상태 현황에 대한 내용도 포함한다.

형상 항목		
단 계	ID	형상 항목 명
공통(Common)	aPMS_C01_v1a_회의록	회의록
	aPMS_C02_v1a_주간업무보고	주간업무 보고
	aPMS_C03_v1a_변경요청서	변경요청서
	aPMS_C04_v1a_위험관리대장	위험관리대장
	aPMS_C05_v1a_이슈관리대장	이슈관리대장
	aPMS_C06_v1a_프로젝트 선택 기준	프로젝트 선택 기준 예
분석 및 설계 (Analysis &design)	aPMS_A01_v1a_가정목록	가정 목록
	aPMS_A02_v1a_제약 사항 목록	제약 사항 목록
	aPMS_A03_v1a_이해 당사자 목록	이해 당사자 목록

형상 항목		
단　계	ID	형상 항목 명
분석 및 설계 (Analysis &design)	aPMS_A04_v1a_역할과 책임	역할과 책임
	aPMS_A05_v1a_프로젝트Charter	프로젝트 Charter
	aPMS_A06_v1a_품질관리계획서	품질관리계획서
	aPMS_A07_v1a_위험관리계획서	위험관리계획서
	aPMS_A08_v1a_이슈관리계획서	이슈관리계획서
	aPMS_A09_v1a_형상관리계획서	형상관리계획서
	aPMS_A10_v1a_프로젝트일정	프로젝트 일정
	aPMS_A11_v1a_WBSDictionary	WBS Dictionary
	aPMS_A12_v1a_의사소통계획서	의사소통계획서
	aPMS_A13_v1a_프로젝트 범위 정의서	프로젝트 범위 정의서
	aPMS_A14_v1a_프로젝트 수행계획서	프로젝트 수행계획서
	aPMS_A15_v1a_품질관리 체크리스트	품질관리 체크리스트
	aPMS_A16_v1a_품질관리조직	품질관리 조직 예
	aPMS_A17_v1a_형상관리 조직운영	형상관리 조직운영 예
구축 (Development)	aPMS_D01_v1a_품질검토 결과서	품질검토 결과서
	aPMS_D02_v1a_시정조치 요청 및 결과보고서	시정조치 요청 및 결과보고서
	aPMS_D03_v1a_중간보고서	중간보고서
테스트(Test)	aPMS_T01_v1a_품질검토 결과서	품질검토 결과서
	aPMS_T02_v1a_시정조치 요청 및 결과보고서	시정조치 요청 및 결과보고서
	aPMS_T03_v1a_중간보고서	중간보고서
이행(transFer)	aPMS_F01_v1a_현업적용결과서	현업 적용 결과서
	aPMS_F02_v1a_유지보수방안	유지 보수 방안
	aPMS_F03_v1a_LessonsLearned	Lessons Learned
	aPMS_F04_v1a_프로젝트 수행 평가보고서	프로젝트 수행 평가보고서

산출물 버전 통제 방안
※ 'ID' 규칙
1. 문서 명에는 공백이 포함되지 않게 under bar('_')를 구분자로 활용한다.
2. 프로젝트 명 4자리 + '_' + 단계구분 + serial 2자리 + '_' + 버전(3자리) + 문서 명
3. 프로젝트 명(4자리): **aPMS**: advanced Project Management System
4. 단계 구분(1자리)

산출물 버전 통제 방안
C: Common(공통) **A**: Analysis &design(분석 및 설계) **D**: Development(구축) **T**: Test(테스트) **F**: transfer(이행) 예: 프로젝트 수행계획서의 형상 ID는? (**aPMS_A01_v1a_프로젝트 수행계획서**)
※ 버전 규칙
1. 공식: vxy, 임시: vxyz

2. 최초 문서 버전은 문서 작성자가 부여하며 승인과정을 거쳐 공식관리가 되기 시작하면
형상 항목으로 등록하여 공식 버전 관리하에 놓이게 된다(초안 문서 번호: ~_v1a_~,
최초 공식 산출물: ~_v10_~)
  -. 정수 x: 형상 상태에 큰 변화가 있을 때 증가
  -. 정수 y: 형상 상태에 작은 변화가 있을 때 증가

3. 버전 변경 흐름 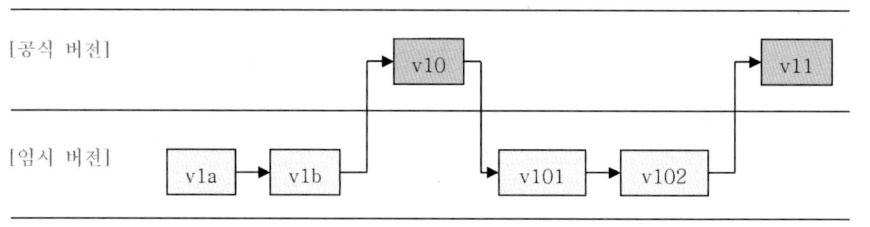

형상 라이브러리 관리 방안
1. 형상 라이브러리는 프로젝트 진척 상황의 최신 정보를 항상 유지하고 있어야 한다.
2. 형상관리 담당자는 형상 항목들에 대한 check-in, check-out 상황을 수시로 모니터링 하 여 그 상태에 대한 적절한 조치를 취해야 한다.
3. 구성원들에게 적절한 접근 권한을 부여하여 형상 라이브러리에 있는 형상 항목들에 대 한 무결성 유지에 주의한다.

8) 품질관리계획서

일반 정보
프로젝트 명: aPMS(advanced Project Management System) 구축 프로젝트
작성자: 김관리(을병㈜/프로젝트 관리자)
작성 일자: 2006년 1월 10일 화요일
검토/승인자: 김시오(ABC㈜/CEO)

목 적
품질관리 계획은 aPMS 구축 프로젝트를 수행하는 데 있어서 정의된 각 단계별 일정, 비용 및 산출물 등의 정의된 품질관리 대상 항목들이 고객의 요구사항에 적절하게 계획대로 수행되고 있는지를 검토하고, 필요한 경우 시정조치를 실시하여 고객의 요구 조건에 적합한 프로젝트 산출물이 작성되도록 지속적인 개선 및 관리를 하는 데 그 목적이 있다.

목 표
품질관리 계획은 정해진 각 단계별 작업 산출물들이 고객의 요구사항 적합성 여부를 검토하고 시정조치를 수행함으로써 계획된 프로젝트 산출물이 작성되도록 지속적으로 관리되어 고객이 만족하는 품질의 프로젝트 결과가 될 수 있도록 하는 것이 목표다.

범 위
aPMS 구축 프로젝트의 프로젝트 수행계획서에 기술된 작업들을 기준으로 일정, 작업 산출물 및 산출물의 적용 적절성 등을 이번 품질관리 대상 범위로 한다.

역할과 책임	
역 할	책 임
CEO	- 프로젝트 관리자로부터 정기 보고 시 품질관리 업무 보고받음
사업 총괄자	- 관리 팀장. 품질관리 계획 활동 지원
외부 컨설턴트	- 프로젝트 품질관리 담당 업무 수행 - 품질관리 체크리스트 작성
프로젝트 관리자	- 품질관리 업무 담당자(외부 컨설턴트)의 품질관리 업무에 대한 검토와 승인 - CEO에게 정기적으로 품질관리 활동 결과 보고(중간보고, 최종 보고)
프로세스 구축 담당자	- 품질관리 담당자에 의해 부적합 사항들에 대한 시정조치 요청이 있을 경우 정해진 기간 내에 정해진 기준대로 시정조치 수행

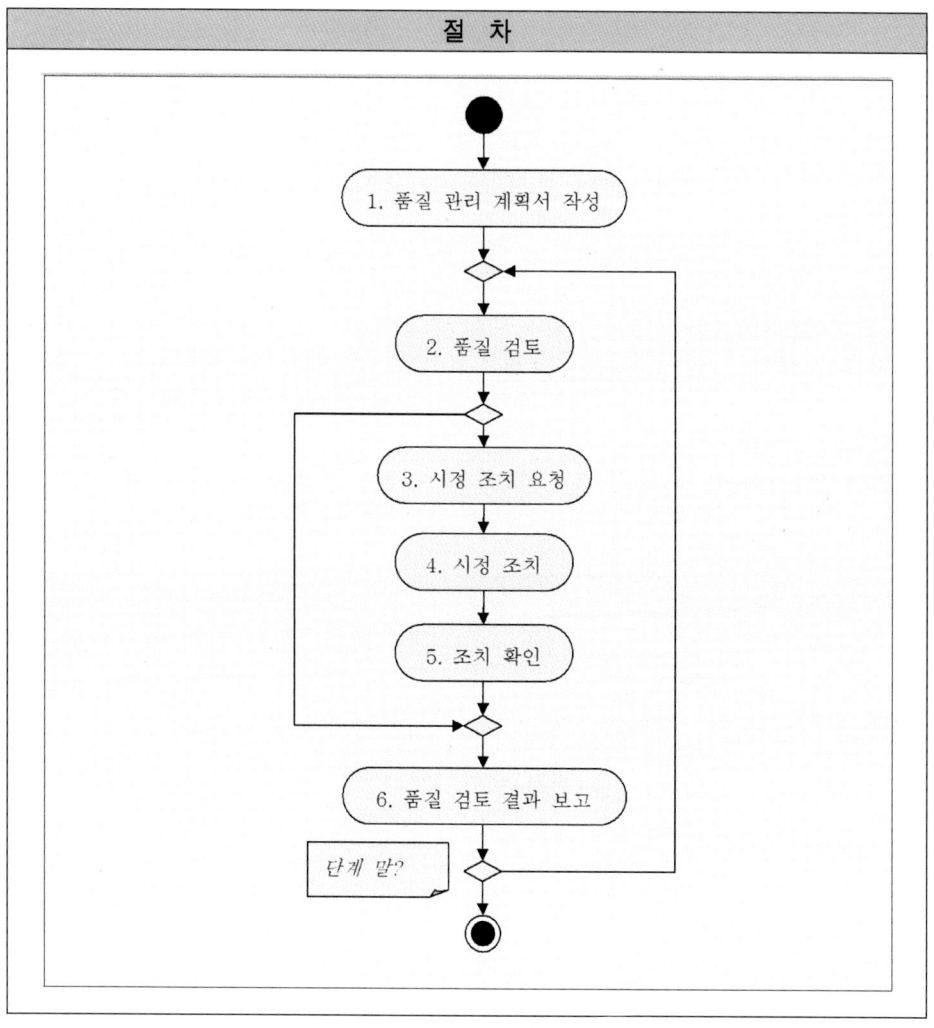

활동 설명
1. 품질관리계획서 작성 　프로젝트의 품질관리 담당자는 프로젝트 초기에 품질관리에 대한 수행계획을 작성하여 프로젝트 관리자의 승인을 얻고 프로젝트 구성원들에게 프로젝트 품질관리에 대해 설명한다. 　품질관리 담당자는 프로젝트 품질관리 체크리스트를 작성한다.
2. 품질검토 　프로젝트 수행 계획에 따라 품질관리 담당자는 정해진 시점에 정해진 대상(프로세스, 일정, 산출물 등 계획 대비 실적 여부, 산출물의 표준 준수 여부 및 내용의 현실성/일관성)에 대한 품질관리 체크리스트를 기준으로 검토한다.
3. 시정조치 요청 　품질검토 후 검토 대상에서 품질 기준을 만족시키지 못하는 부분들이 발견되었을 경우 품질관리 담당자는 프로젝트 관리자에게 보고하고 담당자들에게 시정조치를 요청한다.
4. 시정조치 　시정조치 요청을 받은 담당자는 지적사항들에 대해 시정조치 요청에 적합한 수준으로 조치 후 품질관리 담당자에게 검토요청을 한다.
5. 조치 확인 　조치 담당자로부터의 조치 완료 항목들에 대한 확인 요청에 의해 품질관리 담당자는 재확인을 하여 적합함을 확인한다.
6. 품질검토 결과 보고 　품질관리 담당자는 검토 결과를 정리하여 프로젝트 관련자들에게 현황을 알린다.

단계별 품질관리 활동				
단 계	활 동	시 점	대 상	승 인 조 건
분석 및 설계	품질관리계획서 작성	프로젝트 시작 직후	프로젝트	품질관리계획서의 실현 가능성 여부
구 축	품질검토 시정조치 요청 지적사항 보완 시정조치 확인	단계 말	일정, 산출물	일정 대비 작업 완료율, 산출물 작성 여부, 산출물 작성 지침 준수 여부
테스트	품질검토 시정조치 요청 지적사항 보완 시정조치 확인	단계 말	일정, 산출물	일정 대비 작업 완료율, 산출물 작성 여부, 산출물 작성 지침 준수 여부
이 행	-	-	-	-

9) 위험관리계획서

일반 정보
프로젝트 명: aPMS(advanced Project Management System) 구축 프로젝트
작성자: 김관리(을병㈜/프로젝트 관리자)
작성 일자: 2006년 1월 10일 화요일
검토/승인자: 김시오(ABC㈜/CEO)

목 적
위험관리계획은 aPMS 프로젝트를 수행하는 데 있어서 발생 가능한 문제점들을 사전에 파악하고 대처 방안을 강구하여 위험 발생 시 그 영향을 최소화하거나 제거하는 데 그 목적이 있다.

목 표
위험관리계획은 위험에 대한 적절한 예방 및 대응을 통해서 성공적으로 프로젝트를 수행하는 것이 목표다.

범 위
위험관리는 aPMS 프로젝트에 직접 또는 간접적인 영향을 주는 부분을 그 적용 범위로 한다.

역할과 책임	
역 할	책 임
CEO	- 프로젝트 관리자로부터 정기 보고 시 위험 관련 현황 정보 보고받음
사업 총괄자	- 관리 팀장. 위험관리 절차 진행 지원
프로젝트 관리자	- 위험관리 담당자 선정 - CEO에게 정기적으로 위험관리 활동 결과 보고(중간보고, 최종 보고)
위험관리 담당자	- 위험 수집, 정리 - 위험을 지속적으로 추적 관리하며, 적절한 시점에 적절한 대응 방안을 수행할 수 있도록 대비한다. - 위험 처리 결과를 정기 또는 수시로 프로젝트 관리자에게 보고한다.
위험 제기자	- 위험 발생 가능성 제기

절 차

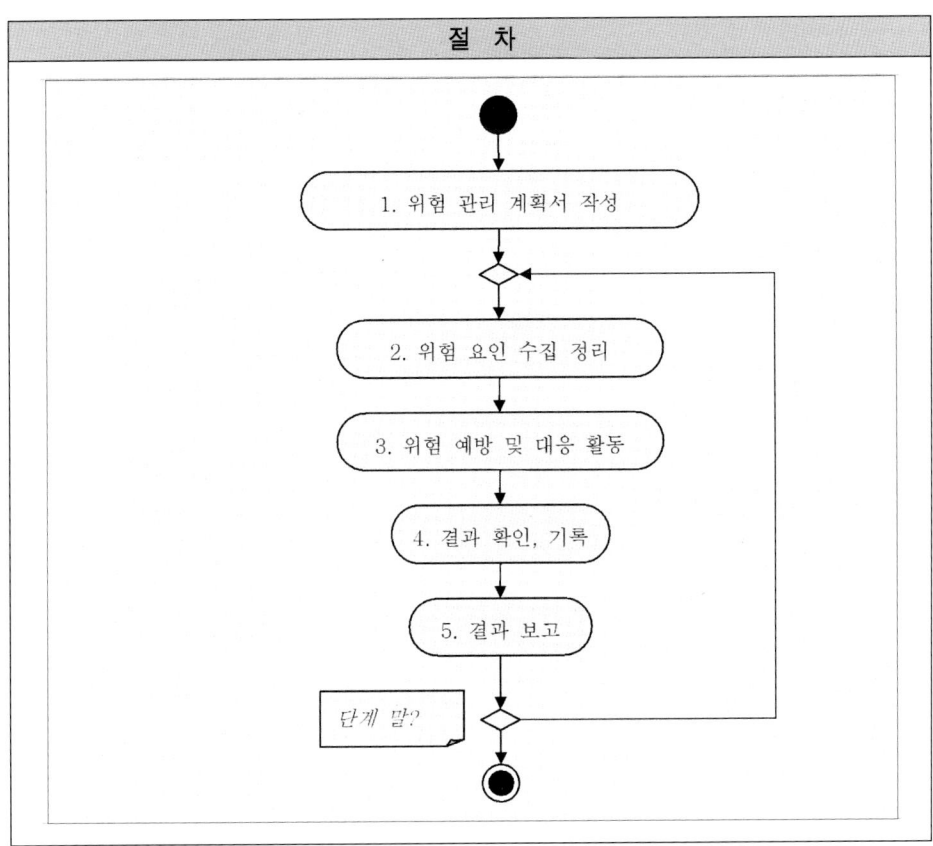

1. 위험 관리 계획서 작성

2. 위험 요인 수집 정리

3. 위험 예방 및 대응 활동

4. 결과 확인, 기록

5. 결과 보고

단계 말?

활동 설명

1. 위험관리계획서 작성
   프로젝트의 위험관리 담당자는 프로젝트 초기에 위험관리에 대한 수행계획을 작성하여 프로젝트 관리자의 승인을 얻고 프로젝트 구성원들에게 위험관리에 대해 설명한다.

2. 위험 요인 수집 정리
   위험관리 계획에 따라 위험관리 담당자는 프로젝트에 긍정적, 부정적 영향을 줄 수 있는 요인들을 프로젝트 구성원들로부터 수시로 접수 및 평가 기록하여 관리한다.

3. 위험 예방 및 대응 활동
   접수된 위험은 각각의 적절한 대응 방안에 따라 대응 활동이 수행된다.

4. 결과 확인, 기록
   위험에 대한 대응 활동 수행 후 프로젝트 관리자 및 관련자들은 내부 검토(예, 일간 또는 주간 업무 보고) 시간을 통해 그 결과를 확인, 공유하고 담당자는 기록 및 유지 관리한다.

5. 결과 보고
   프로젝트 관리자는 위험에 대한 관리 결과를 정리하여 정기적으로 프로젝트 관련자들에게 현황을 알린다.

위험 수집 방법
1. 프로젝트의 인도물이나 각종 기술서를 꼼꼼히 살펴보고 프로젝트에 영향을 줄 만한 요소를 찾아낸다.
2. 작성 시에는 파악하지 못한 위험의 파악을 위해 관련 문서들을 검토한다. 예: 프로젝트 차터, WBS, 예산 계획, 인력 계획, 가정 및 제약 사항 등
3. 유사 프로젝트에 참여했던 사람들에게 조언을 구한다.
4. 유사 프로젝트의 자료를 참고한다.
5. 프로젝트 초기에 핵심 이해 당사자들과 프로젝트 팀이 한자리에 모여 머리를 맞대고 위험 요인을 생각하는 시간을 갖는다.

위험 분류	
위험 분류	위험 요인
관 리	– 프로젝트 관리자의 권한 위임 부족 – 빡빡한 일정 및 비용 배정 – 비용, 일정, 범위 등의 불일치 – 작업 환경 설정이 늦어 개발이 늦춰짐 – 프로젝트가 우선순위가 낮음(비용 및 인력 지원을 받는 데 영향)
개 발	– 개발자의 자질 부족 – 검증이 안 되었거나, 복잡한 기술 적용 시도 – 적용 기술 변경 – 산업 표준 변경 – 고객 요구사항 변경
범 위	– 고객의 요구사항 변경 요청으로 인한 범위 변경
비 용	– 추가 인력 투입 또는 기타 프로젝트 관련 활동으로 인한 추가 비용 발생
일 정	– 다양한 요인으로 인한 일정 변경 요인 발생
성 능	– 비현실적인 성능 요구
품 질	– 낮은 품질의 프로젝트 계획 – 일정 및 자원의 부족으로 인한 프로젝트의 품질 저하

위험 우선순위	
위험 분류	위험 우선순위
관 리	1
개 발	1
범 위	1
비 용	1
일 정	1
성 능	2
품 질	1
형 상	1

※ [위험 우선순위](1: 높음, 2: 보통, 3: 낮음)

위험 발생 가능성 분석			
위험 분류	발생 가능성	영향 정도	위험 Weighting (발생 가능성 * 영향 정도)
관 리	0.5	0.5	0.25
개 발	0.9	0.9	0.81
범 위	0.7	0.9	0.63
비 용	0.5	0.5	0.25
일 정	0.9	0.5	0.45
성 능	0.5	0.5	0.25
품 질	0.5	0.5	0.25
형 상	0.5	0.5	0.25

※
[발생 가능성]
    0.1 = 아주 낮음
    0.3 = 낮음
    0.5 = 보통
    0.7 = 높음
    0.9 = 아주 높음
[영향 정도]
    0.9 = 영향도 높음/실패, 발생하면 프로젝트의 정상적인 완료에 크게 부정적인 요인으로 작용
    0.5 = 영향도 보통, 발생하면 프로젝트 완료에는 지장이 없으나 관리상 문제점 발생 가능
    0.1 = 영향도 낮음, 발생해도 큰 문제는 없으나 해결하는 게 좋음

위험 대응 전략
※ 아래 항목을 참고하여 대응 전략을 선택한 후 상세 방안을 기술
1. **완화(Mitigation)**: 위험이 발생함에 따라 예상되는 비용 또는 발생 가능성을 감소시키기 위한 특정 활동 계획을 수립하고 실행
2. **회피(Avoidance)**: 일반적으로 프로젝트 전략 자체를 수정함으로써 위험의 발생원인 및 그 위협을 근본적으로 제거
3. **단계적 확대(Escalation)**: 프로젝트 팀의 직접 통제 밖으로 위험을 옮기는 것으로 이는 상위관리자의 협조가 필요
4. **수용(Acceptance)**: 위험이 발생할 때까지는 위험을 무시하는 것으로 위험 해결이 요구되는 시점에 해결 활동 수행
5. **이전(Transference)**: 위험을 다른 부분으로 전환하는 것. 위험 이전이란 위험을 제거하는 것이라기보다는 다른 대상으로 전환시키는 것을 의미. 예를 들어, 문제 발생 시 프로젝트 내부 전문가가 없는 경우 프로젝트 외부 전문가를 통해 문제를 해결하는 경우를 의미.

위험 분류	위험 요인	대응 방안
관 리	- 프로젝트 관리자의 권한 위임 부족 - 빡빡한 일정 및 비용 배정 - 비용, 일정, 범위 등의 불일치 - 작업 환경 설정이 늦어 개발이 늦춰짐 - 프로젝트가 우선순위가 낮음(비용 및 인력 지원을 받는 데 영향)	- 일정 조정 요청 → 보완 → 고객에게 확인 → 관련자 공지 - 일정에 따른 준비에 차질이 생기지 않도록 일정의 마일스톤마다 관련자들에게 공지
개 발	- 개발자의 자질 부족 - 검증이 안 되었거나, 복잡한 기술 적용 시도 - 적용 기술 변경 - 산업 표준 변경 - 고객 요구사항 변경	- 적절한 개발자 투입 - 프로젝트 초기에 업무 또는 기술 교육
범 위	- 고객의 요구사항 변경 요청으로 인한 범위 변경	- 일정, 비용 및 품질에 영향을 크게 주지 않는 범위 내에서는 반영을 하나 그렇지 않은 경우에는 프로젝트의 일정, 비용 및 품질에 영향을 주게 된다는 내용을 이해 당사자들에게 확인, 반영
비 용	- 추가 인력 투입 또는 기타 프로젝트 관련 활동으로 인한 추가 비용 발생	- 대책 없음
일 정	- 다양한 요인으로 인한 일정 변경 요인 발생	- 단계 내에서의 일정 변경 정도로 마무리가 될 수 있도록 일정 단축 기법을 사용하여 일정 조정, 고객 확인받음
성 능	- 비현실적인 성능 요구	- 요구 성능의 타당성 분석 - 개발 진행 중 핵심 업무 흐름 관련 모듈들을 수시로 확인하여 요구 성능에 부합되도록 튜닝
품 질	- 낮은 품질의 프로젝트 계획 - 일정 및 자원의 부족으로 인한 프로젝트의 품질 저하	- 정기 또는 수시 품질검토로 품질 저하 요인 제거 - 품질검토 정도 조정 - 품질은 타 영역과 직접 관련이 되어 있으므로 프로젝트 전반에 걸쳐 위험 발생 소지가 있는 부분들에 대해 철저한 예방 조치 수행, 발생 시 빠르고 적절하게 대응 방안을 적용하여 초기 진화

10) 이슈관리계획서

일반 정보
프로젝트 명: aPMS(advanced Project Management System) 구축 프로젝트
작성자: 김관리(을병㈜/프로젝트 관리자)
작성 일자: 2006년 1월 10일 화요일
검토/승인자: 김시오(ABC㈜/CEO)

목 적
이슈관리 계획은 aPMS 프로젝트를 수행하는 데 있어서 제기된 이슈들에 대해 적절한 처리를 할 수 있도록 관련 절차와 정보를 제공하는 데 그 목적이 있다.

목 표
이슈관리 계획을 통해 이슈들을 적절한 시기에 적절한 방법으로 해결하여 성공적으로 프로젝트를 수행하는 것이 목표다.

범 위
이슈관리는 aPMS 프로젝트 내에서 발생하는 모든 이슈들을 그 적용 대상으로 한다.

역할과 책임	
역 할	책 임
CEO	- 프로젝트 관리자로부터 정기 보고 시 이슈 관련 현황 정보 보고받음
사업 총괄자	- 관리 팀장. 원활한 조직 진단 절차가 되도록 지원
프로젝트 관리자	- 이슈관리 담당자 선정 - CEO에게 정기적으로 이슈관리 활동 결과 보고(중간보고, 최종 보고)
이슈관리 담당자	- 이슈 수집, 정리 - 이슈를 지속적으로 추적 관리하며, 적절한 시점에 해당 담당자가 적절한 처리를 수행할 수 있도록 대비한다. - 이슈 처리 결과를 정기 또는 수시로 프로젝트 관리자에게 보고한다.
이슈 제기자	- 프로젝트 수행 중 수시로 이슈 제기

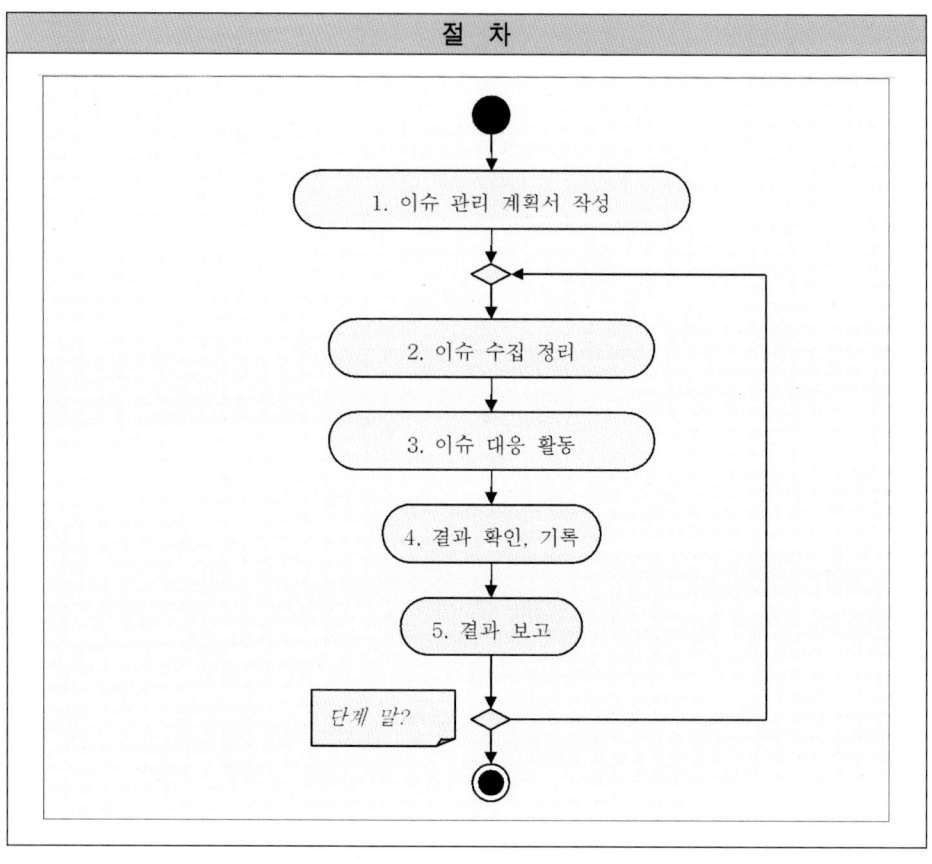

활동 설명

이슈관리계획서 작성
프로젝트의 1이슈관리 담당자는 프로젝트 초기에 이슈관리에 대한 수행계획을 작성하여 프로젝트 관리자의 승인을 얻고 프로젝트 구성원들에게 이슈관리에 대해 설명한다.

이슈 수집 정리
이슈관리 계획에 따라 이슈관리 담당자는 프로젝트 구성원들로부터 수시로 접수 및 평가 기록하여 관리한다. 이슈 수집을 위한 온라인 시스템이 존재하는 경우, 프로젝트 관련자들에게 이 시스템을 충분히 숙지시켜 시스템 사용상의 불편함 또는 문제로 인해 이슈가 등록되지 않는 일이 없도록 주의한다.
이슈 수집을 위한 온라인 시스템에 이슈를 통합 관리할 수 있는 기능이 있으면 관계가 없으나 그렇지 않은 경우 별도의 이슈관리대장에 접수 및 처리되는 이슈들을 기록 관리한다.

이슈 대응 활동
접수된 이슈는 각각의 일일 또는 주간 미팅 시 논의하여 적절한 대응 방안을 결정하며 그 대응 방안에 따라 대응 활동이 수행된다.

결과 확인, 기록
이슈에 대한 대응 활동 수행 완료 여부를 이슈관리 담당자는 수시로 파악한다.

결과 보고
이슈관리 담당자는 이슈에 대한 관리 현황을 정리하여 정기적으로 프로젝트 관련자들에게 현황을 알린다.(예, 일간 또는 주간 업무 보고)

이슈 수집 방법

1. 위험이 발생하면 이슈가 되므로 발생 가능성이 있는 위험 항목들에 대해 수시로 관찰하여, 가능한 한 발생하지 않도록 위험 예방 조치를 철저히 하게 한다.

2. 유사 프로젝트에 참여했던 사람들에게 조언을 구한다.

3. 유사 프로젝트의 자료를 참고한다.

처리 우선순위

'1': 높음, '2': 보통, '3': 낮음

11) 프로젝트 일정

단 계	주요 수행 활동	M	M+1	M+2	M+3	M+4
분석 및 설계	CEO 및 관련자들에 대한 인터뷰 및 관련 자료 검토로 조직 현황 파악	■				
	개선 항목 도출	■				
	프로젝트 수행 계획 작성	■				
	현황 파악 내용을 중심으로 CEO에게 중간보고	■				
구축	표준 프로세스 구축		■			
	조직 구성원들에 대한 프로세스 교육		■			
	구축된 표준 프로세스를 중심으로 CEO에게 중간보고			■		
테스트	구축된 표준 프로세스를 현업과 검토				■	
	보완 사항을 보완 후 관련자들에게 최종 승인				■	
이행	승인된 표준들을 사용자들에게 적용 후, 초기 데이터 수집					■
	프로젝트 종료보고회 실시					■
	구축된 프로젝트관리 프로세스에 대한 유지보수 및 개선 방안 제시					■

12) 의사소통계획서

※ 아래 정보를 프로젝트 수행계획서의 한 항목으로 첨부 예정

의사소통 계획						
구 분	주기	보고자	보고대상	시 점	내 용	산출물
착수 미팅	1회	프로젝트 관리자	CEO, 프로젝트 관련자	프로젝트 시작 직후	프로젝트에 대한 개요를 관련자들에게 전달하고 프로젝트의 시작을 알림	프로젝트 수행계획서
중간 보고	3회	프로젝트 관리자	CEO	프로젝트 진행 중 정해진 시점	프로젝트 진행 상황 (일정, 비용, 품질, 인력, 문제점, 개선점, 향후 계획 등)	프로젝트 중간보고서
종료 보고	1회	프로젝트 관리자	CEO, 프로젝트 관련자	프로젝트 종료 직후	프로젝트의 종료를 대/내외적으로 공식적으로 알림	프로젝트 수행 평가보고서

구 분	주기	보고자	보고대상	시 점	내 용	산출물
회의	수시	회의 주최자	상황에 따라 대상이 바뀜. 회의 결과에 영향을 주거나 받는 사람	수시	수시로 논의되는 프로젝트 관련 회의에 대한 내용을 기록하여 관련자들에게 전달	회의록
주간업무보고	매주	프로젝트 관리자	프로젝트 관련자	매주 금요일 오후 2시	금주 실적, 특이 사항 및 차주 계획 등에 대한 정보 공유	주간업무보고서
월간업무보고	매월	프로젝트 관리자	CEO, 프로젝트 관련자	매달 말일	금월 실적, 특이 사항 및 차월 계획 등에 대한 정보 공유(중간보고가 있는 달은 중간보고를 월간업무보고를 대체)	월간업무보고서

※ 장소는 프로젝트실의 대회의실.

13) 프로젝트 범위 정의서

일반 정보
프로젝트 명: aPMS(advanced Project Management System) 구축 프로젝트
작성자: 김관리(을병㈜/프로젝트 관리자)
작성 일자: 2006년 1월 10일 화요일
검토/승인자: 김시오(ABC㈜/CEO)

목 적
프로젝트 범위 정의서는 aPMS의 사업 범위를 기술하여 모든 관리의 근거가 되게 하는 데 그 목적이 있다.

목 표
프로젝트 범위 정의서의 목표는 aPMS 구축 사업을 수행하는 데 있어서 그 대상이 되는 수행 업무의 내용과 범위를 프로젝트 초기에 정의하고 관리하여 성공적인 프로젝트 수행에 일조하는 데 그 목적이 있다

범 위
프로젝트 범위 정의서는 aPMS 프로젝트를 그 대상으로 한다.

프로젝트 결과물

1. 시스템
   1) 프로젝트관리 시스템 구축
     ① 프로세스 정의서
       – 프로젝트관리 프로세스(일정, 비용, 품질, 형상, 인적자원, 의사소통, 등)
       – 요구사항 관리 프로세스
       – 프로젝트 모니터링과 통제
       – 프로세스 및 제품 품질 보증
       – 형상관리
       – 측정 및 분석
       – 서비스 요청관리
     ② 프로세스별 관련 지침
     ③ 프로세스별 관련 양식
     ④ 프로세스별 관련 템플릿
2. 산출물

NO	산출물 명	설 명
	프로젝트 Charter	프로젝트의 시작을 공식적으로 알리는 프로젝트 개요 문서
	가정 목록	프로젝트를 진행하는 데 있어서 필요한 예상되는 기반 조건들
	제약 사항 목록	프로젝트 수행에 부정적인 영향을 주는 사항들
	Stakeholder 목록	프로젝트 수행에 영향을 주거나 받는 사람(이해 당사자)
	역할과 책임	프로젝트에 필요한 역할과 각 역할자별 책임
	프로젝트 수행 계획서	고객의 요구사항, 프로젝트 특성 및 여러 가지 프로젝트관리 요소들을 조합하여 프로젝트가 성공적으로 완료될 수 있도록 프로젝트 초기에 작성되는 계획 문서
	품질관리계획서	프로젝트의 품질관리에 대한 계획서(품질관리 대상, 검토 기준, 담당자, 절차 등에 관한 정보를 기록
	품질 관련 조직 예	–
	품질관리 체크리스트	프로젝트 품질관리를 위한 체크 항목 리스트. 품질 보증 또는 품질 감사 활동의 기초 자료로 활용
	품질검토 결과서	품질 보증 또는 품질 감사 활동 결과를 기록
	의사소통계획서	프로젝트 내부 또는 내/외부 간 의사소통이 필요한 부분들에 대한 계획서(정기/비정기보고서, 회의, 메일, 자료 교환 등에 관한 시기, 장소, 방법, 관련자 등에 관한 정보를 기록)
	위험관리계획서 이슈관리계획서	프로젝트 수행 시 예상되는 위험이나 이슈들에 대한 관리계획(위험 기준, 발생 가능성, 발생 시 대응 방안, 이슈 보고 방안, 처리 방안, 절차 등에 관한 정보를 기록)

NO	산출물 명	설 명
	위험관리대장 이슈관리대장	발생이 예상되는 파악된 위험이나 발생된 이슈들에 대한 기록을 관리하는 문서
	시정조치 요청서	품질검토 후 검토 기준에 적합하지 않은 항목이나 부분들에 대해서 관련자(들)에게 시정을 요청하는 문서
	시정조치 결과 보고서	품질검토 지적사항들에 대한 시정조치 후 조치 담당자가 그 결과를 보고하는 문서
	형상관리계획서	형상관리 대상 항목 목록, 관리 절차, 담당자, 관리 주기 등에 대한 정보를 기록한 문서
	형상관리 조직 운영 예	
	프로젝트 범위 정의서	프로젝트의 규모 산정의 근거 자료가 됨. 프로젝트의 산출물이나 특성이 무엇인지, 어떤 요소가 프로젝트의 성공에 필요한지, 프로젝트 완료 기준, 프로젝트 수행 접근 방법, 프로젝트에 포함되는 것들과 그렇지 않은 것들 명확히 구분(명확한 범위 정의)…… 등에 관한 정보를 기록한 문서
	WBS Dictionary	프로젝트 수행을 위해 분석, 정의된 구체적인 수행 업무 항목들을 기록한 문서(단위 업무, 업무 설명, 업무 종료 기준, 시작/종료, 기간, 담당자, 산출물 등에 대한 정보)
	프로젝트 일정	WBS를 기준으로 작성된 프로젝트 수행 일정
	진척관리	프로젝트 일정, 산출물, 투입 인력 정보 등에 대한 계획 대비 실적을 기록(중간 및 종료보고 시 활용)
	투입 인력 현황	프로젝트에 투입된 모든 인력에 대해 계획 대비 실제 투입 인력 정보를 기록 관리
	중간보고서	분석완료 시점, 구축 완료 시점, 테스트 완료 시점 등에 프로젝트 관련자들에게 해당 시점의 현황을 보고하기 위해 작성하는 문서
	Lessons Learned	프로젝트를 진행하면서 얻어진 좋은 경험들(성공, 실패, know-how 등)을 수시로 기록하여, 향후 유사 사건 발생 시 해결 수단으로 재활용할 수 있도록 관리하는 문서
	프로젝트 수행 평가보고서	프로젝트 종료 시 프로젝트 관리자가 CEO를 포함한 프로젝트 관련자들에게 프로젝트 수행 결과에 대한 전반적인 상황을 보고하기 위해 작성하는 문서

프로젝트 단계별 완료 기준	
단계	완료 기준
분석 및 설계	−CEO 및 관련자들에 대한 인터뷰 및 관련 자료 검토로 조직 현황 파악 및 현황 파악 결과 보고
	−프로젝트 수행 계획 및 관련 산출물 작성 및 보고(위의 '프로젝트 결과물'의 '산출물' 목록 참고)
	−현황 파악 내용을 중심으로 CEO에게 중간보고 및 승인
구 축	−표준 프로세스 구축
	−관련 산출물 작성(위의 '프로젝트 결과물'의 '산출물' 목록 참고)
	−구축된 표준 프로세스 관련 정보 CEO에게 중간보고 및 승인
테스트	−구축된 표준 프로세스를 관련자들에게 최종 승인 받기
	−관련 산출물 작성(위의 '프로젝트 결과물'의 '산출물' 목록 참고)
이 행	−현업 적용, 만족 여부 조사 및 결과 보고
	−프로젝트 종료보고회 실시
	−관련 산출물 작성(위의 '프로젝트 결과물'의 '산출물' 목록 참고)
	−구축된 프로젝트관리 프로세스에 대한 유지 보수 및 개선 방안 제시

범위 정의 시 고려 사항
1. 표준 프로세스 구축을 위해 최소한 PMBOK, CMMI, SPICE, ITIL 등의 표준들을 검토한다.
2. 표준 프로세스 구축은 매뉴얼 형태로 작성이 되나 향후 사용성과 유지 관리 등을 고려하여 시스템으로의 발전 방향을 제시한다.
3. 온라인 시스템화는 aPMS 프로젝트 범위가 아님

14) 설문지

일반 정보
프로젝트 명: aPMS(advanced Project Management System) 구축 프로젝트
작성자: 김관리(을병㈜/프로젝트 관리자)
작성 일자: 2006년 1월 10일 화요일
검토/승인자: 김시오(ABC㈜/CEO)

목 적
이 설문지는 회사 내의 프로젝트 수행관리 프로세스 수립을 위한 조직의 수준을 진단하는 데 그 목적이 있다.

	목 표

다른 여러 가지 방법과 함께 이 설문을 통하여 문제를 분석한 후 조직의 현황을 명확히 파악하여 보다 현실적이고 적절한 조직의 개선 및 발전 방향을 설정할 수 있는 근거를 확보하는 것이 이 설문의 목표다.

	범 위

이 설문은 aPMS 프로젝트를 그 대상으로 한다.

	설 문 내 용

※ '%' 부분의 빈칸에 'ㅇ' 표 해 주시기 바랍니다.

분류	설문 내용	100%	75%	50%	25%	0%
프로젝트 관리	프로젝트 계획 구성요소들에 대해 예측하고 문서화하고 사용하고 기록 유지합니까?					
	프로젝트를 관리하기 위해 프로젝트 계획을 수립하고 문서화, 사용, 기록 유지되고 있습니까?					
	프로젝트 계획에 대한 참여(commitments)가 수립되고 문서화되고 사용되고 기록 유지됩니까?					
	프로젝트관리 프로세스가 조직적으로 관리되고 있습니까?					
	프로젝트관리 프로세스가 조직의 표준 프로세스로 조직 내에 정착되어 있습니까?					
프로젝트 모니터링 과 통제	프로젝트 계획에 따라 프로젝트의 실제 수행 및 진척도가 모니터 되고 있습니까?					
	프로젝트 수행 또는 결과가 계획과 유의한 차이가 날 때 시정조치가 완료될 때까지 관리되고 있습니까?					
	프로젝트 모니터링과 통제관리 프로세스가 조직적으로 관리되고 있습니까?					
	프로젝트 모니터링과 통제관리 프로세스가 조직의 표준 프로세스로 조직 내에 정착되어 있습니까?					
요구사항 관리	요구사항이 관리되고, 프로젝트 계획 및 작업산출물 사이의 불일치가 식별되고 있습니까?					
	요구사항 관리 프로세스가 조직적으로 관리되고 있습니까?					
	요구사항 관리 프로세스가 정의된 표준 프로세스로 조직 내에 정착되었습니까?					

분류	설문 내용	100%	75%	50%	25%	0%
프로세스 및 제품 품질보증	수행된 프로세스와 관련 작업산출물 및 서비스가 프로세스 기술서, 표준, 절차에 부합하는지 객관적으로 평가되고 있습니까?					
	부적합 이슈들이 객관적으로 추적되고 의사소통되며, 해결책이 보장되고 있습니까?					
	프로세스 및 제품 품질 보증 프로세스가 조직적으로 관리되고 있습니까?					
	프로세스 및 제품 품질 보증 프로세스가 정의된 표준 프로세스로 조직 내에 정착되었습니까?					
형상관리	식별된 작업산출물의 베이스라인이 수립되고 있습니까?					
	형상관리하의 작업산출물에 대한 변경은 추적되고 통제되고 있습니까?					
	베이스라인의 무결성이 확립되고 유지 관리되고 있습니까?					
	형상관리 프로세스가 조직적으로 관리되고 있습니까?					
	형상관리 프로세스가 정의된 표준 프로세스로 조직 내에 정착되었습니까?					
공급자 계약관리	공급자와 계약을 수립하고 문서화하고 사용하고 기록 유지하고 있습니까?					
	공급자와의 계약은 양자 모두를 만족시키고 있습니까?					
	공급자 계약관리 프로세스가 조직적으로 관리되고 있습니까?					
	공급자 계약관리 프로세스가 정의된 표준 프로세스로 조직 내에 정착되었습니까?					
측정 및 분석	측정 목표 및 활동은 식별된 정보 요구(니즈) 및 목표와 일치되게 이루어지고 있습니까?					
	식별된 정보 요구(니즈) 및 목표에 대한 측정 결과가 필요한 조직구성원에게 제공되고 있습니까?					
	측정 및 분석 프로세스가 조직적으로 관리되고 있습니까?					
	측정 및 분석 프로세스가 정의된 표준 프로세스로 조직 내에 정착되었습니까?					

분류	설문 내용	100%	75%	50%	25%	0%
서비스 요청관리	고객의 서비스 요청이 처리되는 절차가 있습니까?					
	서비스 요청에 따른 에러들이 기록 관리 되고 있습니까?					
	서비스 요청 처리를 하며 파악된 문제들을 기록 관리하고 있습니까?					
	서비스 요청과 관련하여 파악된 에러와 문제들에 대한 처리 절차가 있습니까?					
	파악된 문제 처리에 의해 발생된 변경에 대한 관리 절차가 있습니까?					
	변경이 기록 관리되고 있습니까?					

기타 의견

15) 진단계획서

일반 정보
프로젝트 명: aPMS(advanced Project Management System) 구축 프로젝트
작성자: 김관리(을병㈜/프로젝트 관리자)
작성 일자: 2006년 1월 10일 화요일
검토/승인자: 김시오(ABC㈜/CEO)

개 요
aPMS 구축 프로젝트를 위해 조직과 업무를 파악하고 진단하여 향후 보다 경쟁력 있는 프로젝트관리 조직으로 그리고 보다 향상된 고객 서비스 제공 업체로 도약하기 위한 현황 파악 및 개선점을 도출하기 위해 설문과 인터뷰와 같은 방법으로 진단을 실시한다.

목 적
진단의 목적은 조직의 문제점 및 개선점들을 파악하여 개선을 위한 목표 설정 및 향후 사업 추진 전략을 수립하기 위한 기반 자료를 확보하는 데 그 목적이 있다.

범 위
aPMS 구축 사업과 관련하여 진단의 범위는 회사 내의 프로젝트관리 시스템 소프트웨어를 개발하는 개발 팀을 대상으로 개발되고 있는 소프트웨어들에 대한 개발, 운영, 유지 보수에 관련된 업무(프로세스)를 그 대상으로 한다.
─설문지 배포 대상(수): 대표 이사(1)＋영업 마케팅(2)＋개발 조직원 대표(9)……총 12부
─인터뷰 대상자(수): 대표 이사(1)＋영업 마케팅(2)＋개발 조직원 대표(9)……총 12명

절 차

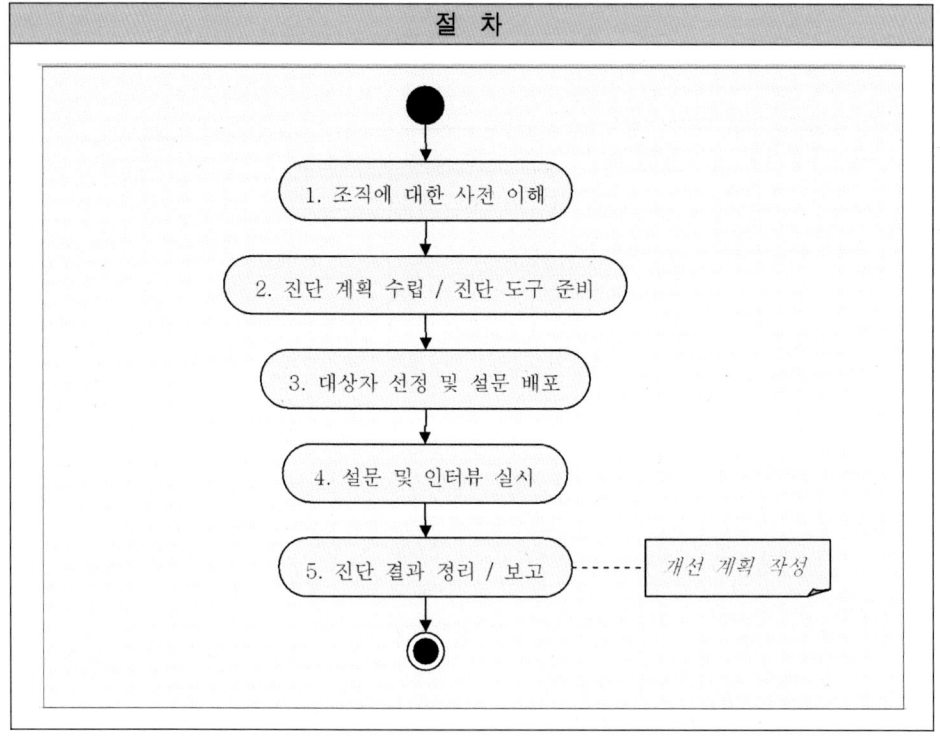

활동 설명
1. 조직에 대한 사전 이해 　외부 컨설턴트는 ABC주식회사의 진단과 설문을 실시하기 전에 대표 이사와 사내에 근무하는 프로젝트관리 관련자들과의 면담을 통해 조직의 현황을 파악한다.
2. 진단 계획 수립/진단 도구 준비 　외부 컨설턴트는 조직 진단을 위한 진단 계획을 수립하고 실행을 위한 설문지 및 인터뷰 자료들을 준비한다.
3. 대상자 선정 및 설문 배포 　외부 컨설턴트는 aPMS 사업 담당자와 협의하여 조직 진단을 위한 설문 및 인터뷰에 참여할 대상자들을 선정한 후 먼저 설문지를 전달한다.
4. 설문 및 인터뷰 실시 　선정된 대상자들을 대상으로 외부 컨설턴트는 설문 자료를 수집하고, 인터뷰를 실시하는 등의 조직 진단 활동들을 수행한다.
5. 진단 결과 정리/보고 　외부 컨설턴트는 수집된 설문과 인터뷰 자료들을 정리하고, 진단 결과를 작성하여 관련자들에게 보고하며 이 자료는 향후 개선 계획을 작성하는 중요한 근거 자료가 된다.

인터뷰 일정						
※ 장소는 회사 내 대회의실						
구 분	대상자 수	일 자				
		1/16(월)	1/17(화)	1/18(수)	1/19(목)	1/20(금)
대표 이사	1	■				
영/마케팅	2		■			
프로젝트 관리자	3			■		
구축 담당자	6				■	

※ 설문은 2006. 01. 12.~2006. 01. 13. 2일간 설문 대상자에게 메일로 전달 및 답변 받음

역할과 책임	
역 할	책 임
CEO	-인터뷰에 참석. 사업에 대한 의사 결정
사업 총괄자	-관리 팀장. 원활한 조직 진단 절차가 되도록 지원
프로젝트 관리자	-인터뷰 대상자들로부터 객관적이며 명확한 조직의 현황을 파악, 정리 및 보고
인터뷰 대상자	-영업/마케팅, 프로젝트 관리자, 구축 담당자 -인터뷰 대상자로서 주어진 일정에 설문 및 인터뷰에 참여하고 진단 결과에 대한 검증 및 확인 활동 수행

16) 인터뷰 기록

일반 정보
프로젝트 명: aPMS(advanced Project Management System) 구축 프로젝트
작성자: 김관리(을병㈜/프로젝트 관리자)
작성 일자: 2006년 1월 10일 화요일
검토/승인자: 김시오(ABC㈜/CEO)

인터뷰 대상 정보
부서, 성명, 담당 업무: 개발팀, 김민철, 프로젝트 관리자
■ 인터뷰 내용
1.
2.
3.
4.
5.
■ 인터뷰 답변 내용
1.
2.
3.
4.
5.

17) As-Is 분석서(현황분석서)

일반 정보
프로젝트 명: aPMS(advanced Project Management System) 구축 프로젝트
작성자: 김관리(을병㈜/프로젝트 관리자)
작성 일자: 2006년 1월 20일 금요일
검토/승인자: 김시오(ABC㈜/CEO)

목 적
현황 분석서는 조직의 현황을 설문과 인터뷰를 통하여 진단한 후 그 결과를 정리한 문서로써 향후 개선 방안을 도출하기 위한 근거 자료가 되게 하는 데 작성의 목적이 있다.

범 위
현황 분석서는 aPMS 구축 프로젝트를 그 대상 범위로 한다.

역할과 책임	
역 할	책 임
CEO	– 프로젝트 관리자로부터 현황 분석 결과를 보고받고 승인
사업 총괄자	– 관리 팀장. 원활한 조직 진단 절차가 될 수 있도록 지원
프로젝트 관리자	– 진단 결과를 정리하여 CEO 및 관련 담당자들에게 전달

절 차

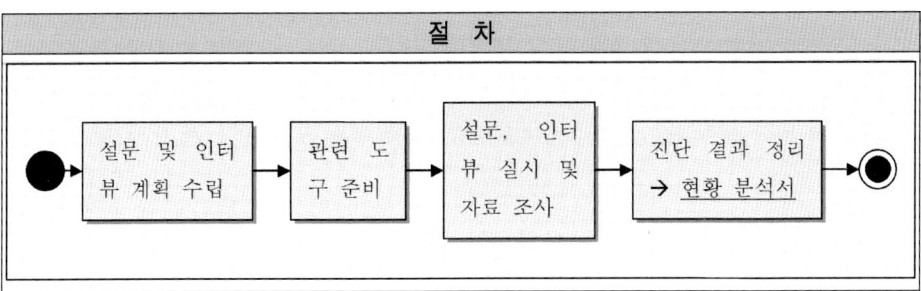

조사 방법					
조사 유형	방 법	목 적	대 상	일 시	장 소
1. 설문 조사 실시	설문지 배포→설문 내용 작성→설문지 수거→정리	프로젝트관리 관점에서의 조 직 현황 파악	대상자 12 명 선정	2006/0 /12 ~ 2006/01/13	-
2. 인터뷰 실시	인터뷰 스크립트 작 성→인터뷰 실시, 기록→정리	상 동	상 동	2006/01/16 ~ 2006/01/20	회사 내 대회의실
3. 자료 조사	자료 요청→검토	상 동	내부 자료	2006/01/12 ~ 2006/01/20	프로젝트실

조사 결과			
개선 항목 도출			개선 과제
개선 과제 분류	상세 분류	설 명	
프로세스 영역	수행계획	프로세스 계획 능력 부족	관련 프로세스 구축(프로세스 정의, 템플릿 및 가이드 정의, 교육 및 적용)
	수행 능력	프로세스 수행 능력 부족	
	수행관리	프로세스 관리 능력 부족	
	수행확인	프로세스 검증 능력 부족	
조직 영역	인력관리	조직관리 능력 부족	2차 프로젝트에서 개선 예정
	사업관리	사업관리 능력 부족	
기술 영역	기술 표준	사용 기술의 표준 적용 부재	
	기술 능력	적용 기술 폭 확장 필요	

총평 및 개선 방향
1. 프로세스, 조직, 기술 등 진단 영역 전반에 걸쳐 정해진 절차와 관련된 기록들이 부족하 며, 이로 인해 부정적인 상황이 발생할 경우 조직 내에 큰 혼란이 올 수 있을 것으로 예상됨
2. 기본적이며 핵심적인 관리 프로세스들의 구축을 우선 작업 대상으로 하여 이번 aPMS 구축 사업 기간 내에 작성을 할 수 있도록 계획한다.

18) To-Be계획서(개선계획서)

일반 정보
프로젝트 명: aPMS(advanced Project Management System) 구축 프로젝트
작성자: 김관리(을병㈜/프로젝트 관리자)
작성 일자: 2006년 1월 20일 금요일
검토/승인자: 김시오(ABC㈜/CEO)

목 적
개선계획서는 진단 결과를 근거로 하여 개선의 대상을 결정하며, 향후 프로젝트 기간 내에 수행해야 할 작업 활동들을 추출하는 데 그 목적이 있다.

범 위
aPMS 구축 프로젝트 내에서 파악된 조직의 현황을 근거로 개선의 우선순위에 따라 결정된 개선 대상 항목들을 개선 계획의 범위로 한다.

역할과 책임	
역 할	책 임
CEO	– 프로젝트 관리자로부터 개선 계획을 보고받고 승인
사업 총괄자	– 관리 팀장. 개선 계획 작성을 지원, 중간 검토 및 승인
프로젝트 관리자	– 진단 결과를 근거로 개선 결과를 작성하여 CEO 및 관련 담당자들에게 전달

절 차

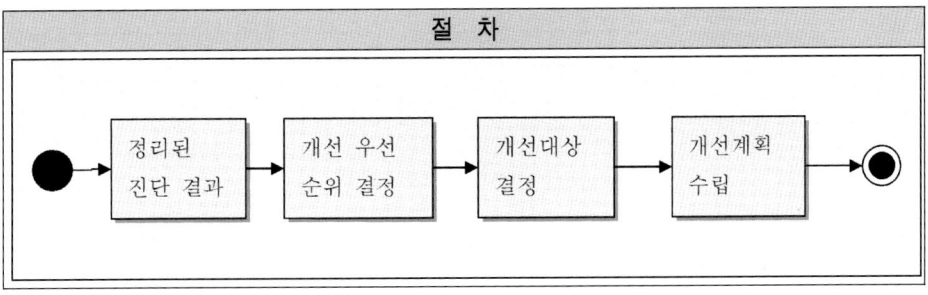

개선 대상
※ 개선 대상은 As-Is 분석서(현황 분석서)의 '조사 결과' → '개선 과제 분류'의 '프로세스 영역' 만을 이번 프로젝트의 개선 대상으로 한다.

《필요 프로세스 목록》

프로세스 명	개선 방향
프로젝트관리	사내/외에서 수행되는 모든 프로젝트들에 대해 수행 활동들을 계획을 하고 그 계획대로 수행될 수 있도록 지속적인 관리가 가능한 절차와 관련 템플릿들을 작성하고 이행하도록 개선
프로젝트 모니터링과 측정	프로젝트관리 프로세스에서 작성된 계획을 기준으로 프로젝트의 진행 상태 실적을 측정할 수 있도록 절차와 관련 템플릿, 기법 등을 정의하고 이행
요구사항 관리	프로젝트 전반에 걸쳐 발생하는 요구사항들에 대한 관리 방안에 대해 절차를 정하고 관련된 템플릿 및 지침들을 통해 적절히 이행될 수 있도록 지속적인 적용 및 개선
품질관리	프로젝트 수행에 있어서 고객의 만족도를 최대한 높일 수 있는 품질 항목들을 설정하고 관리를 통해 각 품질 항목을 만족시킬 수 있도록 철저한 프로젝트관리 지원
형상관리	프로젝트 수행 중에 관리 대상이 되는 형상 항목들의 추출 및 그 형상을 지속 관리할 수 있도록 절차 정의 및 관리
측정 및 분석	프로젝트 수행 중에 발생하는 측정이 가능한 요소를 파악하여 정기 또는 수시로 관련 데이터를 수집하고 향후 분석 및 개선에 활용될 수 있는 데이터가 되도록 관련 절차와 템플릿 및 지침들을 정의 및 관리
서비스 관리	고객의 만족도를 높일 수 있는 고객 불만에 대한 적절한 대응 및 예방 방안을 강구
문제관리	내부 관련 개발 팀들과의 협의 후 문제 처리 절차를 정하여 관리

개선 계획
※ 프로젝트 수행계획서 참고

19) 프로젝트 수행계획서

일반 정보
프로젝트 명: aPMS(advanced Project Management System) 구축 프로젝트
작성자: 김관리(을병㈜/프로젝트 관리자)
작성 일자: 2006년 1월 25일 수요일
검토/승인자: 김시오(ABC㈜/CEO)

목 적
프로젝트 수행 계획은 프로젝트를 수행하는 데 있어서 관리해야 할 영역과 대상들에 대해 프로젝트에 긍정적인 영향을 줄 수 있게 하는 방안을 검토하고 계획하여 프로젝트가 종료될 때까지 지속적으로 관리함으로써 프로젝트의 성공 가능성을 높이는 데 그 목적이 있다.

목 표
현실적인 계획과 지속적인 관리로 고객의 요구사항과 기대치를 만족시킴으로써 프로젝트를 성공적으로 수행하는 것을 목표로 한다.

범 위
aPMS 구축 사업은 　1. 소프트웨어 개발 절차 정의를 위한 관련 절차 정의서, 문서 양식, 템플릿 등의 작성 　2. 프로젝트관리 절차 정의를 위한 관련 절차 정의서, 문서 양식, 템플릿 등의 작성 　3. 작성 시스템(프로젝트관리 절차 및 소프트웨어 개발 절차)의 현업 적용 및 개선/유지 방안 도출 등을 이번 사업의 수행 범위로 한다.

역할과 책임					
■ 프로젝트 참여자 정보					
역 할	설명(책임)	이 름	부 서	전화번호	e-mail
CEO					
외부 컨설턴트					
사업관리자					
프로젝트 관리자					
품질관리자					
이슈 및 위험관리자					
형상관리자					
프로세스 구축 담당자					
사용자 그룹					
프로세스 유지 관리자					

■ 계약자 정보					
업체 명	대표 전화	계약 내용	담당자 정보		
			이름/직책	전화 번호	e-mail

프로젝트 요약 정보
1. 비즈니스 요구사항 　1) 비용 감소 　2) 자원의 원활할 통제(계획 대비 실적관리) 　3) 프로젝트 현황 실시간 파악 　4) 프로젝트 수행 팀의 업무 패턴화 및 간소화 지원 　5) 프로젝트 자산 축적 및 재활용
2. Statement Of Work 　1) 조직 내 표준 프로세스 구축 　　① 조직의 현황 파악 후 구축 대상 프로세스들에 대해 CMMI, ITIL, PMBOK 등의 표준을 기반으로 이행 가능한 현실적인 프로세스들을 구축한다. 　　② 프로젝트관리 관련 프로세스 및 관련 지침, 양식, 템플릿 등을 정의한다. 　2) 프로세스 수행 조직에 대한 수준 향상 방안 수립 및 지원 　3) 구축된 표준 프로세스에 대한 유지 보수 방안을 수립한다.
3. 프로젝트 목표 　1) 프로젝트 수행 및 관리 수준을 향상을 위한 조직의 표준 프로세스를 확보한다. 　2) 표준 프로세스의 적용으로 프로젝트관리, 일정, 품질, 비용 등에 대한 객관적이고 효율적인 관리를 수행할 수 있다. 　3) 체계적인 소프트웨어 개발 및 관리 업무 수행으로 대외적으로 경쟁력 있는 조직으로의 도약 기반을 마련한다.
4. 프로젝트 수행 전략 　1) 표준 및 기존의 Best practice들을 기반으로 접근한다. 　2) CMMI Maturity Level 2와 ITIL Service Support 영역을 기반으로 구축한다. 　3) 구축 대상 프로세스들에 대한 우선순위를 정하고 prototyping 개발 기법을 적용으로 개발, 적용, 보완의 과정을 반복하며 구축한다.

요구 사항
1. 기능적 요구사항
2. 비기능적 요구사항

영역별 프로젝트 수행 계획
1. 프로젝트 범위 정의서: 별도 작성
2. Critical Success Factors 　1) 대표이사의 aPMS 구축 프로젝트 성공을 위한 강한 의지 소유 　2) aPMS 구축 프로젝트 성공적으로 주도할 수 있는 동종 분야 다수 경험의 프로젝트 관리자 　3) 조직 구성원들의 적극적인 프로젝트 수행 활동 예상 　4) 프로젝트 참여자들의 프로세스에 대한 높은 수준의 지식 보유
3. WBS: 별도 작성

4. Resource Plan

※ 단위(Man Month)

소속	역 할	담당자	구분	분석 및 설계	구축	테스트	이행	합계
ABC	프로세스 구축 담당자1	김구축	계획	0	2	0.5	0.5	3
	프로세스 구축 담당자1	이구축	계획	0	2	0.5	0.5	3
						ABC 총합	**계획**	6
을병	프로젝트 관리자 (외부 컨설턴트)	김관리	계획	1	2	1	1	5
	외부 컨설턴트	박지원	계획	0.5	0.5	0.5	0.5	2
						을병 총합	**계획**	7
						전체 총합	**계획**	13

5. 프로젝트 일정: 별도 작성

6. 위험관리계획서: 별도 작성

7. 품질관리계획서: 별도 작성

8. 형상관리계획서: 별도 작성

9. 의사소통계획서

구분	주기	보고자	보고대상	시 점	내 용	산출물
착수 미팅	1회	프로젝트 관리자	CEO, 프로젝트 관련자	프로젝트 시작 직후	프로젝트에 대한 개요를 관련자들에게 전달하고 프로젝트의 시작을 알림	프로젝트 수행계획서
중간 보고	3회	프로젝트 관리자	CEO	프로젝트 진행 중 정해진 시점	프로젝트 진행 상황 (일정, 비용, 품질, 인력, 문제점, 개선점, 향후 계획 등)	프로젝트 중간보고서
종료 보고	1회	프로젝트 관리자	CEO, 프로젝트 관련자	프로젝트 종료 직후	프로젝트의 종료를 대/내외적으로 공식적으로 알림	프로젝트 수행 평가보고서

구분	주기	보고자	보고대상	시 점	내 용	산출물
회의	수시	회의 주최자	상황에 따라 대상이 바뀜. 회의 결과에 영향을 주거나 받는 사람	수 시	수시로 논의되는 프로젝트 관련 회의에 대한 내용을 기록하여 관련자들에게 전달	회의록
주간업무보고	매주	프로젝트 관리자	프로젝트 관련자	매주 금요일 오후 2시	금주 실적, 특이 사항 및 차주 계획 등에 대한 정보 공유	주간업무보고서
월간업무보고	매월	프로젝트 관리자	CEO, 프로젝트 관련자	매달 말일	금월 실적, 특이 사항 및 차월 계획 등에 대한 정보 공유 (중간보고가 있는 달은 중간보고를 월간업무보고를 대체)	월간업무보고서

서 명		
이 름	소속/직책	서 명

≪프로젝트 수행계획서 목차 Sample≫

목 차

20) 위험보고서(Sample)

위험 아이디	RISK_001	위험 관리자	Risk 이	등록 영역	프로세스
발생 가능성(P) (1,2,3)	3	접수 여부		접 수	
영향도(I) (1,2,3)	2	유형(관리, 개발, 범위, 비용, 일정, 성능, 품질, 형상)		일 정	
보고자	Reporter 김	RPV		6(Probability: 3, Impact: 2)	
식별일자	2006-4-10	발생가능일	2006-4-25	완료일	2006-5-31
위험 제목	프로젝트 일정 지연				
분석	발생 가능성	분석/설계부터 미루어지기 시작한 일정이 현재 누적 지연되어 현재는 물론 향후 일정에도 부정적인 영향을 줄 가능성이 높음			
	영 향	전반적인 일정 지연이 예상			
대처 계획 (대응 전략)	1. 고객과 프로젝트 수행 팀과의 합의에 의한 일정 연기 2. 전문 인력의 추가 투입으로 밀린 업무 해결 3. 업무 범위 변경 및 일정 재조정으로 완료 일정 맞춤				
위험 갱신일	상태	갱신자	처리내용(요약)		
2006-4-15	미 발생	위험 담당자	대처 계획 검토 중		

21) 위험관리대장

ID	영역	제목	내용/해결 방안	보고자	등급	P	I	PI	대응 전략	식별 일자	발생가 능일	종료 일자	현 상태 (일자)	조치사항	조치 담당자
RISK _001	관리	투입 인력의 불안정	투입 인력의 유동성으로 인한 불안정한 프로젝트 수행		상	0.5	0.5	0.25	수용	060120	060125	060202	Open	해당 PM 과 안정 적인 인 력 투입 협의 중	프로 젝트 관리자

22) 이슈관리대장

ID	영역	제목	내용/해결방안	등급	우선순위	등록일	완료요청일	완료일	제기자	처리담당자	현상태	조치내역
ISSUE_001	일정	분석 및 설계 단계에서 일정이 1주 지연됨	인력 투입의 불안정으로 작업이 지연됨/속 작업들의 추가 지연이 발생하지 않도록 점검 및 확인 필요	상	상	060120	060125	060125		프로젝트 관리자	Open	

23) 중간보고서(분석 및 설계 단계)

일반 정보
프로젝트 명: aPMS(advanced Project Management System) 구축 프로젝트
작성자: 김관리(을병㈜/프로젝트 관리자)
작성 일자: 2006년 2월 7일 화요일
검토/승인자: 김시오(ABC㈜/CEO)

프로젝트 개요
aPMS 구축 사업은 조직 내의 일관성 있는 제품 개발 프로세스를 확립함과 동시에 내/외부에서 수행되는 프로젝트들에 대한 체계적이고 일관성 있는 관리를 수행할 수 있는 기반을 마련하는 것이다.

수행 업무 요약	
aPMS 구축 사업에서의 분석 및 설계 단계는 조직의 현황을 파악하고 관련자들과의 인터뷰 및 설문 활동을 통해 구축 시스템의 대상, 목적 및 범위 등에 대해 프로젝트가 진행되면서 고객과 구축 당사자 간의 혼란이 발생하지 없도록 프로젝트의 요구사항을 명확히 하며, 그 요구사항을 근거로 프로젝트 수행 활동들을 정의하여 보다 성공적인 프로젝트가 될 수 있도록 준비하는 것이다.	
활 동	**설 명**
프로젝트 수행 계획 작업	- 프로젝트 초기에 고객이 요구하는 공식적인 요구사항들을 기반으로 고객 요구사항을 여러 형태로 정리하는 작업을 수행함 - 프로젝트 초기에는 고객과의 지속적인 확인을 통해 가능한 한 명확하게 고객 요구사항을 파악하도록 집중하여 작업함

활 동	설 명
현황 파악	- 프로젝트 수행 계획 자료들을 기반으로 활동 계획 수립을 위한 요구 사항 수집 및 확인 작업을 수행함 - 설문과 인터뷰는 CEO, 사용자 그룹(내/외부 프로젝트 PM들, 개발자들 중 일부)을 대상으로 함 - 설문은 e-mail을 이용함 - 대부분의 개발자가 외부 프로젝트를 수행하고 있는 상황이라 인터뷰는 외부 프로젝트 PM들의 확인을 받은 일정과 대상자들을 기준으로 계획하고 진행함
구축 항목 도출	- 파악된 현황을 기준으로 해결해야 할 과제들을 도출, 분류/정리하는 작업을 수행함 - 고객사에 파견되어 근무하고 있는 개발자들과의 인터뷰 실시 지연으로 구축 항목 도출을 위한 작업이 1주일 지연됨
프로젝트 수행 계획 작성	- 수집된 고객의 요청 자료들과 정리된 구축 항목들을 기반으로 프로젝트를 수행하는 데 필요한 모든 활동들을 정의하여 프로젝트 종료 시까지 지속적으로 관리 예정 - 모든 프로젝트의 진행관리는 작성된 프로젝트 수행계획서를 기준으로 함
위험과 이슈관리 대장 Update	- 프로젝트 수행에 영향을 주는 긍정/부정적인 요소들을 수시로 파악하여 위험과 이슈로 분류하여 예방하거나 해결될 수 있도록 지속적으로 관리 예정 - 프로젝트 관리자는 고객이나 프로젝트 수행 관련자들로부터 시스템을 이용하거나 구두 또는 메일 등으로 접수한 위험이나 이슈 항목들을 수시로 위험 및 이슈 관리 대장에 기록하고 정리하여 관련자들에게 알림 - 위험 1건 open(투입 인력의 불안정), 이슈 1건 open(일정 지연)
중간보고서 작성	- 초기 분석과 설계 단계에 대한 작업 현황을 최고 경영자에게 보고하기 위해 작업에 대한 일정, 산출물, 투입 인력 등에 대한 계획 대비 실적 등과 같은 진척 정보들을 정리하여 중간보고서를 작성함
중간보고	- 작성된 중간보고서를 최고 경영자 및 관련자들에게 보고함

프로젝트 진척						
구분 단계	분석 및 설계	구축 1	구축 2	테스트	이 행	최 종
계획 누계	20					
실적 누계	19					
달성달성률(%)	95%					

※ 1주 지연

투입 인력 현황								
소 속	역 할	담당자	구분	분석 및 설계	구축	테스트	이행	합계
ABC	프로세스 구축 담당자1	김구축	계획	0				0
			실적	0				0
	프로세스 구축 담당자1	이구축	계획	0				0
			실적	0				0
						ABC 총합	계획	0
							실적	0
을병	프로젝트 관리자 (컨설턴트)	김관리	계획	1				1
			실적	1.25				1.25
	컨설턴트	박지원	계획	0.5				0.5
			실적	0.75				0.75
						을병 총합	계획	1.5
							실적	2.0
						전체 총합	계획	1.5
							실적	2.0

위험 및 이슈 현황															
단계 구분	분석 및 설계			구축 1			구축 2			테스트			이행		
	O	C	P	O	C	P	O	C	P	O	C	P	O	C	P
이 슈	1		1												
위 험	1		1												

※ O: Open, C: Close, P: Pending

품질검토 현황					
단 계 구 분	분석 및 설계	구축 1	구축 2	테스트	이 행
부적합/누계	–				
시정조치 요청/누계	–				
시정조치 확인/누계	–				

교육 현황
향후 계획
요청 사항

24) WBS Dictionary

ID	이름	기간	시작날짜	완료날짜	작업 설명	완료 기준	자원이름	검토자	승인자	보고대상	산출물
1	aPMS 구축 프로젝트	103	06-1-5	06-5-31							
1.1	초기 준비 작업	2	06-1-5	06-1-9							
1.1.1	Workshop	2	06-1-5	06-1-6	프로젝트 관련자(이해 당사자)들은 프로젝트의 성공적인 수행을 위해 여러 가지 사항들을 검토하고 최선의 방안을 찾는다.	-	CEO,프로젝트 관리자, 프로세스 구축 담당자 1,프로세스 구축 담당자 2,품질관리 담당자, 외부 컨설턴트 사용자 그룹	-	-	-	Workshop 결과보고서
1.1.2	Kick Off meeting	0	06-1-9	06-1-9	내/외부의 프로젝트 관련자들에게 프로젝트의 시작을 공식적으로 알리며 프로젝트들의 성공적인 완료에 협조를 요청하고 관련 부분의 지원을 확인한다.	-	프로젝트 관리자	-	-	프로젝트 관련자	Kick Off보고서
1.2	분석 및 설계	17	06-1-9	06-2-1							
1.2.1	프로젝트 수행계획 작업	3	06-1-9	06-1-11	프로젝트의 성공적인 완료를 위해 그러해야 할 여러 부분의 항목들에 대해 초기 데이터를 수집하고 계획하는 작업	내부 검토 및 승인 완료	프로젝트 관리자, 품질관리 담당자, 외부 컨설턴트	프로젝트 관리자, 품질관리 담당자, 외부 컨설턴트	CEO	CEO, 프로젝트 관련자	가정 목록, 제약 사항 목록,Stakeholder 목록, 프로젝트 Charter, 품질관리계획서, 위험관리계획서, 이슈관리계획서, 형상관리계획서, 프로젝트 일정, WBS Dictionary, 의사소통계획서, 프로젝트 범위 정의서
1.2.2	현황 파악	7	06-1-12	06-1-20	프로젝트 수행을 위한 구체적인 문제 영역을 파악하는 작업	As-Is 분석서의 승인 완료	프로젝트 관리자, 외부 컨설턴트	프로젝트 관리자	프로젝트 관리자	프로젝트 관리자	설문지, 인터뷰계획서, 인터뷰기록, As-Is 분석서

ID	이름	기간	시작날짜	완료날짜	작업 설명	완료 기준	자원이름	검토자	승인자	보고대상	산출물
1.2.3	구축 항목 도출	2.5	06-1-23	06-1-25	파악된 현황을 기준으로 해결해야 할 과제들을 도출, 분류/정리하는 작업	To-Be계획서 승인 완료	프로젝트 관리자, 외부 컨설턴트	프로젝트 관리자	CEO	CEO	To-Be계획서
1.2.4	프로젝트 수행계획 작성	2.5	06-1-25	06-1-27	해결 과제들에 대한 해결 절차를 계획하는 작업이며, 프로젝트 수행에 필요한 모든 작업들이 포함되어 프로젝트 종료 시까지 지속적으로 개선 및 관리 되어야 하는 함	승인 완료	프로젝트 관리자	외부 컨설턴트	CEO	CEO, 프로젝트 관리자	프로젝트 수행계획서
1.2.5	위험 및 이슈 관리 대장 Update	1	06-1-18	06-1-18	프로젝트 수행 계획에 영향을 주는 긍정적인 요소들을 파악하여 이슈로 분류/해결하는 데 활용되는 관리 문서 유지 작업	-	프로젝트 관리자	-	프로젝트 관리자	-	위험관리대장 이슈관리대장
1.2.6	중간보고서 작성	2	06-1-31	06-2-1	프로젝트 현황을 최고 경영자에게 보고하기 위해 준비하는 작업	-	프로젝트 관리자	프로젝트 관리자	프로젝트 관리자	프로젝트 관리자	중간보고서, 진척관리, 투입 인력 현황
1.2.7	중간보고	0	06-2-1	06-2-1	프로젝트 현황을 최고 경영자에게 보고하는 작업	보고 완료	프로젝트 관리자	프로젝트 관리자	CEO	CEO, 프로젝트 관리자	-
1.3	구축	43	06-2-2	06-4-3	-						
1.3.1	표준 프로세스 구축 (1차)	14	06-2-2	06-2-21	프로젝트 핵심인 표준 프로세스를 구축하는 작업	프로세스 구축 완료	프로젝트 관리자, 프로세스 구축 담당자 1, 프로세스 구축 담당자 2	프로젝트 관리자, 외부 컨설턴트	프로젝트 관리자	프로젝트 관리자	구축된 프로세스
1.3.2	품질검토 및 시정조치 요청	5	06-2-22	06-2-28	체크 항목을 기준으로 프로젝트 진행 현황을 점검하고 문제 발생 시 시정조치를 요청하는 작업	품질검토 결과서 작성 및 시정조치 요청서 작성 완료	품질관리 담당자	프로젝트 관리자	프로젝트 관리자	프로젝트 관리자	품질관리 체크리스트, 품질검토 결과서, 시정조치 요청서
1.3.3	지적사항 보완	5	06-3-1	06-3-7	요청된 시정조치 항목들을 보완하는 작업	-	프로세스 구축 담당자 1, 프로젝트 관리자, 프로세스 구축 담당자 2	프로젝트 관리자	프로젝트 관리자	프로젝트 관리자	-

ID	이름	기간	시작날짜	완료날짜	작업 설명	완료 기준	자원이름	검토자	승인자	보고대상	산출물
1.3.4	프로세스 교육	5	06-2-6	06-2-10	구축 작업에 필요한 관련 프로세스 교육	교육 완료	외부 컨설턴트				교육 자료
1.3.5	시정조치 확인	3	06-3-8	06-3-10	시정조치가 요청되었을 경우 시정조치 결과에 대해 확인하는 작업	시정조치 결과 보고서 작성	품질관리 담당자	프로젝트 관리자	프로젝트 관리자	프로젝트 관리자	시정조치 결과보고서
1.3.6	위험 및 이슈 관리 대장 Update	1	06-2-8	06-2-8	프로젝트 수행 계획에 영향을 주는 긍정/부정적인 요소들을 파악하여 위험과 이슈로 분류/해결하는 데 활용되는 관리 문서 유지 작업	-	프로젝트 관리자	-	-	-	위험관리대장 이슈관리대장
1.3.7	표준 프로세스 구축 (2차)	15	06-2-22	06-3-14	프로젝트 핵심의 표준 프로세스를 구축하는 작업	프로세스 구축 완료	프로세스 관리자, 프로세스 구축 담당자 1, 프로세스 구축 담당자 2	프로젝트 관리자, 외부 컨설턴트	프로젝트 관리자	프로젝트 관리자	구축된 프로세스
1.3.8	품질검토 및 시정 조치 요청	5	06-3-15	06-3-21	체크 항목들을 기준으로 프로젝트 진행 현황 점검하고 문제 발생 시 시정조치를 요청하는 작업	품질검토 결과 서 작성 및 시정조치 작성 완료	품질관리 담당자	프로젝트 관리자	프로젝트 관리자	프로젝트 관리자	품질관리 체크리스트, 품질검토 결과서, 시정조치 요청서
1.3.9	지적사항 보완	5	06-3-22	06-3-28	요청된 시정조치 항목들을 보완하는 작업		프로세스 구축 관리자 1, 프로세스 구축 담당자 2	프로젝트 관리자	프로젝트 관리자	프로젝트 관리자	-
1.3.10	프로세스 교육	5	06-2-27	06-3-3	구축 작업에 필요한 관련 프로세스 교육	교육 완료	외부 컨설턴트				교육 자료
1.3.11	시정조치 확인	1	06-3-29	06-3-29	시정조치가 요청되었을 경우 시정조치 결과에 대해 확인하는 작업	시정조치 결과 보고서 작성	품질관리 담당자	프로젝트 관리자		프로젝트 관리자	시정조치 결과보고서
1.3.12	위험 및 이슈 관리 대장 Update	1	06-3-8	06-3-8	프로젝트 수행 계획에 영향을 주는 긍정/부정적인 요소들을 파악하여 위험과 이슈로 분류/해결하는 데 관리 문서 유지 작업	-	프로젝트 관리자				위험관리대장 이슈관리대장

ID	이름	기간	시작날짜	완료날짜	작업 설명	완료 기준	자원이름	검토자	승인자	보고대상	산출물
1.3.13	중간보고서 작성	3	06-3-30	06-4-3	프로젝트 현황을 최고 경영자에게 보고하기 위해 준비하는 작업	-	프로젝트 관리자	프로젝트 관리자	프로젝트 관리자	프로젝트 관리자	중간보고서, 진척관리, 투입 인력 현황
1.3.14	중간보고	0	06-4-3	06-4-3	프로젝트 현황을 최고 경영자에게 보고하는 작업	보고 완료	프로젝트 관리자	프로젝트 관리자	CEO	CEO, 프로젝트 관리자	-
1.4	테스트	19	06-4-4	06-4-28	-	-					-
1.4.1	프로세스 검토	5	06-4-4	06-4-10	작성된 프로젝트 산출물인 프로세스를 검토하는 작업	관련 프로세스 검토보고서 작성 완료	프로젝트 관리자	사용자 그룹	사용자 그룹	사용자 그룹	프로세스 검토보고서 (품질검토 결과서 양식 활용)
1.4.2	품질검토 및 시정조치 요청	5	06-4-11	06-4-17	체크 항목을 기준으로 프로젝트 진행 현황을 점검하고 문제 발생 시 시정조치를 요청하는 작업	품질검토 결과 작성 및 시정조치 요청서 작성 완료	품질관리 담당자	프로젝트 관리자	프로젝트 관리자	프로젝트 관리자	품질관리 체크리스트, 품질검토 결과서, 시정조치 요청서
1.4.3	지적사항 보완	3	06-4-18	06-4-20	요청된 시정조치 항목들을 보완하는 작업	지적사항 보완 완료	프로세스 구축 담당자 1, 프로젝트 관리자, 프로세스 구축 담당자 2	프로젝트 관리자	프로젝트 관리자	프로젝트 관리자	-
1.4.4	프로세스 승인	1	06-4-11	06-4-11	프로젝트 산출물인 프로세스를 보완하고 최종 승인하는 작업	관련 프로세스 검토	사용자 그룹	사용자 그룹	CEO, 사용자 그룹	CEO, 프로젝트 관리자	-
1.4.5	시정조치 확인	2	06-4-21	06-4-24	시정조치가 요청되었을 경우 시정조치 결과에 대해 확인하는 작업	지적사항 보완 완료 여부 확인	품질관리 담당자	프로젝트 관리자	프로젝트 관리자	프로젝트 관리자	시정조치 결과보고서
1.4.6	위험 및 이슈 관리 대장 Update	1	06-4-12	06-4-12	프로젝트 수행 계획에 영향을 주는 긍정/부정적인 요소들을 파악하여 위협과 이슈로 분류해결하는 네 관리 문서 유지 작업	-	프로젝트 관리자	-	-	-	위험 및 이슈 관리 대장
1.4.7	중간보고서 작성	4	06-4-25	06-4-28	프로젝트 현황을 최고 경영자에게 보고하기 위해 준비하는 작업	-	프로젝트 관리자	프로젝트 관리자	프로젝트 관리자	프로젝트 관리자	중간보고서, 진척관리, 투입 인력 현황
1.4.8	중간보고	0	06-4-28	06-4-28	프로젝트 현황을 최고 경영자에게 보고하는 작업	보고 완료	프로젝트 관리자	프로젝트 관리자	CEO	CEO, 프로젝트 관리자	-

ID	이름	기간	시작날짜	완료날짜	작업 설명	완료 기준	자원이름	검토자	승인자	보고대상	산출물
1.5	이행	22	06-5-1	06-5-31							
1.5.1	현업 적용	15	06-5-1	06-5-19	프로젝트 산출물이 구축된 프로세스를 실제 프로젝트에 적용하기 위해 교육하고 적용하는 활동을 하는 작업	–	프로젝트 관리자, 외부 컨설턴트	프로젝트 관리자	프로젝트 관리자	–	–
1.5.2	현업 적용 데이터 수집	10	06-5-8	06-5-19	작용된 프로젝트로부터 프로젝트 수행 관련 데이터를 수집하는 작업	현업 적용 후 관련된 프로젝트 수행 정보 수집 정리 완료	프로젝트 관리자	프로젝트 관리자	프로젝트 관리자	–	현업 적용 결과서
1.5.3	향후관리 방안 제시	5	06-5-8	06-5-12	프로젝트 종료 후 이 프로젝트에서 구축된 산출물이 어떻게 관리되어야 하는지에 대한 방안을 작성검토/승인하는 작업	유지 관리 방안 승인 완료	외부 컨설턴트	프로젝트 관리자	CEO	CEO, 프로젝트 관련자	유지 보수 방안
1.5.4	위험 및 이슈 관리 대장 Update	1	06-5-17	06-5-17	프로젝트 수행 계획에 영향을 주는 긍정/부정적인 요소들을 파악하여 위험과 이슈로 분류해결하는 데 활용되는 관리 문서 유지 작업	–	프로젝트 관리자		–	–	위험 및 이슈 관리 대장
1.5.5	프로젝트 종료작업	5	06-5-22	06-5-26	프로젝트 종료를 준비하는 작업	–	프로젝트 관리자, 외부 컨설턴트	프로젝트 관리자	–	–	Lessons Learned, 진척 관리
1.5.6	프로젝트 종료보고서 작성	2	06-5-29	06-5-30	프로젝트의 최종 현황을 최고 경영자에게 보고하기 위해 준비하는 작업	–	프로젝트 관리자	프로젝트 관리자	–	–	프로젝트 수행 평가보고서
1.5.7	프로젝트 종료보고	0	06-5-31	06-5-31	프로젝트의 최종 현황을 최고 경영자에게 보고하는 작업	보고 완료	프로젝트 관리자	프로젝트 관리자	CEO	CEO, 프로젝트 관리자	–

06 │ 구 축

1. 목 적

프로젝트 수행 계획에 정의된 고객의 요구사항에 대해 실제 구축하는 활동을 수행한다.

2. 기 간

2 개월

3. 수행 내역(WBS 기준)

ID	계 획				실 적		
	활동 계획	기간	R&R	산출물	기 간	산출물	수행 활동
1.3.1	표준 프로세스 구축(1차)	14	프로젝트 관리자, 프로세스 구축 담당자 1, 프로세스 구축 담당자 2	구축된 프로세스	19	계획과 동일	-프로세스 교육을 통해 프로젝트 수행이 목적과 작업 내용에 대한 이해 과정을 가진 프로세스 구축 담당자들과 함께 프로세스 구축 작업을 수행함 -프로세스 구축 담당자들이 숙제 있는 외부 프로젝트의 일부 업무로 인한 영향을 받아 구축 작업이 1주일 연장됨
1.3.2	품질검토 및 시정조치 요청	5	품질관리 담당자	품질관리 체크리스트, 품질검토 결과서, 시정조치서	계획과 동일	계획과 동일	-준비된 품질관리 체크리스트를 근거로 품질관리 담당자는 현재 진행되고 있는 업무들(진행 상황, 작업 산출물 등)에 대한 품질검토를 실시함 -산출물이 부적합 사항이 1건, 일정 관련 부적합 사항이 1건 발생하여 해당 부분 담당자에게 시정조치를 요청함
1.3.3	지적사항 보완	5	프로세스 구축 담당자 1, 프로젝트 관리자, 구축 담당자 2	시정조치 요청서	계획과 동일	계획과 동일	-담당자는 지적된 산출물 부적함 및 일정 부적함 사항들을 보완 또는 대응 방안을 기록하여 품질관리 담당자에게 제출함

ID	계획				실적		
	활동 계획	기간	R&R	산출물	기간	산출물	수행 활동
1.3.4	프로세스 교육	5	외부 컨설턴트	교육 자료	계획과 동일	계획과 동일	- 외부 컨설턴트에 의해 1차 구축 작업에 필요한 관련 프로세스 교육이 실시됨 - 프로젝트 관리자와 프로세스 담당자들은 필수 참여를 나머지 관심 있는 구성원들도 가능하면 많이 참여할 수 있도록 요청함
1.3.5	시정조치 확인	3	품질관리 담당자	시정조치 결과보고서	계획과 동일	계획과 동일	- 품질관리 담당자는 요청된 시정조치 항목들이 조치되었는지를 확인하고 프로젝트 관리자에게 시정조치 결과보고서를 통해 시정조치 요청 항목들이 조치되었음을 알림
1.3.6	위험 및 이슈 관리대장 Update	1	프로젝트 관리자	위험 및 이슈 관리 대장	계획과 동일	계획과 동일	- 위험 1건 pending(투입 인력의 불안정), 이슈 1건 pending(일정 지연)
1.3.7	표준 프로세스 구축(2차)	15	프로젝트 관리자, 프로세스 구축 담당자 1, 프로세스 구축 담당자 2	구축된 프로세스	20	계획과 동일	- 프로세스 구축 담당자들이 속해 있는 외부 프로젝트의 일부 업무로 인한 영향을 받아 구축 작업이 추가로 1주일 연장됨
1.3.8	품질검토 및 시정조치 요청	5	품질관리 담당자	품질관리 체크리스트, 품질검토 결과, 시정조치 요청서	계획과 동일	계획과 동일	- 준비된 품질관리 체크리스트를 근거로 품질관리 담당자는 현재 진행되고 있는 업무들(진행 상황, 작업 산출물 등)에 대한 품질검토를 실시함 - 산출물의 부적합 사항이 2건, 일정 관련 부적합 사항이 1건 발생하여 해당 부분 담당자에게 시정조치를 요청함

ID	계획				실적		
	활동 계획	기간	R&R	산출물	기 간	산출물	수행 활동
1.3.9	지적사항 보완	5	프로세스 구축 담당자 1, 프로젝트 관리자, 프로세스 구축 담당자 2	-	계획과 동일	계획과 동일	-담당자는 지적된 산출물 부적합 및 일정 부적합 사항들을 보완 또는 대응 방안을 기록하여 품질관리 담당자에게 제출함
1.3.10	프로세스 교육	5	외부 컨설턴트	교육 자료	계획과 동일	계획과 동일	-외부 컨설턴트에 의해 2차 구축 작업에 필요한 관련 프로세스 교육이 실시됨 -필수 참여자 이외의 관련자들이 많이 참여할 수 있도록 요청함
1.3.11	시정조치 확인	1	품질관리 담당자	시정조치 결과보고서	계획과 동일	계획과 동일	-품질관리 담당자는 요청된 시정조치 항목들이 조치되었는지를 확인하고 프로젝트 관리자에게 시정조치 결과보고서를 통해 시정조치 요청 항목들이 조치되었음을 알림
1.3.12	위험 및 이슈 관리대장 Update	1	프로젝트 관리자	위험 및 이슈 관리대장	계획과 동일	계획과 동일	-위험 1건 pending(투입 인력이 붙인정), 이슈 1건 pending(일정 지연)
1.3.13	중간보고서 작성	3	프로젝트 관리자	중간보고서, 진척 관리, 투입 인력 현황	계획과 동일	계획과 동일	-구축 단계에 대한 작업 현황을 최고 경영자에게 보고하기 위해 작업에 대한 일정, 산출물, 투입 인력 등에 대한 계획 대비 실적 등과 같은 진척 정보들을 정리하여 중간보고서를 작성함
1.3.14	중간보고	0	프로젝트 관리자	-	계획과 동일	계획과 동일	-작성된 중간보고서를 최고 경영자 및 관련자들에게 보고함

4. 관련 산출물

1) 품질관리 체크리스트

구 분	체크 기준	준수 여부
공 통	1. 표준 양식 준수 여부 　1) 문서 Layout(폰트, 들여쓰기, 테이블, 표, 그림 목차, ……) 　2) 문서 번호 　3) 버전 　4) 파일 명	
절차서	1. 역할과 책임 분류 및 내용 기술에 대한 적절성 및 일관성 여부	
	2. 업무 처리 흐름(절차)에 따른 적절한 활동 기술 여부	
	3. 단위 업무 간 인터페이스 관계 표현의 일관성	
일반 산출물	1. 단위 활동에 적절한 산출물 작성 여부	
	2. 산출물 간 내용에 대한 일관성	
일 정	1. 단위 활동들의 일정 준수 여부	
	2. 일정관리(일정 모니터링 & control) 수행 여부	

※ '준수 여부' (○: 적합, △: 경 부적합, ×: 부적합)

2) 품질검토 결과서

일반 정보
프로젝트 명: aPMS(advanced Project Management System) 구축 프로젝트
작성자: 김관리(을병㈜/프로젝트 관리자)
작성 일자: 2006년 3월 14일 화요일
검토/승인자: 김시오(ABC㈜/CEO)

개 요
aPMS 구축 프로젝트를 개발하며 프로세스 절차서와 관련 문서들에 대한 품질검토를 실시한다.

역할과 책임	
역 할	**책 임**
CEO	– 프로젝트 관리자로부터 품질 결과를 보고받는다.
사업 총괄자	– 품질관리자가 프로세스 절차서와 관련 문서에 대한 품질검토를 원활히 수행할 수 있도록 통제한다.
품질관리자	– 프로젝트 품질관리자는 대상 산출물과 관련 문서들에 대한 품질검토를 수행하며, 최종적으로는 고객의 요구에 적합한 품질이 보장되게 관리한다.

검토 방법
1. 품질관리 체크리스트를 기준으로 대상 산출물을 점검한다.

일 정
1. 품질검토 준비: 2006-03-06~2006-03-07
2. 품질검토 실시: 2006-03-08~2006-03-14, 2006-04-05~2006-04-11
3. 품질검토 보고서 작성 및 보고: 2006-03-14, 2006-04-11

검토 대상
1. 문서 양식
2. 표준 프로세스 및 관련 산출물(지침, 양식, 템플릿 등)
3. 일반 산출물
4. 일 정

제약 사항
1. 구축된 1, 2차 표준 프로세스를 중심으로 검토함

검토 결과			
구 분	**ID**	**검토 결과**	**시정조치 요청 내역**
문서 양식	CAR_001	표준 프로세스 정의서들의 문서 양식이 표준 양식과 다름	표준 양식에 따른 문서 보완(관련 문서 목록……)
산출물	CAR_002	품질관리 프로세스 정의서에서 타 프로세스와의 인터페이스 명 확인 필요	프로세스 명의 일관성 확보 필요
	CAR_003	요구사항 관리 프로세스 정의서에서 담당자 호칭의 일관성 정리 필요(요구사항 관리자, 요구사항 담당자……)	역할자명의 일관성 있는 적용 확인
일 정	CAR_004	변경된 일정이 갱신되지 않음	일정 갱신 필요
	CAR_005	변경된 일정이 갱신되지 않음	일정 갱신 필요

3) 시정조치 요청 및 결과보고서

일반 정보	
프로젝트 명: aPMS(advanced Project Management System) 구축 프로젝트	
작성자: 김관리(을병㈜/프로젝트 관리자)	
작성 일자: 2006년 4월 11일 화요일	
검토/승인자: 김시오(ABC㈜/CEO)	

시정조치 내역					
지적사항 번호	CAR_001	대상 영역	문서 양식		
요청자	품질관리자	완료 요청일	2006-04-14-금		
시정조치 담당자	해당 문서 작성자	긴급도	중	중요도	중
시정조치 요청 내역	표준 양식에 따른 문서 보완(관련 문서 목록······)				

지적사항 번호	CAR_002	대상 영역	산출물		
요청자	품질관리자	완료 요청일	2006-04-14-금		
시정조치 담당자	해당 프로세스 작성자	긴급도	상	중요도	상
시정조치 요청 내역	프로세스 명의 일관성 확보 필요				

지적사항 번호	CAR_003	대상 영역	산출물		
요청자	품질관리자	완료 요청일	2006-04-14-금		
시정조치 담당자	해당 프로세스 작성자	긴급도	상	중요도	상
시정조치 요청 내역	역할자명의 일관성 있는 적용 확인				

지적사항 번호	CAR_004	대상 영역	일정		
요청자	품질관리자	완료 요청일	2006-04-14-금		
시정조치 담당자	프로젝트 관리자	긴급도	상	중요도	상
시정조치 요청 내역	일정 갱신 필요				

지적사항 번호	CAR_005	대상 영역	일정		
요청자	품질관리자	완료 요청일	2006-04-14-금		
시정조치 담당자	프로젝트 관리자	긴급도	상	중요도	상
시정조치 요청 내역	일정 갱신 필요				

시정조치 검토 및 조치 결과			
지적사항 번호	CAR_001	완료일자	2006-04-12-수
시정조치 담당자	문서 작성자	조치 결과 확인 결과	시정조치 됨
조치 결과 확인자	품질관리 담당자	조치 결과 확인 일자	2006-04-12-수
시정조치 내역	시정조치 요청 내역 조치함		

지적사항 번호	CAR_002	완료일자	2006-04-12-수
시정조치 담당자	프로세스 작성자	조치 결과 확인 결과	시정조치 됨
조치 결과 확인자	품질관리 담당자	조치 결과 확인 일자	2006-04-12-수
시정조치 내역	시정조치 요청 내역 조치함		

지적사항 번호	CAR_003	완료일자	2006-04-12-수
시정조치 담당자	프로세스 작성자	조치 결과 확인 결과	시정조치 됨
조치 결과 확인자	품질관리 담당자	조치 결과 확인 일자	2006-04-12-수
시정조치 내역	시정조치 요청 내역 조치함		

지적사항 번호	CAR_004	완료일자	2006-04-12-수
시정조치 담당자	프로젝트 관리자	조치 결과 확인 결과	일정 수정됨
조치 결과 확인자	품질관리 담당자	조치 결과 확인 일자	2006-04-12-수
시정조치 내역	시정조치 요청 내역 조치함		

지적사항 번호	CAR_005	완료일자	2006-04-12-수
시정조치 담당자	프로세스 작성자	조치 결과 확인 결과	일정 수정됨
조치 결과 확인자	품질관리 담당자	조치 결과 확인 일자	2006-04-12-수
시정조치 내역	시정조치 요청 내역 조치함		

4) 위험관리대장

ID	영역	제목	내용/해결방안	보고자	등급	P	I	PI	대응전략	식별일자	발생가능일	종료일자	현 상태(일자)	조치사항	조치담당자
RISK_001	관리	투입 인력의 불안정	투입 인력의 잦은 불안정으로 인한 정한 프로젝트 수행		상	0.5	0.5	0.25	수용	060120	060125	060202	Close	해당 PM과 안정적인 인력 투입 협의 중	프로젝트 관리자
RISK_002	관리	상동	투입 인력의 불안정으로 표준 프로세스 구축 지연		상	0.5	0.5	0.25	수용	060209	060222	060531	Close	유휴 인력에 대해 프로세스 및 문서 관련 교육 후 투입	프로젝트 관리자
RISK_003	관리	상동	투입 인력의 불안정으로 표준 프로세스 구축 지연		상	0.5	0.5	0.25	수용	060308	060320	060531	Close	유휴 인력에 대해 프로세스 및 문서 관련 교육 후 투입	프로젝트 관리자

5) 이슈관리대장

ID	영역	제목	내용/해결방안	등급	우선순위	등록일	완료요청일	완료일	제기자	처리담당자	현 상태	조치내역
ISSUE_001	일정	분석 및 설계 단계에서 일정이 1주 지연됨	인력 투입이 불안정으로 작업이 지연됨/후속 작업들이 추가 지연이 발생하지 않도록 점검 및 확인 필요	상	상	060120	060125	060125		프로젝트관리자	Close	고객과 협의하여 전체 일정 재조정 함
ISSUE_002	일정	구축 1차 일정이 1주 지연됨	인력 투입 불안정으로 프로세스 구축 작업 지연	상	상	060209	060215	060215		프로젝트관리자	Close	고객과 협의하여 전체 일정 재조정 함
ISSUE_003	일정	구축 2차 일정이 1주 지연됨	인력 투입 불안정으로 프로세스 구축 작업 지연	상	상	060308	060313	060313		프로젝트관리자	Close	고객과 협의하여 전체 일정 재조정 함

6) 중간보고서(구축 단계)

일반 정보
프로젝트 명: aPMS(advanced Project Management System) 구축 프로젝트
작성자: 김관리(을병㈜/프로젝트 관리자)
작성 일자: 2006년 4월 20일 목요일
검토/승인자: 김시오(ABC㈜/CEO)

프로젝트 개요
aPMS 구축 사업은 조직 내의 일관성 있는 제품 개발 프로세스를 확립함과 동시에 내/외부에서 수행되는 프로젝트들에 대한 체계적이고 일관성 있는 관리를 수행할 수 있는 기반을 마련하는 것이다.

수행 업무 요약	
aPMS 구축 사업에서의 구축 단계는 프로젝트 수행 계획에 정의된 고객의 요구사항에 대해 실제 구축하는 활동을 수행하는 것이다.	
활 동	**설 명**
표준 프로세스 구축(1차)	－ 프로세스 교육을 통해 프로젝트 수행의 목적과 작업 내용에 대한 이해 과정을 거친 프로세스 구축 담당자들과 함께 프로세스 구축 작업을 수행함 － 프로세스 구축 담당자들이 속해 있는 외부 프로젝트의 일부 업무로 인한 영향을 받아 구축 작업이 <u>1주일 연장됨</u>
품질검토 및 시정조치 요청	－ 준비된 품질관리 체크리스트를 근거로 품질관리 담당자는 현재 진행되고 있는 업무들(진행 상황, 작업 산출물 등)에 대한 품질검토를 실시함 － 산출물의 부적합 사항이 1건, 일정 관련 부적합 사항이 1건 발생하여 해당 부분 담당자에게 시정조치를 요청함
지적사항 보완	－ 담당자는 지적된 산출물 부적합 및 일정 부적합 사항들을 보완 또는 대응 방안을 기록하여 품질관리 담당자에게 제출함
프로세스 교육	－ 외부 컨설턴트에 의해 1차 구축 작업에 필요한 관련 프로세스 교육이 실시됨 － 프로젝트 관리자와 프로세스 구축 담당자들은 필수 참여를 나머지 관심 있는 구성원들도 가능하면 많이 참여할 수 있도록 요청함
시정조치 확인	－ 품질관리 담당자는 요청된 시정조치 항목들이 조치되었는지를 확인하고 프로젝트 관리자에게 시정조치 결과보고서를 통해 시정조치 요청 항목들이 조치되었음을 알림
위험 및 이슈 관리 대장 Update	－ 위험 1건 open, 2건 close(투입 인력의 불안정), 이슈 1건 open, 2건 close(일정 지연)
표준 프로세스 구축(2차)	－ 프로세스 구축 담당자들이 속해 있는 외부 프로젝트의 일부 업무로 인한 영향을 받아 구축 작업이 추가로 <u>1주일 연장됨</u>

활 동	설 명
품질검토 및 시정조치 요청	- 준비된 품질관리 체크리스트를 근거로 품질관리 담당자는 현재 진행되고 있는 업무들(진행 상황, 작업 산출물 등)에 대한 품질검토를 실시함 - 산출물의 부적합 사항이 2건, 일정 관련 부적합 사항이 1건 발생하여 해당 부분 담당자에게 시정조치를 요청함
지적사항 보완	- 담당자는 지적된 산출물 부적합 및 일정 부적합 사항들을 보완 또는 대응 방안을 기록하여 품질관리 담당자에게 제출함
프로세스 교육	- 외부 컨설턴트에 의해 2차 구축 작업에 필요한 관련 프로세스 교육이 실시됨 - 필수 참여자 이외의 관련자들이 많이 참여할 수 있도록 요청함
시정조치 확인	- 품질관리 담당자는 요청된 시정조치 항목들이 조치되었는지를 확인하고 프로젝트 관리자에게 시정조치 결과보고서를 통해 시정조치 요청 항목들이 조치되었음을 알림
위험 및 이슈 관리 대장 Update	- 위험 1건 open, close(투입 인력의 불안정), 이슈 1건 open, close(일정 지연)
중간보고서 작성	- 구축 단계에 대한 작업 현황을 최고 경영자에게 보고하기 위해 작업에 대한 일정, 산출물, 투입 인력 등에 대한 계획 대비 실적 등과 같은 진척 정보들을 정리하여 중간보고서를 작성함
중간보고	- 작성된 중간보고서를 최고 경영자 및 관련자들에게 보고함.

프로젝트 진척

구 분 \ 단 계	분석 및 설계	구축 1	구축 2	테스트	이 행	최 종
계획 누계	20	40	60			
실적 누계	19	36	52			
달성률(%)	100%	90%	87%			

※ 구축 단계 2주 지연, 총 3주 지연

투입 인력 현황

소속	역할	담당자	구분	분석 및 설계	구축	테스트	이행	합계
ABC	프로세스 구축 담당자1	김구축	계획	0	2			2
			실적	0	2.5			2.5
	프로세스 구축 담당자1	이구축	계획	0	2			2
			실적	0	2.5			2.5
	※ 일정이 3주 연장되어 투입 인력 실적이 증가됨					ABC 총합	계획	4
							실적	5

소속	역 할	담당자	구분	분석 및 설계	구축	테스트	이행	합계
을병	프로젝트 관리자 (컨설턴트)	김관리	계획	1	2			3
			실적	1.25	2.5			3.75
	컨설턴트	박지원	계획	0.5	0.5			1
			실적	0.75	1.0			1.75
	※ 일정이 3주 연장되어 투입 인력 실적이 증가됨					을병 총합	계획	4
							실적	5.5

				전체 총합	계획	8
					실적	10.5

위험 및 이슈 현황

구분＼단계	분석 및 설계			구축 1			구축 2			테스트			이 행		
	O	C	P	O	C	P	O	C	P	O	C	P	O	C	P
이 슈	1		1	1	2		1	1							
위 험	1		1	1	2		1	1							

※ O: Open, C: Close, P: Pending

품질검토 현황

구 분＼단 계	분석 및 설계	구축 1	구축 2	테스트	이 행
부적합/누계	–	2/2	3/5		–
시정조치 요청/누계	–	2/2	3/5		–
시정조치 확인/누계	–	2/2	3/5		–

교육 현황

- 외부 컨설턴트에 의해 구축 작업에 필요한 관련 프로세스 교육이 2차 실시됨
- 프로젝트 관리자를 포함하여 프로젝트 팀 구성원 전원이 참석하였으며, 사내의 관심 있는 구성원들도 일부 참여함

향후 계획

요청 사항

07 | 테스트

1. 목 적

구축된 시스템에 대해서 현업에 현실적으로 적용 가능한 상태인지를 점검하는 단계다. 이 단계에서는 사용자 그룹이 구축 산출물들을 충분히 검토하고, 필요할 경우 보완하여 시스템에 대한 품질 보증 여부를 확인하는 데 그 목적이 있다.

2. 기 간

1 개월

3. 수행 내역(WBS 기준)

ID	활동 계획	계획 기간	계획 R&R	계획 산출물	실적 기간	실적 산출물	실적 수행 활동
1.4.1	프로세스 검토	5	프로젝트 관리자	프로세스 검토 보고서	계획과 동일	계획과 동일	-프로젝트 관리를 위한 산출물인 프로젝트 산출물(프로세스절차서, 가이드, 양식, 템플릿 등)를 검토 담당자들인 사용자 그룹과 같이 검토함
1.4.2	품질검토 및 시정조치 요청	5	품질관리 담당자	품질관리 체크리스트, 품질검토 결과서, 시정조치 요청서	계획과 동일	계획과 동일	-준비된 품질관리 체크리스트를 근거로 품질관리 담당자는 현재 진행되고 있는 업무들(진행 상황, 작업 산출물 등)에 대한 품질검토를 실시함 -산출물의 부적합 사항이 1건, 일정 관련 부적합 사항이 1건 발생하여 해당 부분 담당자에게 시정조치를 요청함
1.4.3	지적사항 보완	3	프로세스 구축 담당자 1, 프로젝트 관리자, 프로세스 구축 담당자 2	-	8	계획과 동일	-담당자는 지적된 산출물 부적합 및 일정 부적합 사항들을 보완 또는 대응 방안을 기록하여 품질관리 담당자에게 제출함 -지적사항을 보완하는 담당자의 외부 프로젝트 업무 수행으로 인하여 지적사항 보완 작업이 1주일 연장됨 -지적사항 보완 완료 후 품질관리 담당자에게 보완 완료를 알림
1.4.4	프로세스 승인	1	사용자 그룹		계획과 동일	계획과 동일	-사용자 그룹은 구축된 프로세스에 대해 현업에 적용해도 좋다는 승인을 결정함

ID	계획				실적	
	활동 계획	기간	R&R	산출물	기간	산출물	수행 활동
1.4.5	시정조치 확인	2	품질관리 담당자	시정조치 결과보고서	계획과 동일	계획과 동일	-품질관리 담당자는 요청된 시정조치 항목들이 조치되었는지를 확인하고 프로젝트 관리자에게 시정조치 결과보고서를 통해 시정조치 요청 항목들이 조치되었음을 알림
1.4.6	위험 및 이슈 관리 대장 Update	1	프로젝트 관리자	위험 및 이슈 관리 대장	계획과 동일	계획과 동일	-위험 1건 pending(투입 인력의 불안정), 1건 open(이행 주체의 불분명 예상), 이슈 1건 open(일정 지연), 1건 pending(일정 방안: 출력, 시스템화?) 프로세스의 관리
1.4.7	중간보고서 작성	4	프로젝트 관리자	중간보고서, 진척관리, 투입 인력 현황	계획과 동일	계획과 동일	-테스트 단계에 대한 작업 현황을 최고 경영자에게 보고하기 위해 작업에 대한 일정, 산출물, 투입 인력 등에 대한 계획 대비 실적 등과 같은 진척 정보들을 리뷰하여 중간보고서를 작성함
1.4.8	중간보고	0	프로젝트 관리자	-	계획과 동일	계획과 동일	-작성된 중간보고서를 최고 경영자 및 관련자들에게 보고함

4. 관련 산출물

1) 품질관리 체크리스트

구 분	체크 기준
공 통	1. 표준 양식 준수 여부 　5) 문서 Layout(폰트, 들여쓰기, 테이블, 표, 그림 목차, ……) 　6) 문서 번호 　7) 버전 　8) 파일 명
절차서	1. 역할과 책임 분류 및 내용 기술에 대한 적절성 및 일관성 여부 2. 업무 처리 흐름(절차)에 따른 적절한 활동 기술 여부 3. 단위 업무 간 인터페이스 관계 표현의 일관성
일반 산출물	1. 단위 활동에 적절한 산출물 작성 여부 2. 산출물 간 내용에 대한 일관성
일 정	1. 단위 활동들의 일정 준수 여부 2. 일정관리(일정 모니터링 & control) 수행 여부

2) 품질검토 결과서

일반 정보
프로젝트 명: aPMS(advanced Project Management System) 구축 프로젝트
작성자: 김관리(을병㈜/프로젝트 관리자)
작성 일자: 2006년 3월 14일 화요일
검토/승인자: 김시오(ABC㈜/CEO)

개 요
aPMS 구축 프로젝트를 개발하며 프로세스 절차서와 관련 문서들에 대한 품질검토를 실시한다.

역할과 책임	
역 할	책 임
CEO	– 프로젝트 관리자로부터 품질 결과를 보고받는다.
사업 총괄자	– 품질관리자가 프로세스 절차서와 관련 문서에 대한 품질검토를 원활히 수행할 수 있도록 통제한다.
품질관리자	– 프로젝트 품질관리자는 대상 산출물과 관련 문서들에 대한 품질검토를 수행하며, 최종적으로는 고객의 요구에 적합한 품질이 보장되게 관리한다.

검토 방법
1. 품질관리 체크리스트를 기준으로 대상 산출물을 점검한다.

일 정
1. 품질검토 준비: 2006-05-01~2006-05-01
2. 품질검토 실시: 2006-05-02~2006-05-7
3. 품질검토 보고서 작성 및 보고: 2006-05-08

검토 대상
1. 문서 양식
2. 표준 프로세스 및 관련 산출물(지침, 양식, 템플릿 등)
3. 일반 산출물
4. 일정

제약 사항
1. 구축된 프로젝트관리 시스템에 관해 품질검토를 수행함

검토 결과			
구 분	ID	검토 결과	시정조치 요청 내역
산출물	CAR_006	프로세스 전반에 걸쳐 입력물과 출력물의 관계 확인 필요	프로세스의 입력물 및 출력물의 관계 확인
일 정	CAR_007	변경된 일정이 갱신되지 않음	일정 갱신 필요

3) 시정조치 요청 및 결과보고서

일반 정보
프로젝트 명: aPMS(advanced Project Management System) 구축 프로젝트
작성자: 김관리(을병㈜/프로젝트 관리자)
작성 일자: 2006년 5월 8일 월요일
검토/승인자: 김시오(ABC㈜/CEO)

시정조치 내역					
지적사항 번호	CAR_006	대상 영역	산출물		
요청자	품질관리자	완료 요청일	2006-05-12-금		
시정조치 담당자	해당 프로세스 담당자	긴급도	상	중요도	상
시정조치 요청 내역	프로세스의 입력물 및 출력물의 관계 확인				

지적사항 번호	CAR_007	대상 영역	일정		
요청자	품질관리자	완료 요청일	2006-05-12-금		
시정조치 담당자	프로젝트 관리자	긴급도	상	중요도	상
시정조치 요청 내역	일정 갱신 필요				

시정조치 검토 및 조치 결과			
지적사항 번호	CAR_006	완료일자	2006-05-12-금
시정조치 담당자	문서 작성자	조치 결과 확인 결과	시정조치 됨
조치 결과 확인자	품질관리 담당자	조치 결과 확인 일자	2006-04-12-수
시정조치 내역	시정조치 요청 내역 조치 함		
지적사항 번호	CAR_007	완료일자	2006-05-12-금
시정조치 담당자	프로세스 작성자	조치 결과 확인 결과	시정조치 됨
조치 결과 확인자	품질관리 담당자	조치 결과 확인 일자	2006-04-12-수
시정조치 내역	시정조치 요청 내역 조치 함		

4) 위험관리대장

ID	영역	제목	내용(해결)방안	보고자	등급	P	I	PI	대응전략	식별일자	발생가능일	종료일자	현상태(일자)	조치사항	조치담당자
RISK_001	관리	투입 인력의 불안정	투입 인력의 유동성으로 인한 불안정한 프로젝트 수행		상	0.9	0.5	0.45	수용	060120	060125	060202	Close	해당 PM과 안정적 인 인력 투입 협의 중	프로젝트 관리자
RISK_002	관리	상동	투입 인력의 불안정으로 표준 프로세스 구축 지연		상	0.9	0.5	0.45	수용	060209	060222	060531	Close	야후 인력에 대해 프로세 스 및 문서 관련 교육 후 투입	프로젝트 관리자
RISK_003	관리	상동	투입 인력의 불안정으로 표준 프로세스 구축 지연		상	0.9	0.5	0.45	수용	060308	060320	060531	Close	야후 인력에 대해 프로세 스 및 문서 관련 교육 후 투입	프로젝트 관리자
RISK_004	관리	이행 주체 불분명	구축 프로세스의 이 행 주체가 불분명으로 구축 후 운영 및 보수 주체 결정		상	0.9	0.5	0.45	수용	060505	060529		Pending		관리 팀장

5) 이슈관리대장

ID	영역	제목	내용/해결방안	등급	우선순위	등록일	완료요청일	완료일	제기자	처리담당자	현 상태	조치내역
ISSUE_001	일정	분석 및 설계 단계에서 일정이 1주 지연됨	인력 투입의 불안정으로 작업이 지연됨/후속 작업들의 추가 지연이 발생하지 않도록 점검 및 확인 필요	상	상	060120	060125	060125		프로젝트관리자	Close	고객과 협의하여 전체 일정 재조정 함
ISSUE_002	일정	구축 1차 일정이 1주 지연됨	인력 투입 불안정으로 프로세스 구축 작업 지연	상	상	060209	060215	060215		프로젝트관리자	Close	고객과 협의하여 전체 일정 재조정 함
ISSUE_003	일정	구축 2차 일정이 1주 지연됨	인력 투입 불안정으로 프로세스 구축 작업 지연	상	상	060308	060313	060313		프로젝트관리자	Close	고객과 협의하여 전체 일정 재조정 함
ISSUE_004	관리	구축 프로세스 관리 방안	실제 이행 시에는 구축 프로세스를 문서화 또는 시스템화 후 결정	상	상		060508			프로젝트관리자 관리팀장	Pending	

6) 중간보고서(테스트 단계)

일반 정보
프로젝트 명: aPMS(advanced Project Management System) 구축 프로젝트
작성자: 김관리(을병㈜/프로젝트 관리자)
작성 일자: 2006년 5월 23일 화요일
검토/승인자: 김시오(ABC㈜/CEO)

프로젝트 개요
aPMS 구축 사업은 조직 내의 일관성 있는 제품 개발 프로세스를 확립함과 동시에 내/외부에서 수행되는 프로젝트들에 대한 체계적이고 일관성 있는 관리를 수행할 수 있는 기반을 마련하는 것이다.

수행 업무 요약	
aPMS 구축 사업에서의 테스트 단계는 구축된 시스템에 대해서 현업에 현실적으로 적용 가능한 상태인지를 점검하는 단계며 이 단계에서는 사용자 그룹이 구축 산출물들을 충분히 검토하고, 필요할 경우 보완하여 시스템에 대한 품질을 보증하는 것이다.	
활 동	**설 명**
프로세스 검토	- 프로젝트 관리자는 작성된 프로젝트 산출물인 프로세스(절차서, 가이드, 양식, 템플릿 등)를 검토 담당자들인 사용자 그룹과 같이 검토함
품질검토 및 시정조치 요청	- 준비된 품질관리 체크리스트를 근거로 품질관리 담당자는 현재 진행되고 있는 업무들(진행 상황, 작업 산출물 등)에 대한 품질검토를 실시함 - 산출물의 부적합 사항이 1건, 일정 관련 부적합 사항이 1건 발생하여 해당 부분 담당자에게 시정조치를 요청함
지적사항 보완	- 담당자는 지적된 산출물 부적합 및 일정 부적합 사항들을 보완 또는 대응 방안을 기록하여 품질관리 담당자에게 제출함 - 지적사항을 보완하는 담당자의 외부 프로젝트 업무 수행으로 인하여 지적사항 보완 작업이 <u>1주일 연장됨</u> - 지적사항 보완 완료 후 품질관리 담당자에게 보완 완료를 알림
프로세스 승인	- 사용자 그룹은 구축된 프로세스에 대해 현업에 적용해도 좋다는 승인을 결정함
시정조치 확인	- 품질관리 담당자는 요청된 시정조치 항목들이 조치되었는지를 확인하고 프로젝트 관리자에게 시정조치 결과보고서를 통해 시정조치 요청 항목들이 조치되었음을 알림
위험 및 이슈 관리 대장 Update	- <u>위험 1건 open, pending</u> (이행 주체의 불분명 예상), <u>이슈 1건 open,</u> pending (작성 프로세스의 관리 방안: 출력, 시스템화?)
중간보고서 작성	- 테스트 단계에 대한 작업 현황을 최고 경영자에게 보고하기 위해 작업에 대한 일정, 산출물, 투입 인력 등에 대한 계획 대비 실적 등과 같은 진척 정보들을 정리하여 중간보고서를 작성함
중간보고	3 - 작성된 중간보고서를 최고 경영자 및 관련자들에게 보고함

프로젝트 진척						
구분 ＼ 단계	분석 및 설계	구축 1	구축 2	테스트	이 행	최 종
계획 누계	20	40	60	80		
실적 누계	19	36	52	67		
달성률(%)	100%	100%	100%	84%		

※ 프로젝트 시작부터 테스트까지 4개월 동안 매달 1주씩 지연되어 프로젝트 기간 중 총 4주 (1개월) 지연

투입 인력 현황								
소 속	역 할	담당자	구 분	분석 및 설계	구 축	테스트	이 행	합 계
ABC	프로세스 구축 담당자1	김구축	계 획	0	2	0.5		2.5
			실 적	0	2.5	0.75		3.25
	프로세스 구축 담당자1	이구축	계 획	0	2	0.5		2.5
			실 적	0	2.5	0.75		3.25
	※ 일정이 한 달 연장되어 투입 인력 실적이 증가됨					ABC 총합	계 획	5
							실 적	6.5

	프로젝트 관리자 (컨설턴트)	김관리	계 획	1	2	1		4
을 병			실 적	1.25	2.5	1.25		5
	컨설턴트	박지원	계 획	0.5	0.5	0.5		1.5
			실 적	0.75	1.0	0.75		2.5
	※ 일정이 한 달 연장되어 투입 인력 실적이 증가됨					을병 총합	계 획	5.5
							실 적	7.5

	전체 총합	계 획	10.5
		실 적	14.0

위험 및 이슈 현황														
구분 ＼ 단계	분석 및 설계			구축 1			구축 2			테스트			이 행		
	O	C	P	O	C	P	O	C	P	O	C	P	O	C	P
이 슈	1		1	1	2		1	1		1		1			
위 험	1		1	1	2		1	1		1		1			

※ O: Open, C: Close, P: Pending

품질검토 현황					
구분 \ 단계	분석 및 설계	구축 1	구축 2	테스트	이 행
부적합/누계	–	2/2	3/5	2/7	–
시정조치 요청/누계	–	2/2	3/5	2/7	–
시정조치 확인/누계	–	2/2	3/5	2/7	–

교육 현황

향후 계획

요청 사항

08 | 이 행

1. 목 적

구축되고 검토된 산출물들을 현업에 적용 시험을 하는 단계다. 이 단계에서는 검토된 산출물들이 현업에 일부 적용되었을 때 발생되는 긍정/부정적인 요소들을 분석하여 프로젝트 종료 후 구축 산출물들이 현업에 전면적으로 적용되면서 발생할 수도 있는 문제점들을 미리 파악하여 보완하는 데 그 목적이 있다.

2. 기 간

1 개월

3. 수행 내역(WBS 기준)

ID	활동 계획	기간	R&R	산출물	기 간	산출물	수행 활동
		계 획			실 적		
1.5.1	현업 적용	15	프로젝트 관리자, 외부 컨설턴트	–	계획과 동일	계획과 동일	– 프로젝트 관리자와 외부 컨설턴트는 구축된 프로젝트 산출물을 현업에 적용하기 위해 정해진 몇 개의 프로젝트를 대상으로 교육 및 지원하는 활동을 일정 기간 수행함
1.5.2	현업 적용 데이터 수집	10	프로젝트 관리자	현업 적용 결과서	계획과 동일	계획과 동일	– 프로젝트에 적용하면서 관련된 데이터들을 수집함
1.5.3	향후관리 방안 제시	5	외부 컨설턴트	유지 보수 방안	계획과 동일	계획과 동일	– 외부 컨설턴트와 프로젝트 종료 후 이 프로젝트에서 구축된 산출물이 어떻게 관리되어야 하는지에 대한 방안을 논의하고 관련자들과 검토 후 승인 받음
1.5.4	위험 및 이슈 관리 대장 Update	1	프로젝트 관리자	위험 및 이슈 관리 대장	계획과 동일	계획과 동일	– 위험 2건 close(투입 인력의 불안정, 이행 주체의 불분명 예상), 이슈 1건 close(일정 지연 인정), 1건 close(작성 프로세스의 관리 방안: 출력, 시스템화? → 초기 6개월간 manual로 내재화 지원하며 시스템 구축, 향후 6개월 이후부터는 시스템으로 적용)
1.5.5	프로젝트 종료 작업	5	프로젝트 관리자, 외부 컨설턴트	Lessons Learned, 진척 관리	계획과 동일	계획과 동일	– 프로젝트 관련자들은 프로젝트 종료 체크리스트를 활용하여 프로젝트 종료를 준비함 – 프로젝트를 수행하면서 얻어진 경험들에 대해 향후 유사한 상황 발생 시 해결책을 도출하는 데 활동될 수 있도록 기록 관리함
1.5.6	프로젝트 종료 보고서 작성	2	프로젝트 관리자	프로젝트 수행 평가보고서	계획과 동일	계획과 동일	– 프로젝트의 종료 및 프로젝트 최종 현황 정보를 보고하기 위해 프로젝트 종료보고서를 작성함
1.5.7	프로젝트 종료 보고	0	프로젝트 관리자	–	계획과 동일	계획과 동일	– 프로젝트의 최종 현황을 최고 경영자에게 보고함 – 프로젝트 구성원들 해단식 후 회식

4. 관련 산출물

1) 현업 적용 결과서

일반 정보
프로젝트 명: aPMS(advanced Project Management System) 구축 프로젝트
작성자: 김관리(을병㈜/프로젝트 관리자)
작성 일자: 2006년 6월 9일 금요일
검토/승인자: 김시오(ABC㈜/CEO)

목 적
이 문서는 aPMS를 구축한 후 전사 적용 전에 일부 팀에 적용하고 그 결과를 분석하여 전사 적용 여부를 판단하기 위한 적용 데이터의 수집과 결과 분석을 위해 작성된다.

적용 대상/범위
현업 적용은 구축된 aPMS를 선정된 특정 팀에 적용하는 것을 의미하여 따라서 적용의 대상과 범위는 aPMS가 적용되는 팀과 그 팀이 구축된 프로세스 기반하에 활동하는 행동들로 한다.

역할과 책임	
역 할	책 임
CEO	– 프로젝트 관리자로부터 구축 시스템의 현업 적용에 대한 결과를 보고받는다.
사업 총괄자	– 프로젝트 관리자로부터 구축 시스템의 현업 적용에 대한 결과를 보고받는다.
프로젝트 관리자	– 프로젝트 관리자는 구축된 aPMS를 선정된 특정 팀에 적용하여 프로세스별 또는 프로세스 간 이상이 없는지를 검토하고 결과를 정리하여 사업 총괄자와 CEO에게 보고한다.

절 차
1. aPMS 구축 완료 확인
2. 적용 대상 팀 선정
3. 적용(프로젝트 수행 시 적용 프로세스 선택 후 관련 계획 및 산출물 작성)
4. 대상 팀으로부터 다양한 feedback을 받아 분류 및 분석
5. 부정적인 요인들에 대한 대응 방안 마련
6. aPMS 보완
7. 현업 적용 활동 종료

적용 결과
1. 문제점
1) 용어 통일이 안 된 부분이 일부 발견됨
2) 프로세스 간 인터페이스가 부정확한 부분이 있음
3) 문서 양식은 존재하지 않으나 문서 이름이 언급되어 있는 경우가 있음
4) 문서 ID가 너무 김
2. 개선점
1) 문서보다는 온라인으로 시스템화 되어 있으면 더 좋겠음

최종 평가
1. 작성자: 프로젝트 관리자
2. 총평: 문제점들은 보완하였으며, 전사 적용이 가능하다고 판단되고, 향후 온라인 시스템   화의 적극적인 검토가 필요함

2) 유지 보수 방안

일반 정보
프로젝트 명: aPMS(advanced Project Management System) 구축 프로젝트
작성자: 김관리(을병㈜/프로젝트 관리자)
작성 일자: 2006년 5월 29일 월요일
검토/승인자: 김시오(ABC㈜/CEO)

목 적
이 문서는 aPMS 구축 프로젝트가 성공적으로 완료 된 후, 시스템이 적극적이고 지속적 으로 활용될 수 있도록 유지 관리하기 위하여, 일정 기간 동안 유지 보수 지원을 받아야 하는 부분들에 대한 활동 계획을 기술하는 데 그 목적이 있다.

범 위
이 문서에 기술된 내용은 구축된 aPMS 시스템을 그 대상으로 한다.

역할과 책임	
역 할	책 임
CEO	- 프로젝트 관리자로부터 프로젝트 유지 보수 방안을 보고받는다.
사업 총괄자	- 프로젝트 관리자로부터 프로젝트 유지 보수 방안을 보고받고 평가한다. - aPMS 프로젝트 종료 후 aPMS를 지속적으로 관리할 담당자를 선임한다.
프로젝트 관리자	- 프로젝트 유지 보수 계약을 근거로 유지 보수 방안을 작성하여 사업 총괄자와 CEO에게 보고한다. - 유지 보수 담당자와의 미팅을 통해 향후 지원 방안들에 대해 구체적으로 논의한다.

유지 보수 방안
1. 대상: aPMS 시스템
2. 기간: 프로젝트 종료 후 1년(2006-07-01~2007-06-30)
3. 지원 방안
1) 지원 담당: 현 프로젝트 관리자
2) 지원 범위
① 1년간 무상
- 구축된 aPMS 내 로세스 정의서, 지침서, 양식 및 템플릿 등에 대한 하자 보수
- 매달 마지막 주 목요일 방문, 하자 여부 체크 및 유지 보수보고서 작성 제출.
② 상시 유상: 프로세스 추가 또는 aPMS 의 구조 변경

3) 위험관리대장

ID	영역	제목	내용/해결방안	보고자	등급	P	I	PI	대응전략	식별일자	발생가능일	종료일자	현 상태 (일자)	조치사항	조치담당자
RISK_001	관리	투입인력의 불안정	투입 인력의 유동성으로 인한 불안정한 프로젝트 수행		상	0.9	0.5	0.45	수용	060120	060125	060202	Close	해당 PM과 안정적인 인력 투입 협의 중	프로젝트 관리자
RISK_002	관리	상동	투입 인력의 불안정으로 표준 프로세스 구축 지연		상	0.9	0.5	0.45	수용	060209	060222	060531	Close	유휴 인력에 대해 프로세스 및 문서 관련 교육 후 투입	프로젝트 관리자
RISK_003	관리	상동	투입 인력의 불안정으로 표준 프로세스 구축 지연		상	0.9	0.5	0.45	수용	060308	060320	060531	Close	유휴 인력에 대해 프로세스 및 문서 관련 교육 후 투입	프로젝트 관리자
RISK_004	관리	이행주체 불분명	구축 프로세스의 이행 주체가 불분명 운영 및 구축 후 유지 보수 주체 결정		상	0.9	0.5	0.45	수용	060505	060529	060517	Close	관리 팀을 이행관리 주체로 하여 내/외부 모든 프로젝트를 통제하게 함	관리 팀장

4) 이슈관리대장

ID	영역	제 목	내용/해결방안	등급	우선순위	등록일	완료요청일	완료일	제기자	처리담당자	현 상태	조치내역
ISSUE_001	일정	분석 및 설계 단계에서 일정이 1주 지연됨	인력 투입의 불안정으로 작업이 지연됨/후속 작업들이 추가 지연되지 않도록 점검 및 확인 필요	상	상	060120	060125	060125		프로젝트 관리자	Close	고객과 협의하여 전체 일정 재조정 함
ISSUE_002	일정	구축 1차 일정이 1주 지연됨	인력 투입 불안정으로 프로세스 구축 작업 지연	상	상	060209	060215	060215		프로젝트 관리자	Close	고객과 협의하여 전체 일정 재조정 함
ISSUE_003	일정	구축 2차 일정이 1주 지연됨	인력 투입 불안정으로 프로세스 구축 작업 지연	상	상	060308	060313	060313		프로젝트 관리자	Close	고객과 협의하여 전체 일정 재조정 함
ISSUE_004	관리	구축 프로세스 관리 방안	실제 이행 시에는 구축 프로세스를 문서화 또는 시스템화 협의 후 결정	상	상	060505	060508	060517		프로젝트 관리자/관리팀장	Close	초기 6개월간 manual로 내재화 지원하며 시스템 구축, 향후 6개월 이후부터는 시스템으로 적용

5) 최종 보고(이행)

일반 정보
프로젝트 명: aPMS(advanced Project Management System) 구축 프로젝트
작성자: 김관리(을병㈜/프로젝트 관리자)
작성 일자: 2006년 6월 26일 월요일
검토/승인자: 김시오(ABC㈜/CEO)

프로젝트 개요
aPMS 구축 사업은 조직 내의 일관성 있는 제품 개발 프로세스를 확립함과 동시에 내/외부에서 수행되는 프로젝트들에 대한 체계적이고 일관성 있는 관리를 수행할 수 있는 기반을 마련하는 것이다.

수행 업무 요약	
aPMS 구축 사업에서의 이행 단계는 구축되고 검토된 산출물들을 현업에 적용 시험을 하는 단계다. 이 단계에서는 검토된 산출물들이 현업에 일부 적용되었을 때 발생되는 긍정/부정적인 요소들을 분석하여 프로젝트 종료 후 구축 산출물들이 현업에 전면적으로 적용되면서 발생할 수 도 있는 문제점들을 미리 파악하여 보완하는 데 그 목적이 있다.	
활 동	**설 명**
현업 적용	– 프로젝트 관리자와 외부 컨설턴트는 구축된 프로젝트 산출물을 현업에 적용하기 위해 정해진 몇 개의 프로젝트를 대상으로 교육 및 지원하는 활동을 일정 기간 수행함
현업 적용 데이터 수집	– 프로젝트에 적용하면서 관련된 데이터들을 수집함
향후관리 방안 제시	– 외부 컨설턴트와 프로젝트 종료 후 이 프로젝트에서 구축된 산출물이 어떻게 관리되어야 하는지에 대한 방안을 논의하고 관련자들과 검토 후 승인 받음
위험 및 이슈 관리 대장 Update	– 위험 1건 close (이행 주체의 불분명 예상), 이슈 1건 close (작성 프로세스의 관리 방안: 출력, 시스템화? → 초기 6개월간 manual로 내재화 지원하며 시스템 구축, 향후 6개월 이후부터는 시스템으로 적용)
프로젝트 종료작업	– 프로젝트 관련자들은 프로젝트 종료 체크리스트를 활용하여 프로젝트 종료를 준비함 – 프로젝트를 수행하면서 얻어진 경험들에 대해 향후 유사한 상황 발생 시 해결책을 도출하는 데 활동될 수 있도록 기록 관리함
프로젝트 종료 보고서 작성	– 프로젝트의 종료 및 프로젝트 최종 현황 정보를 보고하기 위해 프로젝트 종료보고서를 작성함
프로젝트 종료보고	– 프로젝트의 최종 현황을 최고 경영자에게 보고함 – 프로젝트 구성원들 해단식 후 회식

프로젝트 진척						
구분＼단계	분석 및 설계	구축 1	구축 2	테스트	이 행	최 종
계획 누계	20	40	60	80	100	100
실적 누계	19	36	52	67	83	100
달성률(%)	100%	100%	100%	100%	100%	100%

※ 프로젝트 시작부터 테스트까지 4개월 동안 매달 1주씩 지연되어 프로젝트 기간 중 총 4주
  (1개월) 지연

투입 인력 현황								
소속	역할	담당자	구분	분석 및 설계	구축	테스트	이행	합계
ABC	프로세스 구축 담당자1	김구축	계획	0	2	0.5	0.5	3
			실적	0	2.5	0.75	0.5	3.75
	프로세스 구축 담당자1	이구축	계획	0	2	0.5	0.5	3
			실적	0	2.5	0.75	0.5	3.75
	※ 일정이 한 달 연장되어 투입 인력 실적이 증가됨					ABC 총합	계획	6
							실적	7.5
을병	프로젝트 관리자 (컨설턴트)	김관리	계획	1	2	1	1	5
			실적	1.25	2.5	1.25	1	6
	컨설턴트	박지원	계획	0.5	0.5	0.5	0.5	2
			실적	0.75	1.0	0.75	0.5	3
	※ 일정이 한 달 연장되어 투입 인력 실적이 증가됨					을병 총합	계획	7
							실적	9
						전체 총합	계획	13
							실적	16.5

위험 및 이슈 현황															
구분＼단계	분석 및 설계			구축 1			구축 2			테스트			이 행		
	O	C	P	O	C	P	O	C	P	O	C	P	O	C	P
이슈	1		1	1	2		1	1		1		1		1	0
위험	1		1	1	2		1	1		1		1		1	0

※ O: Open, C: Close, P: Pending

품질검토 현황					
구 분 단 계	분석 및 설계	구축 1	구축 2	테스트	이 행
부적합/누계	–	2/2	3/5	2/7	–
시정조치 요청/누계	–	2/2	3/5	2/7	–
시정조치 확인/누계	–	2/2	3/5	2/7	–

교육 현황

향후 계획

요청 사항

6) Lessons Learned

※ 프로젝트 수행 평가보고서에 추가되어 있음

7) 프로젝트 수행 평가보고서

일반 정보
프로젝트 명: aPMS(advanced Project Management System) 구축 프로젝트
작성자: 김관리(을병㈜/프로젝트 관리자)
작성 일자: 2006년 6월 26일 월요일
검토/승인자: 김시오(ABC㈜/CEO)

개   요
프로젝트 수행 평가보고서는 aPMS 프로젝트를 종료하면서 경험했던 관리 영역별 습득 지식들을 기록하여 향후 유사 프로젝트를 수행하는 프로젝트 관리자들에게 도움을 주고자 작성한다.

범   위
이 문서는 aPMS 구축 프로젝트를 대상 범위로 한다.

역할과 책임	
역 할	책 임
CEO	– 프로젝트 관리자로부터 프로젝트 수행 평가보고를 받는다.
사업 총괄자	– 프로젝트 관리자로부터 프로젝트 수행 평가보고를 받는다.
프로젝트 관리자	– 프로젝트 관리자는 프로젝트를 수행하면서 여러 관리 영역들에 걸쳐 경험한 다양한 정보들을 프로젝트 수행 평가보고서에 영역별로 정리하여 향후 고객사나 자사에서 유사 프로젝트 수행 시 좋은 참고 자료가 되도록 준비한다.

프로젝트 수행 조직

1. 조직도

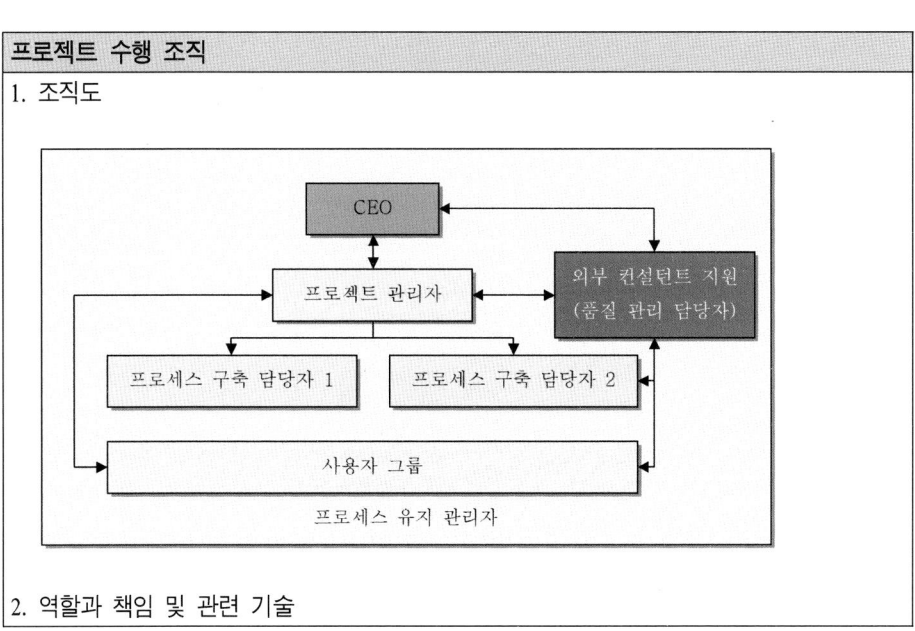

2. 역할과 책임 및 관련 기술

역 할	책 임
CEO	– 프로젝트 관리자로부터 프로젝트 현황 보고받음 – 프로젝트 구성원들과 외부 컨설턴트의 프로젝트 수행을 적극 지원
사업 총괄자	– 관리 팀장. 원활한 프로젝트 수행이 될 수 있도록 지원. 프로젝트 관리자의 counterpart.
외부 컨설턴트	– 조직의 현황을 객관적으로 진단하여 최적의 개선점을 찾아 수행계획서의 자료로 활용 – 프로세스 구축 활동 지원(교육, 문서 양식 제공, 검토 등……) – 향후 개선 방향 작성 지원 – 품질관리 업무 담당

역 할	책 임
프로젝트 관리자	- 외부 컨설턴트 - CEO의 힘을 등에 업고 프로젝트를 강력하게 추진 - 프로젝트관리 관련된 요소들에 대한 관리 책임 (일정, 품질, 비용, 인력,……등) - 프로젝트 성공을 책임
프로세스 구축 담당자	- 프로젝트 관리자와 외부 컨설턴트에 의해 결정된 사항들을 기준으로 조직에 적절할 프로세스 구축 실무 작업을 수행 - 프로세스 검토 전 사용자에게 프로세스 현황 설명
사용자 그룹	- 프로젝트 수행에 필요한 현황 및 개선점 도출 단계에서 프로젝트 관리자 및 컨설턴트에게 현황 정보를 명확히 전달 - 중간 검토 및 승인 단계에서 검토 프로세스들에 대한 객관적인 판단 - 적용되는 프로세스들에 대해 적극적으로 현업에 적용 - 개선점을 담당자(사내 프로세스 유지 관리자)에게 Feed Back

일정관리								
1. 초기 일정과 최종 일정								
단계	주요 수행 활동	구분	M	M+1	M+2	M+3	M+4	M+5
분석 및 설계	CEO 및 관련자들에 대한 인터뷰 및 관련 자료 검토로 조직 현황 파악	계획	░					
		실적	▓					
	개선 항목 도출	계획		░				
		실적	▓	▓				
	프로젝트 수행 계획 작성	계획		░				
		실적	▓	▓				
	현황 파악 내용을 중심으로 CEO에게 중간보고	계획		░				
		실적		▓				
구축	표준 프로세스 구축	계획			░	░		
		실적		▓	▓	▓		
	조직 구성원들에 대한 프로세스 교육	계획			░	░		
		실적		▓	▓	▓		
	구축된 표준 프로세스를 중심으로 CEO에게 중간보고	계획				░		
		실적				▓		
테스트	구축된 표준 프로세스를 현업과 검토	계획					░	
		실적					▓	
	보완 사항을 보완 후 관련자들에게 최종 승인	계획						░
		실적					▓	

단계	주요 수행 활동	구분	M	M + 1	M + 2	M + 3	M + 4	M + 5
이행	승인된 표준들을 사용자들에게 적용 후, 초기 데이터 수집	계획						
		실적						
	프로젝트 종료보고회 실시	계획						
		실적						
	구축된 프로젝트관리 프로세스에 대한 유지 보수 및 개선 방안 제시	계획						
		실적						

2. 일정 조정 현황

   A. 문제: 프로젝트 초기에 투입 예정 프로세스 구축 담당자의 PM들과 합의를 봤음에도 불구하고 투입 시점에 외부 사이트 파견 지원 문제로 Full time으로 작업을 할 수 없는 상황이어서 일정이 지연됨

   B. 대응: 유휴 인력에 대해 프로세스 및 문서 작성 관련 교육 수행 후 투입함

위험관리

1. 위험관리 방안

   위험관리 계획 수립 → 위험 수집 정리 → 위험 예방 및 대응 활동 → 결과 확인, 기록 → 결과 보고

2. 위험 수집 방법

   1) 프로젝트의 인도물이나 각종 기술서를 꼼꼼히 살펴보고 프로젝트에 영향을 줄 만한 요소를 찾아낸다.

   2) 작성 시에는 파악하지 못한 위험의 파악을 위해 관련 문서들을 검토한다. 예: 프로젝트 차터, WBS, 예산 계획, 인력 계획, 가정 및 제약 사항 등

   3) 유사 프로젝트에 참여했던 사람들에게 조언을 구한다.

   4) 유사 프로젝트의 자료를 참고한다.

   5) 프로젝트 초기에 핵심 이해 당사자들과 프로젝트 팀이 한자리에 모여 머리를 맞대고 위험 요인을 생각하는 시간을 갖는다.

3. 위험 대응 방안

   1) **완화(Mitigation)**: 위험이 발생함에 따라 예상되는 비용 또는 발생 가능성을 감소시키기 위한 특정 활동 계획을 수립하고 실행

   2) **회피(Avoidance)**: 일반적으로 프로젝트 전략 자체를 수정함으로써 위험의 발생원인 및 그 위협을 근본적으로 제거

   3) **단계적 확대(Escalation)**: 프로젝트 팀의 직접 통제 밖으로 위험을 옮기는 것으로 이는 상위관리자의 협조가 필요

   4) **수용(Acceptance)**: 위험이 발생할 때까지는 위험을 무시하는 것으로 위험 해결이 요구되는 시점에 해결 활동 수행

   5) **이전(Transference)**: 위험을 다른 부분으로 전환하는 것. 위험 이전이란 위험을 제거하는 것이라기보다는 다른 대상으로 전환시키는 것을 의미. 예를 들어, 문제 발생 시 프로젝트 내부 전문가가 없는 경우 프로젝트 외부 전문가를 통해 문제를 해결하는 경우를 의미.

위험관리
4. 위험관리 현황
1) 문제: 계획 시점에 적절한 인력이 투입되지 못하는 상황 발생
2) 대응: 사내의 비슷한 수준의 유휴 인력들에 대해 프로세스 및 문서 관련 교육 후 투입

품질관리

1. 품질관리 방안
   품질관리 계획 수립 → 품질검토 → (부적합 사항 발생 시) 시정조치 요청 → 시정조치
   → 시정조치 확인 → 결과 보고

2. 품질관리 수행
1) 문제: 품질검토 후 경 부적합들이 발생함
2) 대응: 시정조치 요청하고 조치 완료 후 재확인하여 품질검토 활동 종료함
3) 향후: 보다 정밀하고 다양한 품질관리 체크리스트 준비 필요

의사소통관리
1. 의사소통관리 방안   1) 의사소통 수단, 주기, 보고주체 및 대상, 시점, 내용 및 관련 문서 정의

2. 의사소통관리
   정기적인 일간, 주간, 월간 및 중간보고를 수행함으로써 의사소통 관련 문제 발생하지
   않음

고객 요구사항 관리
1. 고객 요구 사항관리

1) 초기 조직의 현황 분석을 통해 개선 계획을 작성할 때 충분한 검토 및 협의를 통해
      수행계획이 작성되어 일정에 영향을 줄 정도의 요구사항 변경이나 추가 또는 삭제
      요청은 발생하지 않음

2) 일정 범위 내에서 해결할 수 있고, 기존 요구사항의 구조 변경을 발생시키지 않은 비   교적 단순한 추가 또는 변경 요구 사항들이 발생하여 즉시 수용, 해결함

Lessons Learned	
ID	**내 용**
LL_001	일정 지연의 근본적인 원인 중의 하나인 사이트를 지원하기도 되어 있는 개발자의 적시 지원 여부에 대해서는 고객의 서비스 지원 요청이 언제 어떤 형태로 발생할지 예상할 수 없어 해당 PM으로부터 확실하게 미리 확인받아 놓아도 소용없음
LL_002	기간 연장으로 인해 프로젝트 비용이 증가하는 결과를 초래함
LL_003	이번 프로젝트와 같이 투입 인력이 유동성이 있을 가능성이 많은 경우를 대비한 좀 더 체계적이고 구체적인 프로젝트관리 방안을 검토해야 할 필요가 있음

참석자 서명		
이 름	소속/직책	서 명
김시오	ABC㈜/CEO	
김관리	을병㈜/수석컨설턴트	
박지원	을병㈜/책임컨설턴트	

04

실 프로젝트관리 Workshop
습문서 양식

Part 4

프로젝트관리 Workshop
실습문서 양식

---

01 │ 실습문서양식집의 사용 목적

본 '프로젝트관리 Workshop 실습문서양식집'(이하 '양식집'으로 기술함)은 프로젝트관리에 관한 Workshop 과정의 부교재로서 실습을 위해 작성된 문서 양식들입니다.

---

02 │ 양식집 구성

이 양식집의 내용은 크게 '양식' 부분과 '지침' 부분으로 나뉘어져 있으며 특히, '지침' 부분은 해당 '양식' 바로 다음 페이지에 추가하여 해당 '양식'을 사용하여 문서를 작성하는 데 가이드 역할을 하도록 구성하였습니다.

사용자의 편의를 위해 가능하면 '양식'은 왼쪽 면에, '지침'은 오른 면에 위치하도록 구성하였습니다.

'양식'들은 형식적으로 작성되는 부분들(개요, 목적, 목표, 등……)은 생략하여 해당 문서의 핵심이라고 판단되는 부분들만을 실습할 수 있도록 재구성을 하였습니다.

'지침'은 '프로젝트 실습 예제'에서 작성된 산출물들을 기준으로 작성이 되어 있어 실습 양식에 없는 항목들에 대한 지침들이 포함되어 있기도 합니다.

'양식'의 내용은 '프로젝트 실습 예제'에서 작성된 산출물들을 기반으로 하였으므로, '프로젝트 실습 예제'의 실제 작성 사례를 참고하시면 작성 지침만으로는 부족한 부분을 보충하실 수 있습니다.

03 │ 양식집 적용 방안

교육이 진행되면서 각 모듈별로 교육 슬라이드를 통해 이론적인 배경에 대한 설명이 선행되며, 관련 실습이 필요하고 본 '양식집'에 '양식'이 준비되어 있는 경우, 해당 내용에 대한 실습을 수행합니다.

※ 실습을 포함한 전반적인 교육 진행 방법은 교육 상황에 따라 변동될 수 있습니다.

● 산출물 연관도

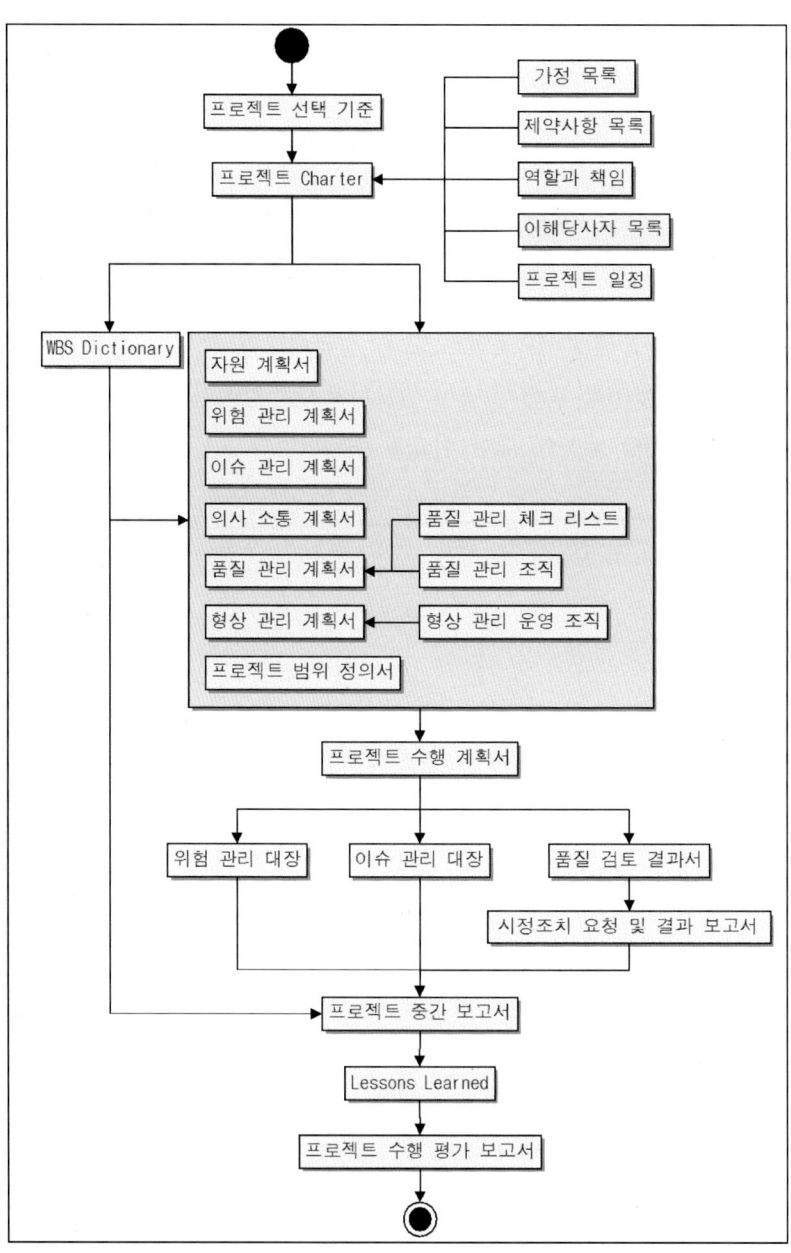

프로젝트
관리

Workshop

● 가정 목록 - 양식

구 분	가 정

[PMWS_PT_02]

● 가정 목록 - 작성 지침

구성요소 명	작성 방법
구 분	나열된 가정(Assumption) 항목들에 대한 분류 이름 (예: 일정, 비용, 품질, 인력, 관리, 요구사항, 등 ……)
가 정	프로젝트를 수행하면서 계획할 때 공식적으로 또는 묵시적으로 전제가 되었던 항목들을 나열

● 시정조치 요청 및 결과보고서 – 양식

시정조치 내역				
지적사항 번호		대상 영역		
요청자		완료 요청일		
시정조치 담당자		긴급도	중요도	
시정조치 요청 내역				

시정조치 검토 및 조치 결과			
지적사항 번호		완료일자	
시정조치 담당자		조치 결과 확인 결과	
조치 결과 확인자		조치 결과 확인 일자	
시정조치 내역			
유효성 확인	확인자	확인 일자	
	[확인 내역]		

[PMWS_PT_03]

● 시정조치 요청 및 결과보고서 - 작성 지침

구성요소 명	작성 방법
[시정조치 내역]	
지적사항 번호	시정조치 요청 항목마다 부여되는 구분 코드 (예: 'CAR' + '_' + serial 번호 3자리, CAR: Corrective Action Request)
대상 영역	시정조치를 요청하는 지적사항 분야(예: 일정, 비용, 품질, 인력, 관리, 요구사항, ……)
요청자	시정조치를 요청하는 자의 이름
완료 요청일	시정조치 완료 희망일(예: YYYY-MM-DD-요일)
시정조치 담당자	시정조치 담당자
긴급도	지적 항목의 긴급 정도(예: '상': 즉시 해결, '중': 정해진 기간 내에 해결, '하': 프로젝트 기간 내에 해결)
중요도	지적 항목의 중요 정도(예: '상': 프로젝트의 정상적인 진행에 심각하게 부정적인 영향을 줌, '중': 프로젝트 진행에는 큰 영향이 없으나 반드시 시정해야 함, '하': 프로젝트 진행과는 관련이 없고, 시정하지 않아도 좋으나 가능하면 시정하는 게 좋음)
시정조치 요청 내역	시정조치 요청 내용을 기술
[시정조치 검토 및 조치 결과]	
지적사항 번호	시정조치 요청 항목마다 부여되는 구분 코드 (예: 'CAR' + '_' + serial 번호 3자리)
완료일자	시정조치 완료일자(예: YYYY-MM-DD-요일)
시정조치 담당자	시정조치를 수행한 담당자 명
조치 결과 확인 결과	시정조치 후 시정조치 요청자에 의한 조치 결과를 확인 한 결과 기술
조치 결과 확인자	조치 결과를 확인한 사람(시정조치 요청자)
조치 결과 확인 일자	시정조치 결과를 확인한 일자(예: YYYY-MM-DD-요일)
시정조치 내역	시정조치 수행 내역을 기술. 시정조치 요청 내역과 동일하기도 하지만 시정조치를 시정조치 요청 내역과 다르게 수행한 경우도 있을 수 있음
유효성 확인	시정조치 내역이 요청자의 의도대로 적절히 조치되었는지의 여부를 확인

● 역할과 책임 – 양식

역 할	책 임

[PMWS_PT_04]

● 역할과 책임 – 작성 지침

구성요소 명	작성 방법
역 할	프로젝트에 직접 또는 간접적으로 영향을 주고받는 사람들의 역할들을 기술 (예: CEO, 프로젝트 관리자, 프로세스 구축 담당자, 품질관리 담당자, 사용자 그룹, 프로세스 유지 관리자, 등……)
책 임	각 역할에 따르는 책임과 의무 사항들을 기술

● 위험관리계획서 – 양식

역할과 책임	
역 할	책 임

절 차

활동 설명

위험 수집 방법
1.
2.
3.
4.
5.

위험 분류	
위험 분류	위험 요인

위험 우선순위	
위험 분류	위험 우선순위

※ [위험 우선순위](1: 높음, 2: 보통, 3: 낮음)

위험 발생 가능성 분석			
위험 분류	발생 가능성	영향 정도	위험 Weighting(발생 가능성 * 영향 정도)

※
[발생 가능성]
　　0.1 = 아주 낮음
　　0.3 = 낮음
　　0.5 = 보통
　　0.7 = 높음
　　0.9 = 아주 높음
[영향 정도]
　　0.9 = 영향도 높음/실패, 발생하면 프로젝트의 정상적인 완료에 크게 부정적인 요인으로 작용
　　0.5 = 영향도 보통, 발생하면 프로젝트 완료에는 지장이 없으나 관리상 문제점 발생 가능
　　0.1 = 영향도 낮음, 발생해도 큰 문제는 없으나 해결하는 게 좋음

위험 대응 전략
1.
2.
3.
4.
5.

위험 분류	위험 요인	대응 방안

[PMWS_PT_05]

● 위험관리계획서-작성 지침

구성요소 명	작성 방법
일반 정보	문서의 일반 정보 기술
목 적	위험관리계획서의 작성 목적을 기술
목 표	위험관리계획의 목표를 기술
범 위	위험관리계획서의 적용 범위를 기술
역할과 책임	위험관리와 관련된 역할들과 각 역할의 책임 내용들
절 차	위험관리 절차를 순서도 형태로 표현
활동 설명	위험관리 절차를 구성하는 각 항목에 대한 상세한 업무 처리 설명을 기술
위험 수집 방법	프로젝트에서 관리할 위험을 수집하는 여러 방법과 창구들에 대해 기술
위험 분류	위험 요인들을 기술하고 관련된 위험들을 모아 분류명에 따라 분류함 (위험 분류 예:관리, 개발, 범위, 비용, 일정, 성능, 품질 등)
위험 우선순위	위험의 분류별 처리 우선순위를 계획한다. (처리 우선순위 예: '1': 높음, '2': 보통, '3': 낮음)
위험 발생 가능성 분석	위험의 분류별 발생 가능성, 영향 정보, 위험 Weighting 정보를 기술 (발생 가능성 예: 0.1 = 아주 낮음, 0.3 = 낮음, 0.5 = 보통, 0.7 = 높음, 0.9 = 아주 높음 영향 정도 예: 0.9 = 영향도 높음/실패, 발생하면 프로젝트의 정상적인 완료에 크게 부정적인 요인으로 작용 0.5 = 영향도 보통, 발생하면 프로젝트 완료에는 지장이 없으나 관리상 문제점 발생 가능 0.1 = 영향도 낮음, 발생해도 큰 문제는 없으나 해결하는 게 좋음)
위험 대응 전략	구분될 위험을 어떻게 대응할 것인지를 판단하기 위해 대응 전략을 미리 정의해 놓음 (대응 전략 예: **완화(Mitigation)**: 리스크가 발생함에 따라 예상되는 비용 또는 발생 가능성을 감소시키기 위한 특정 활동 계획을 수립하고 실행, **회피(Avoidance)**: 일반적으로 프로젝트 전략 자체를 수정함으로써 리스크의 발생원인 및 그 위협을 근본적으로 제거, **단계적 확대(Escalation)**: 프로젝트 팀의 직접 통제 밖으로 리스크를 옮기는 것으로 이는 상위관리자의 협조가 필요, **수용(Acceptance)**: 리스크가 발생할 때까지는 리스크를 무시하는 것으로 리스크 해결이 요구되는 시점에 해결 활동 수행, **이전(Transference)**: 리스크를 다른 부분으로 전환하는 것. 리스크 이전이란 리스크를 제거하는 것이라기보다는 다른 리스크로 전환시키는 것을 의미. 예를 들어, 문제 발생 시 프로젝트 내부 전문가가 없는 경우 프로젝트 외부 전문가를 통해 문제를 해결하는 경우를 의미)
대응 방안	위험 분류별 일반적인 대응 방안을 기술

● 위험관리대장 – 양식

ID	영역	제목	내용/ 해결방안	보고자	등급	P	I	PI	대응 전략	식별 일자	발생가 능일	종료 일자	현 상태 (일자)	조치 사항	조치담 당자

[PMWS_PT_06]

● 위험관리대장 – 작성 지침

구성요소 명	작성 방법
ID	위험 요소 구분자(예: 'RISK'+'_'+serial 3자리
영 역	위험관리 영역(예: 일정, 비용, 품질, 인력, 관리, 요구사항, ……)
제 목	위험 요소 제목을 기술
내용/해결방안	위험 요소에 대한 상세 내용을 기술한다.
보고자	위험을 제기한 사람 이름을 기술
등 급	중요도 기술(예: '상', '중', '하')
P	발생 가능성 기술(예: 0.1=아주 낮음, 0.3=낮음, 0.5=보통, 0.7=높음, 0.9=아주 높음)
I	영향도 기술 (0.9=영향도 높음/실패, 발생하면 프로젝트의 정상적인 완료에 크게 부정적인 요인으로 작용 0.5=영향도 보통, 발생하면 프로젝트 완료에는 지장이 없으나 관리상 문제점 발생 가능 0.1=영향도 낮음, 발생해도 큰 문제는 없으나 해결하는 게 좋음)
PI	P와 I를 곱해 위험 요소에 대한 weighting을 한다.
대응 전략	위험 요소에 대해 위험관리 계획에 언급된 대응 전략 중 적절한 항목을 선택하여 기술
식별 일자	위험 요소가 발견된 일자 기술 (예: YYMMDD)
발생 가능일	위험이 발생한 가능성이 있는 일자 기술(예: YYMMDD)
종료 일자	위험 발생 가능성이 없어졌거나 위험이 발생하여 위험으로서의 의미가 없게 된 일자 기술(예: YYMMDD)
현 상태	위험의 상태를 기술(예: Open, Pending, Close)
조치 사항	위험 대응을 위한 수행 활동 기술
조치 담당자	위험 대응을 위한 수행 활동 담당자 이름 기술

● 이슈관리계획서 – 양식

역할과 책임	
역 할	책 임

절 차

활동 설명

이슈 수집 방법

처리 우선순위

[PMWS_PT_07]

● 이슈관리계획서 - 작성 지침

구성요소 명	작성 방법
일반 정보	문서의 일반 정보 기술
목 적	이슈관리계획서의 작성 목적을 기술
목 표	이슈관리 계획의 목표를 기술
범 위	이슈관리계획서의 적용 범위를 기술
역할과 책임	이슈관리와 관련된 역할들과 각 역할의 책임 내용들
절 차	이슈관리 절차를 순서도 형태로 표현
활동 설명	이슈관리 절차를 구성하는 각 항목에 대한 상세한 업무 처리 설명을 기술
이슈 수집 방법	프로젝트에서 관리할 위험을 수집하는 여러 방법과 창구들에 대해 기술
등 급	접수된 이슈의 중요 정도를 정의함(예: '상': 중요/즉시 해결 필요, '중': 보통/정해진 기간 내 해결, '하': 낮음/프로젝트 기간 내 해결)
처리 우선순위	접수된 이슈의 처리 우선순위를 정의함(예: '상': 높음, '중': 보통, '하': 낮음)

● 이슈관리대장 – 양식

ID	영역	제목	내용/해결방안	등급	우선순위	등록일	완료요청일	완료일	제기자	처리담당자	현 상태	조치내역

[PMWS_PT_08]

● 이슈관리대장 - 작성 지침

구성요소 명	작성 방법
ID	이슈 항목 구분자(예: 'ISSUE' + '_' + serial 3자리
영 역	이슈관리 영역(예: 일정, 비용, 품질, 인력, 관리, 요구사항, ……)
제 목	이슈 항목 제목을 기술
내용/해결방안	이슈 항목에 대한 상세 내용을 기술
등 급	이슈 중요도(예: '상': 중요, '중': 보통, '하': 낮음)
우선순위	이슈의 처리 우선순위 기술(예: '상': 높음, '중': 보통, '하': 낮음)
등록일	이슈 항목이 발견된 일자 기술(예: YYMMDD)
완료 요청일	이슈 항목의 처리 완료 희망일(예: YYMMDD)
완료일	이슈 항목의 처리 완료일(예: YYMMDD)
제기자	이슈를 제기한 사람 이름을 기술
처리 담당자	이슈 처리를 위한 수행 활동 담당자 이름 기술
현 상태	이슈의 상태를 기술(예: Open, Pending, Close)
조치 내역	이슈 처리를 위한 수행 활동 기술

● 이해 당사자 목록 – 양식

구 분	이해 당사자

[PMWS_PT_09]

● 이해 당사자 목록 – 작성 지침

구성요소 명	작성 방법
구 분	이해 당사자들을 적절히 분류하는 분류 명(예: 프로젝트 내부, 조직 내부, 조직 외부)
이해 당사자	분류에 적절한 이해 당사자들을 역할 명으로 나열

● 의사소통계획서 – 양식

의사소통 계획						
구 분	주 기	보고자	보고대상	시 점	내 용	산출물

※ 장소는 프로젝트실의 대회의실

[PMWS_PT_10]

● 의사소통계획서 - 작성 지침

구성요소 명	작성 방법
구 분	프로젝트 내의 의사소통 방법들을 기술(예: 회의, 보고, ……)
주 기	의사소통 방법들의 수행 주기를 기술(예: 회수, 매주, 매월, ……)
보고자	의사소통 방법에 대한 활동 주체자
보고 대상	의사소통 방법에 대한 활동 결과를 보고받는 대상들 기술
시 점	의사소통 방법 발생 시점 기술
내 용	의사소통 방법에 대한 설명 기술
산출물	의사소통 방법에 대한 활동 수행 결과 생성되는 산출물 기술(예: 프로젝트 수행계획서, 주간 업무보고서, 월간 업무보고서, 등……)

● 자원계획서 - 양식

소 속	역 할	담당자	구 분	분석 및 설계	구 축	테스트	이 행	합 계
ABC			계 획					
			계 획					
			계 획					
			계 획					
			계 획					
			계 획					
						ABC 총합	계 획	

			계 획					
을 병			계 획					
			계 획					
			계 획					
			계 획					
			계 획					
						을병 총합	계 획	

						전체 총합	계 획	

[PMWS_PT_11]
[PMWS_PT_19] 프로젝트 수행계획서에 포함

● 자원계획서 - 작성 지침

구성요소 명	작성 방법
소 속	역할자 소속회사 명 기술
역 할	프로젝트 팀 구성원으로서 담당하는 역할 기술
담당자	역할을 맡은 담당자 이름 기술
구 분	계획(프로젝트가 진행 중일 때는 역할자별 계획과 실적으로 관리)
단 계	프로젝트 수행을 위한 정의된 마일스톤(분석 및 설계, 구축, 테스트, 이행)
(회사별) 총합	회사별 총 투입 인력 합(단위: Man Month)
전체 총합	프로젝트에 투입되는 전체 인력(단위: Man Month)

● 제약 사항 목록 - 양식

구 분	제약 사항

[PMWS_PT_12]

● 제약 사항 목록-작성 지침

구성요소 명	작성 방법
구 분	나열된 제약 사항(Constraint) 항목들에 대한 분류 이름 (예: 일정, 비용, 품질, 인력, 관리, 작업 환경, 요구사항, ……)
제약 사항	프로젝트 수행 시 프로젝트 진행에 부정적인 영향을 줄 수 있는 프로젝트 속성들에 대한 내용을 기술

● 품질검토 결과서 - 양식

역할과 책임	
역 할	책 임

일 정
1. 품질검토 준비:
2. 품질검토 실시:
3. 품질검토 보고서 작성 및 보고:

검토 대상
5.
6.
7.
8.

제약 사항
1. 구축된 1, 2차 표준 프로세스를 중심으로 검토함

검토 결과			
구 분	ID	검토 결과	시정조치 요청 내역

[PMWS_PT_13]

●품질검토 결과서-작성 지침

구성요소 명	작성 방법
일반 정보	문서의 일반 정보 기술
개　요	프로젝트 개요 기술
역할과 책임	품질검토와 관련된 역할들과 각 역할의 책임 내용들
검토 방법	품질검토 방법 기술
일　정	단계별 품질검토 일정 기술
검토 대상	품질검토 대상 기술(예: 문서 양식, 표준 프로세스 및 관련 산출물(지침, 양식, 템플릿 등), 일반 산출물, 일정)
제약 사항	품질검토 시의 제약 사항을 기술
검토 결과	품질검토 결과 기록(구분: 검토 대상별로 작성, ID: 시정조치 항목 발생 시 부여(예: 'CAR' + '_' + serial 번호 3자리, CAR: Corrective Action Request), 검토결과: 시정조치 항목 설명, 시정조치 요청 내역: 시정조치 요청 내용 기술)

● 품질관리계획서 - 양식

역할과 책임	
역 할	책 임

절 차

활동 설명

단계별 품질관리 활동					
단 계	활 동	시 점	대 상	승인 조건	산출물

[PMWS_PT_14]

● 품질관리계획서 - 작성 지침

구성요소 명	작성 방법
일반 정보	문서의 일반 정보 기술
목 적	품질관리계획서의 작성 목적을 기술
목 표	품질관리 계획의 목표를 기술
범 위	품질관리계획서의 적용 범위를 기술
역할과 책임	품질관리와 관련된 역할들과 각 역할의 책임 내용들
절 차	품질관리 절차를 순서도 형태로 표현
활동 설명	품질관리 절차를 구성하는 각 항목에 대한 상세한 업무 처리 설명을 기술
단계별 품질 관리 활동	프로젝트의 단계별로 수행되는 품질 활동 정보 기술 (예: 단계, 활동, 시점, 대상, 승인 조건, 산출물 등)

● 품질관리 조직 예 - 양식

품질관리 조직	

[PMWS_PT_15]

●품질관리 조직 예-작성 지침

구성요소 명	작성 방법
품질관리 조직	조직 내의 제품이나 서비스에 대한 품질의 유지, 개선 및 향상을 위해 해당 조직에 지속적으로 품질관리를 하는 관리 체계를 도식화 예: 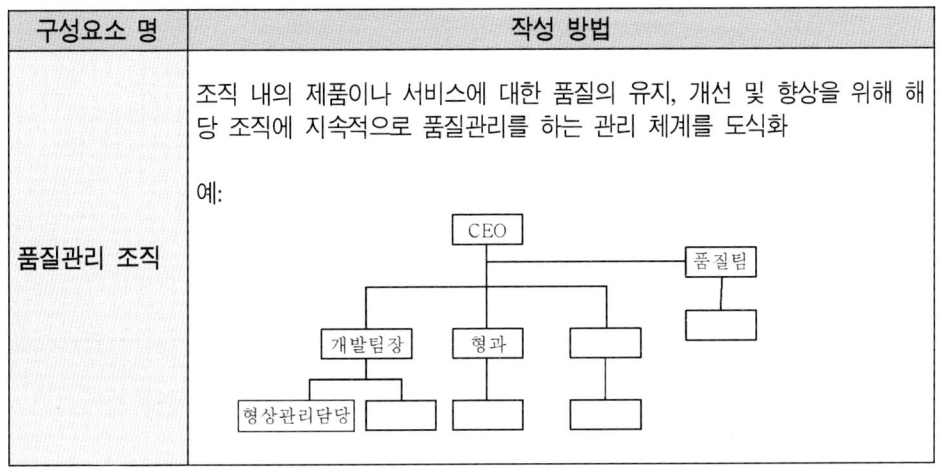

● 품질관리 체크리스트 - 양식

구 분	체크 기준	준수 여부
공 통		
절차서		
일반 산출물		
일 정		

[PMWS_PT_16]

● 품질관리 체크리스트 - 작성 지침

구성요소 명	작성 방법
구 분	품질 체크 대상 구분(예: 공통, 절차서, 일반산출물, 일정, ……등)
체크 기준	각 품질 체크 대상에 따라 어떤 기준으로 품질 적합 여부를 판단할 건지에 대한 판단 기준을 서술
준수 여부	'○': 적합 (품질 체크 대상이 품질 체크 항목을 전부 만족함) '△': <u>경 부적합</u> (품질 체크 결과 다음 단계로 진행하는 데에는 지장이 없으나 적절한 조치가 필요함) '×': <u>부적합</u> (품질 체크 항목을 만족시키지 못해 반드시 시정조치가 완료되어야 다음 단계로 진행될 수 있음)

● 프로젝트 범위 정의서 - 양식

프로젝트 결과물
1. 시스템
2. 산출물

프로젝트 단계별 완료 기준	
단 계	완료 기준
	–
	–
	–
	–
	–
	–
	–
	–
	–
	–
	–
	–

범위 정의 시 고려 사항

[PMWS_PT_17]

● 프로젝트 범위 정의서 – 작성 지침

구성요소 명	작성 방법
일반 정보	문서의 일반 정보 기술
목 적	프로젝트 범위 정의서의 작성 목적을 기술
목 표	프로젝트 범위 정의의 목표를 기술
범 위	프로젝트 범위 정의서의 적용 범위를 기술
프로젝트 결과물	프로젝트가 완료되면 고객에게 인도되는 Output(예: 시스템, 문서, 서비스, 등……)
프로젝트 단계별 완료 기준	프로젝트를 수행하는 데 있어서 각 단계별로 완료 기준을 정의하여 단계 말 검토 후 판단하여 다음 단계로의 진행 여부를 판단하는 데 활용 단계는 프로젝트 수행관리를 위해 정의한 마일스톤을 기준으로 함(분석 및 설계, 구축, 테스트, 이행)
범위 정의 시 고려 사항	프로젝트 수행 범위를 위해 고려 및 주의해야 할 사항들을 기술

● 프로젝트 선택 기준 - 양식

※ 프로젝트 평가 기법 중 Decision Tree Analysis 기법 실습

Decision Definition	Decision Node	Chance Node	확률 (%)	매출 이익	EMV

[PMWS_PT_18]

● 프로젝트 선택 기준 - 작성 지침

구성요소 명	작성 방법
Decision Definition	판단 주제
Decision Node	판단 주제를 만족 시킬 수 있는 여러 가지 경우들. 투자비용을 포함해야 함
Change Node	Decision Node의 다양한 성공 및 실패 경우들
확률(%)	Change Node의 발생 가능성
매출 이익	Change Node로 결론이 났을 경우의 이익 금액
EMV	예상 기대 값(Expected Monetary Value). =Decision Node의 투자비용+(하나의 Decision Node에 포함된 모든 Change Node들에 대한 각각의 확률×매출 이익들의 합)

● 프로젝트 수행계획서 - 양식

역할과 책임					
■ 프로젝트 참여자 정보					
역 할	설명(책임)	이 름	부 서	전화번호	e-mail

사업 추진 계획
1. 추진 목표
2. 추진 방향
3. 추진 전략
4. 추진 체계
5. 추진 일정

사업 추진 내용
3. 시스템
4. 산출물

영역별 프로젝트 수행 계획
1. 프로젝트 범위 정의서: 별도 작성
2. WBS Dictionary: 별도 작성
3. 자원계획서: 별도 작성
4. 프로젝트 일정: 별도 작성
5. 위험관리계획서: 별도 작성
6. 품질관리계획서: 별도 작성
7. 의사소통계획서: 별도 작성

이행 전략
1. 이행 방안(교육 방안 포함)
2. 유지 보수 방안
3. 확대 방안

서 명		
이 름	소속/직책	서 명

[PMWS_PT_19]

≪프로젝트 수행계획서 Sample≫

목 차

● 프로젝트 수행계획서 - 작성 지침

구성요소 명	작성 방법
일반 정보	문서의 일반 정보 기술
목 적	프로젝트 수행계획서의 작성 목적을 기술
목 표	프로젝트 수행 계획의 목표를 기술
범 위	프로젝트 수행 계획의 적용 범위를 기술(상세한 프로젝트 수행 범위 기술)
사업 추진 계획	프로젝트를 수행하기 위한 목표와 전략, 추진 조직 및 관련 일정 등을 기술
역할과 책임	프로젝트 수행 계획과 관련된 역할들과 각 역할의 책임 내용들을 기술
프로젝트 요약 정보	프로젝트에 대한 요약 정보를 기술
사업 추진 내용	프로젝트 수행 내용을 기술(예: 어떤 시스템을 만드는지, 어떤 서비스를 창출할 것인지, 어떤 프로세스를 정립하는지, 어떤 결과물이 만들어지는지 등……)
영역별 프로젝트 수행계획	프로젝트관리를 위한 각 영역별로 프로젝트를 수행하는 데 있어서 어떻게 관리를 할 것인지에 대한 계획을 작성함. 필요에 따라 각 영역별 프로젝트 수행 계획은 프로젝트 수행계획서 내에 포함이 되거나 별도로 작성될 수가 있다. (예: 프로젝트 범위 정의서, WBS Dictionary, 자원계획서, 프로젝트 일정, 위험관리계획서, 품질관리계획서, 의사소통계획서, 형상관리계획서 등)
이행 전략	프로젝트 종료 직전/후 프로젝트 인도물을 고객에게 인도하고 현업에 적용하는 것과 관련된 활동들을 기술(예: 이행 방안, 교육 방안, 유지 보수 방안, 확대 방안 등……)
서 명	프로젝트 수행 계획에 대한 검토 및 승인자 서명

● 프로젝트 수행 평가보고서 – 양식

역할과 책임	
역 할	책 임

프로젝트 수행 조직
1. 조직도
2. 역할과 책임 및 관련 기술

역 할	책 임

일정관리
1. 초기 일정과 최종 일정
2. 일정 조정 현황
1) 문제:
2) 대응:

위험관리
2. 위험관리 현황
1) 문제:
2) 대응:

품질관리
1. 품질관리 현황
1) 문제:
2) 대응:

의사소통관리
1. 의사소통관리 현황
1) 문제:
2) 대응:

고객 요구사항 관리
2. 고객 요구 사항관리
1) 문제:
2) 대응:

Lessons Learned	
ID	내 용
LL_001	
LL_002	
LL_003	

참석자 서명		
이 름	소속/직책	서 명

[PMWS_PT_20]

● 프로젝트 수행 평가보고서-작성 지침

구성요소 명	작성 방법
일반 정보	문서의 일반 정보 기술
개 요	프로젝트 수행 평가보고서의 개요 기술
범 위	프로젝트 수행 평가보고서 보고 내용의 범위를 기술
역할과 책임	프로젝트 수행 평가보고와 관련된 역할들과 각 역할의 책임 내용들
프로젝트 수행 조직	프로젝트 수행 팀의 조직 구성도 작성
역할과 책임 및 관련 기술	프로젝트에서의 역할과 각 역할의 책임들에 대한 내용 기술
일정관리	프로젝트의 계획 및 실제 수행 일정 기술
일정 조정 현황	일정 변경과 관련된 수행 활동 정보 기록
위험관리	위험관리계획 및 활동 관련 정보 기록
품질관리	품질관리 계획 및 활동 관련 정보 기록
의사소통관리	의사소통관리 활동 관련 정보 기록
고객 요구사항 관리	요구사항 관리 활동 관련 정보 기록
Lessons Learned	프로젝트를 수행하면서 얻어진 교훈들 기록
참석자 서명	프로젝트 수행 평가보고 참석자들에 대한 서명

● 프로젝트 일정 - 양식

단 계	주요 수행 활동	M	M+1	M+2	M+3	M+4

[PMWS_PT_21]

● 프로젝트 일정 – 작성 지침

구성요소 명	작성 방법
단 계	프로젝트 수행을 위해 구분된 마일스톤(예: 분석 및 설계, 구축, 테스트, 이행)
주요 수행 활동	단계별 주요 활동들을 기술
일자 구분	월 단위 진척 계획

● 프로젝트 중간보고서 - 양식

프로젝트 진척						
구분 \ 단계	분석 및 설계	구축 1	구축 2	테스트	이 행	최 종
계획 누계						
실적 누계						
차이(%)						

※ 비고:

투입 인력 현황								
소속	역 할	담당자	구분	분석 및 설계	구 축	테스트	이 행	합 계
ABC			계획					
			실적					
			계획					
			실적					
	※ 비고:					ABC 총합	계 획	
							실 적	
을병			계획					
			실적					
			계획					
			실적					
	※ 비고:					을병 총합	계 획	
							실 적	
						전체 총합	계 획	
							실 적	

위험 및 이슈 현황															
구 분 \ 단 계	분석 및 설계			구축 1			구축 2			테스트			이 행		
	O	C	P	O	C	P	O	C	P	O	C	P	O	C	P
이 슈															
위 험															

※ O: Open, P: Pending, C: Close

품질검토 현황					
구 분 단 계	분석 및 설계	구축 1	구축 2	테스트	이 행
부적합/누계					
시정조치 요청/누계					
시정조치 확인/누계					

[PMWS PT 22]

● 프로젝트 중간보고서 - 작성 지침

구성요소 명	작성 방법
일반 정보	문서의 일반 정보 기술
프로젝트 개요	프로젝트 개요 기술
수행 업무 요약	중간보고의 해당 단계에 수행한 활동들과 각 활동들에 대한 설명 기술
프로젝트 진척	중간보고 시점까지의 일정 계획 대비 실적 기록
투입 인력 현황	중간보고 시점까지의 투입 인력의 계획 대비 실적 기록
위험 및 이슈 현황	중간보고 시점까지의 위험이나 이슈들에 대한 현황 정보 기록(단계별, Open, Pending, Close 등)
품질검토 현황	중간보고 시점까지의 품질검토 결과에 대한 처리 현황 정보 기록 (부적합 개수, 시정조치 요청 개수, 시정조치 확인 개수 등)
교육 현황	중간보고 단계에서 수행한 교육 항목 및 요약 내용 기술
향후 계획	중간보고 이후 단계에 대한 계획의 요약 기록
요청 사항	프로젝트의 원활한 진행에 필요한 요청 사항들을 기술

● 프로젝트 Charter-양식

일반 정보
프로젝트 명:
작성자:
작성 일자:
검토/승인자:

목 적

프로젝트 목적

프로젝트 목표

프로젝트 범위

가 정

제약 사항

추진 조직

역할과 책임	
역 할	책 임

역할과 활동 Matrix									
역 할 프로젝트 주요 활동									

※ 범례

E:	(Responsibility for Execution) 실행 담당
A:	(Final Approval for Authority) 승인/최종 승인
C:	(Must be Consulted) 논의/컨설턴트 지원
I:	(Must be Informed) 공지

단계별 주요 활동 계획	
단 계	주요 수행 활동

체크 포인트	
단 계	평가 기준

참석자 서명		
이 름	소속/직책	서 명

[PMWS_PT_23]

● 프로젝트 Charter – 작성 지침

구성요소 명	작성 방법
일반 정보	문서의 일반 정보 기술
목 적	프로젝트 Charter의 작성 목적을 기술
프로젝트 목적	프로젝트의 수행 목적을 기술
프로젝트 목표	프로젝트의 목표를 기술
프로젝트 범위	프로젝트 수행 범위를 기술
가 정	프로젝트 수행하면서 계획할 때 공식적으로 또는 묵시적으로 전제가 되었던 항목들을 나열
제약 사항	프로젝트 수행 시 프로젝트 진행에 부정적인 영향을 줄 수 있는 프로젝트 속성들에 대한 내용을 기술
추진 조직	프로젝트 추진 조직 구성도를 작성
역할과 책임	프로젝트 추진 조직뿐만 아니라 프로젝트 밖에서 영향을 주거나 받는 이해 당사자들도 표현
역할과 활동 **Matrix**	관련된 각 역할자들과 관련된 단위 업무들이 어떤 모양으로 연관이 되어 있는지를 기술 예: <table><tr><td>**E:**</td><td>(Responsibility for Execution) 실행 담당</td></tr><tr><td>**A:**</td><td>(Final Approval for Authority) 승인/최종 승인</td></tr><tr><td>**C:**</td><td>(Must be Consulted) 논의/컨설턴트 지원</td></tr><tr><td>**I:**</td><td>(Must be Informed) 공지</td></tr></table>
단계별 주요 활동 계획	프로젝트 수행을 위해 정의된 마일스톤별로 관련된 주요 활동들을 기술
체크 포인트	프로젝트의 다음 단계로의 진행 여부를 결정하는 마일스톤별 프로젝트 평가 기준을 작성
참석자 서명	프로젝트 Charter에 대한 검토 및 승인자 서명

● 형상관리계획서 – 양식

용어 정의
1.
2.
3.
4.
5.

역할과 책임	
Role	**Responsibility**
	–
	–
	–
	–

절　차

활동 설명

형상 항목		
단 계	ID	형상 항목 명

산출물 버전 통제 방안
※ 'ID' 규칙
1.
2.
3.
※ 버전 규칙
4.
5.
6.

형상 라이브러리 관리 방안
1.
2.
3.

[PMWS_PT_24]

● 형상관리계획서-작성 지침

구성요소 명	작성 방법
일반 정보	문서의 일반 정보 기술
목 적	형상관리 계획의 작성 목적을 기술
목 표	형상관리 계획의 목표
범 위	형상관리 계획의 적용 범위
용어 정의	형상관리와 관련된 용어를 기술
역할과 책임	형상관리와 관련된 이해 당사자들의 역할과 책임들을 기술
절 차	형상관리 절차를 순서도 형태로 표현
활동 설명	형상관리 절차를 구성하는 각 항목에 대한 상세한 업무 처리 설명을 기술
형상 항목	프로젝트가 종료될 때까지 그 무결성을 보장해야 하는 형상관리 대상을 기술(문서, 시스템, 툴 등)
산출물 버전 통제 방안	버전 관리 방안을 기술
형상 라이브러리 관리 방안	형상 항목들을 집중 관리하는 형상 라이브러리에 대한 관리 방안을 기술

● 형상관리 조직운영 예- 양식

형상관리 조직	

[PMWS_PT_25]

● 형상관리 조직운영 예-작성 지침

구성요소 명	작성 방법
형상관리 조직	조직 내의 형상관리 대상들에 대한 관리를 위해 존재하는 시스템이나 조직 구성을 도식화 예: 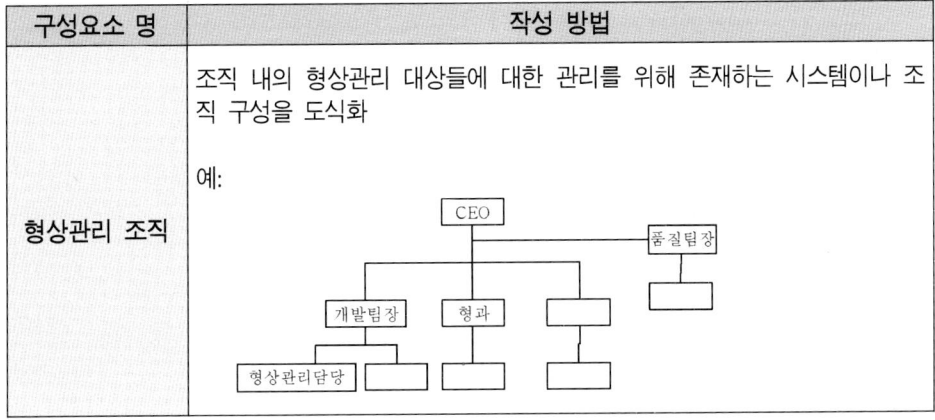

● Lessons Learned-양식

ID	내 용

[PMWS_PT_26]

● Lessons Learned – 작성 지침

구성요소 명	작성 방법
ID	Lessons Learned 구분자(예: 'LL' + '_' + serial 3자리)
내 용	Lessons Learned 내용을 기술

● WBS Dictionary - 양식

ID	이름	기간	시작날짜	완료날짜	다음 작업	작업 설명	완료 기준	자원 이름	검토자	승인자	보고 대상	산출물

ID	이름	기간	시작날짜	완료날짜	다음 작업	작업 설명	완료 기준	자원 이름	검토자	승인자	보고 대상	산출물

ID	이름	기간	시작날짜	완료날짜	다음 작업	작업 설명	완료 기준	자원 이름	검토자	승인자	보고 대상	산출물

[PMWS_PT_27]

WBS Dictionary - 작성 지침

구성요소 명	작성 방법
ID	WBS 항목 식별자
이 름	WBS 항목의 이름
기 간	WBS 항목을 수행하는 데 소요되는 기간
시작 날짜	WBS 항목을 수행하기 위한 시작 날짜
완료 날짜	WBS 항목의 수행 종료 날짜
작업 설명	WBS 항목 설명
다음 작업	이 항목이 수행되고 다음에 수행되어야 할 WBS 항목 ID 기술
완료 기준	WBS 항목에 대한 수행 완료를 판단하기 위한 기준을 기술
자원 이름	WBS 항목 수행하는 데 소요되는 자원 기술(예: 역할 명 또는 담당자 명)
검토자	WBS 항목 수행을 검토하는 역할 명 또는 담당자 명 기술
승인자	WBS 항목 수행의 승인을 하는 역할 명 또는 담당자 명 기술
보고 대상	WBS 항목 수행 완료 후 관련 정보를 보고하는 보고 대상자 역할 명 또는 담당자 명 기술
산출물	WBS 항목 수행 후 생성되는 output 명 기술(문서, 시스템, 서비스 등……)

-문서 끝-

05

참 프로젝트관리 Workshop
고자료

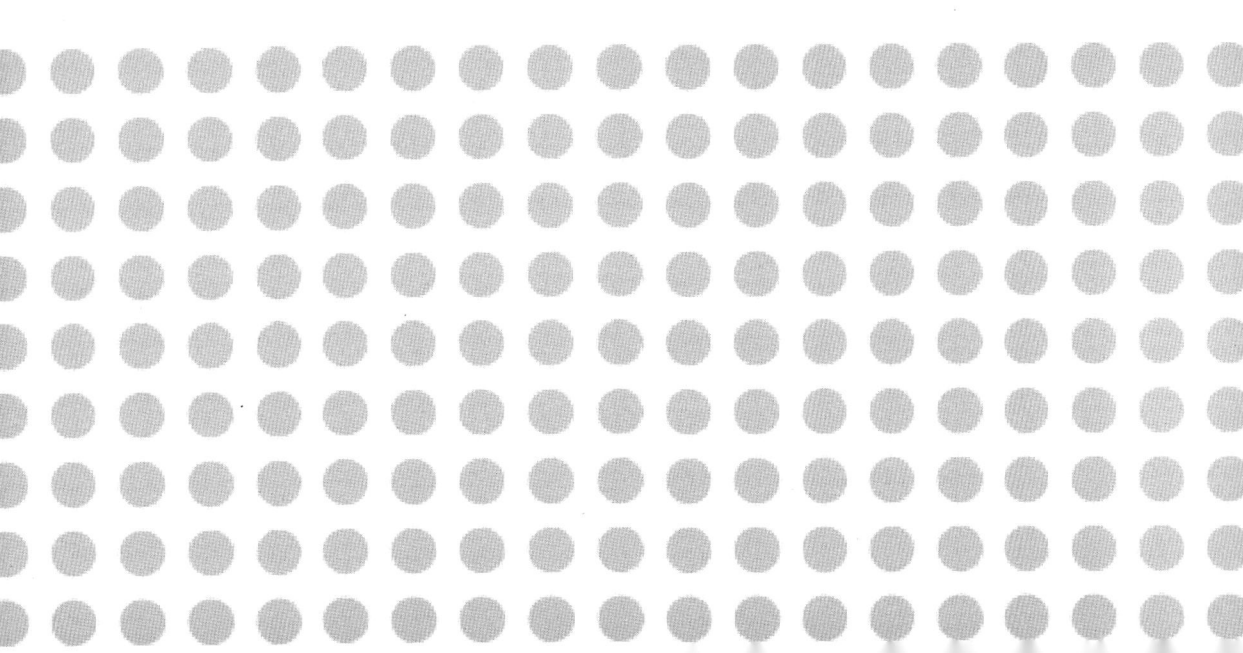

Part 5

프로젝트관리 Workshop
참고자료

01 | PMP 소개

1. 개 요

- Project Management Professional 약자
- 미국 PMI(Project Management Institute, www.pmi.org)에서 주관하는 프로젝트관리 전문가 자격시험
- 특정 업무 분야에 의존적이지 않고, 프로젝트관리가 필요한 모든 분야에 적용 가능

2. PMP 자격 취득 목적

- PMP 자격을 취득하여 개인적으로는 프로젝트관리 영역에서의 전문가임을 객관적으로 증명한다.
- 프로젝트관리에 대한 표준 Framework인 PMBOK을 기반으로 프로젝트관리의 각 영역별 특징을 이해한다.
- 프로젝트관리 영역에 대한 지식을 실무 프로젝트에 적용하여 보다 성공적인 프로젝트가 되게 한다.

■ 프로젝트 수행과 관련된 조직의 구성원으로써 프로젝트관리 표준에 대한 이해
를 바탕으로 성공적인 프로젝트 수행에 일조할 수 있는 역량을 가진다.

3. 응시 자격

시험 응시를 위한 자격 요건을 간단히 살펴보면 아래와 같다.

■ 학사학위 이상
－프로젝트관리 분야에서 최소 3년/36개월 이상의 업무 경험
－4,500시간 이상의 프로젝트관리 경험
－35시간 이상의 프로젝트관리 관련 교육 이수
■ 학사학위 미만
－프로젝트관리 분야에서 최소 5년/60개월 이상의 업무 경험
－7,500시간 이상의 프로젝트관리 경험
－35시간 이상의 프로젝트관리 관련 교육 이수

※ 참고: 35시간 교육
－신청자는 프로젝트관리에 관한 최소 35시간 이상의 교육 이수를 증명해야
한다. 작은 교육들의 총합도 무관
－아래와 같은 Workshop, Training Sessions 등이 교육 이수로 인정된다.
  ● Courses or programs offered by PMI Registered Education Providers
    (R.E.P.s)
  ● University/college academic and continuing education programs
  ● Courses or programs offered by PMI Component organizations*
  ● Courses or programs offered by employer/company-sponsored programs
  ● Courses or programs offered by distance-learning companies, including
    an end of course assessment.
  ● Courses or programs offered by training companies or consultants

-아래의 교육은 인정되지 않는다.

- PMI Chapter meetings
- Self-study(e.g. reading books)

4. 응시 비용

- PMI 회원으로 응시: $534(회원 가입비 $129, 응시료 $405)
- PMI 비회원으로 응시: $555

5. 자격 유지

- 자격 취득 후 취득 당해 년도와 당해 년도 다음 해부터 3년간 자격이 유지 되며, 이때 자격 취득자는 60PDU라는 자격 유지를 위해 노력한 기록들을 PMI에 알려야 한다.
- PDU라는 것은 일종의 점수로, 공식 교육이나 세미나 참석 시 1시간에 1PDU 로 합산되며, PDU를 획득할 수 있는 방법은 매우 다양하니 각자의 상황에 적절할 방법을 선택하면 된다.
- 자격 갱신 기간(매 3년)이 지나기 전에 갱신 비용을 지불해야 한다.(비회원 기 준 $150)

※ 자세한 내용은 PMP 관련 국내/외 사이트나 자료들을 참고하시기 바랍니다.

02 | WBS

WBS

WBS

Ⅰ. WBS

1. Work Breakdown Structure
2. 프로젝트 범위를 계층적으로 관리 가능하도록 적절하고 효과적인 수준인 작업 패키지로 분해(큰 규모의 프로젝트 작업의 각 기능을 관리가 가능한 크기가 될 때까지 논리적으로 분해하여 작은 항목을 개발)
3. 프로젝트 생명주기 전반에 걸친 모든 인도물들의 프레임워크 제공
4. 프로젝트의 목표 달성을 위해 필요한 모든 작업들의 정의
5. 프로젝트 범위를 그래픽 또는 테스트 형태로 구성
6. 일정과 비용 성과를 통합하고 평가하는 수단 제공
7. 프로젝트의 진척 분석과 상태 데이터의 보고에 유용
8. 성과 목표를 위한 프레임워크 제공
9. 비용, 일정 및 명세에 영향을 미치는 모든 작업들에 대한 체계적 표현

Ⅱ. WBS의 필요성과 활용

1. 프로젝트 통합과 통제 기반(프로젝트 상태와 진도 reporting의 Framework 제공)
2. 프로젝트 목표에 초점
3. 책임 구조 명확화
4. 상세 계획 및 문서화의 기초
5. 산정 및 작업 할당을 위한 작업 항목 식별
6. 프로젝트 팀 구축 지원
7. 프로젝트 범위, WBS 항목 간 의존성, 위험, 수행 정도 등의 정보에 대한 Project manager와 이해 당사자 간의 의사소통 도구로 활용

Ⅲ. 용 어

1.관리 계정(Control Account)
- WBS와 OBS로 구성된 Matrix의 최하위 단위에서의 교차점
- 비용과 진도의 집계와 분석을 위한 기본 단위
- 하나 이상의 작업 패키지가 있음

2. 작업 패키지(Work Package)
- 관리 계정의 세부 항목
- 계약에 필요한 작업을 완료하기 위한 상세한 단기간의 업무 또는 자재항목
- 일반적으로 40~80MH(Man-Hour) 기준

3. Task, Activity
- 작업 패키지의 세부 항목

Ⅲ. 용 어

1.관리 계정(Control Account)
- 각 WBS 항목들에 대한 정보를 기술한 문서이며,
- 기술하는 정보들에는 각 WBS 항목들에 대한 범위, 관련 산출물, 특성, 일정, 자원, 요구사항 등이 될 수 있으며, 이 이외에도 다양한 정보들이 될 수 있다.
- WBS dictionary 구성 항목 예,
  - 작업 항목 번호
  - 작업 항목 이름
  - 작업에 대한 설명(how)
  - 선행 작업 및 후행 작업
  - 달성되어야 할 작업 내용(what)
  - 산출물(작업을 수행 결과)/목적(왜 그 산출물을 만드나)
  - 책임자/참여자
  - 수락 조건(작업이 완료되었음을 어떻게 검증하나)

Ⅳ. 작성 목표

1. 프로젝트 수행을 위해 필요한 모든 작업을 포함함

2. 프로젝트에 불필요한 작업들이 포함되지 않게 함

- WBS가 프로젝트의 중요한 성공 요인인 위의 두 가지 목표를 달성하지 못하면 프로젝트는 실패할 것이다. 필요한 작업을 빠뜨렸을 경우 프로젝트는 거의 확실하게 지연이 되거나 비용을 초과 지출하게 될 것이다.
- WBS에 불필요한 작업이 포함되어 수행되면 고객의 귀중한 시간과 비용이 낭비되는 결과를 초래하게 된다.

Ⅴ. WBS, OBS, RAM

1. WBS와 OBS, RAM과의 관계

- 프로젝트 계획 수립은 일반적으로 프로젝트의 목표와 범위 설정, WBS(Work Breakdown Structure)와 OBS(Organizational Breakdown Structure)의 수립, 책임분장표(Responsibility Assignment Matrix, RAM)의 작성, 관리계정(Control Account) 및 작업패키지(Work Package)의 식별과 패키지별 계획 수립의 순으로 진행된다.

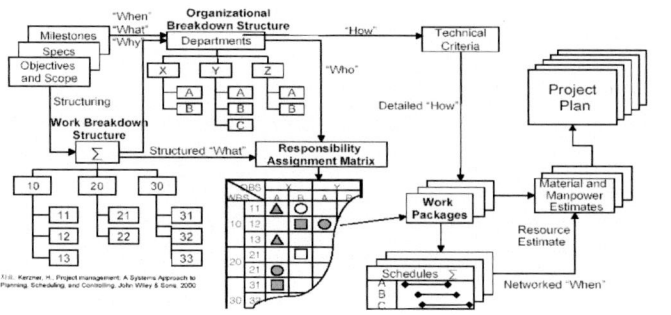

VI. WBS 개발 단계

1. 프로젝트 목표와 목적을 수립하고 검토
2. 상위 레벨 WBS 작성
   - 전체 프로젝트: level 1
   - 주요 하위 시스템과 프로젝트 서비스: level 2
   - 주요 하위 시스템과 프로젝트 서비스 구성 요소: level 3
3. 해당 팀원과 이해 당사자들(내부, 외부)과의 협의
4. 작업 패키지 작성
   - 담당 조직이 최하위 level 정의
5. 포함 요소 고려
   - 기술적인 성과 요소
   - 일 정
   - 비 용
6. 작업 패키지 작성
7. 상세 WBS Dictionary 준비

VII. 기 타

1. WBS 항목의 의미
   - 고유한 식별 가능한 제품 또는 결과물 제공
   - 명확하고 검증 가능한 완료 기준
   - WBS와 OBS와의 연계
   - 하위 레벨의 합
   - 개별 조직 또는 개인에 대한 책임 할당
   - 수행 작업 표현
   - WBS, OBS → 비용계정(Cost Account) or 관리계정(Control Account) → Work Packages → Tasks, Activities

Ⅶ. 기 타

2. WBS 영향 요인

- 예산 출처
- 생명주기 단계
- 프로젝트 규모, 복잡성
- 프로젝트 아키텍처
- 참여 조직의 특성
- 조달 방침 및 방법
- 경영층의 방침 및 의사 결정

Ⅶ. 기 타

3. WBS 개발 시 고려사항

- WBS의 유지 관리(개정 및 변경 관리)
- 저장 및 배포 방법
- 프로젝트 계획 도구 사용과 WBS 구축 연관성
- 간접관리비(overhead 비용) 할당
- 프로젝트관리 항목 포함
- 책임 할당 단위: 개인 or 부서
- 작업 항목에 대한 수용(buy-in) 여부
- 작업 항목별 수용 조건 정의
- 성과 측정 및 통제 기준
- 규모와 크기는 프로젝트에 따라 다르나 전체 프로젝트의 모든 요소를 완벽하게 통합해야 한다.

Ⅶ. 기 타

4. WBS 개발 지침

- 모든 프로젝트 관련 자료 수집
- 유사한 프로젝트의 WBS 검토
- 상위 수준의 PBS 개발 후관리 가능한 수준으로 분할
- PBS에 의하여 필요한 작업 항목으로 과업 단위의 WBS 구축
- 필요한 범위 내에서 최하위 수준으로 PBS/WBS 개발
- 팀원 참여 촉진
- 품질관리, 의사소통관리 등의 지원 과업 포함
- 관련 이해관계자 검토 후 수용(Buy-in) 획득
- 필요한 위험관리 항목 추가
- WBS 사전 준비

Ⅷ. Sample WBS

ID	이 름	기간	시작 날짜	완료 날짜	작업 설명	완료 기준	자원 이름	검토자	승인자	보고대상	산출물
					프로젝트 종료 시까지 지속적으로 개선 및 관리 되어야 함						
1.2.5	위험 및 이슈 관리 대장 Update	1	06-1-18	06-1-18	프로젝트 수행 계획에 영향을 주는 긍정/부정적인 요소들을 파악하여 위험과 이슈로 분류/해결하는 데 활용되는 관리 문서 유지작업	-	프로젝트 관리자	-	-	-	위험 및 이슈 관리 대장
1.2.6	중간보고서 작성	2	06-1-31	06-2-1	프로젝트 현황을 최고 경영자에게 보고하기 위해 준비하는 작업	-	프로젝트 관리자	프로젝트 관리자	프로젝트 관리자	프로젝트 관리자	중간 보고서, 진척보고서, 투입 인력 현황
1.2.7	중간보고	0	06-2-1	06-2-1	프로젝트 현황을 최고 경영자에게 보고하는 작업	보고 완료	프로젝트 관리자	프로젝트 관리자	CEO	CEO, 프로젝트 관련자	-
1.3	구축	43	06-2-2	06-4-3							
1.3.1	표준 프로세스 구축(1차)	14	06-2-2	06-2-21	프로젝트 핵심인 표준 프로세스를 구축하는 작업	프로세스 구축 완료	프로젝트 관리자, 프로세스 구축 담당자 1, 프로세스 구축 담당자 2	프로젝트 관리자, 외부 컨설턴트	프로젝트 관리자	프로젝트 관리자	구축된 프로세스
1.3.2	품질검토 및 시정조치 요청	5	06-2-22	06-2-28	체크 항목을 기준으로 프로젝트 진행 현황 점검하고 문제 발생 시 시정조치를 요청하는 작업	품질검토 결과서 작성 및 시정조치 요청서 작성 완료	품질관리 담당자	프로젝트 관리자	프로젝트 관리자	프로젝트 관리자	품질체크 리스트, 품질검토 결과서, 시정조치 요청서
1.3.3	지적사항 보완	5	06-3-1	06-3-7	요청된 시정조치 항목들을 보완하는 작업		프로세스 구축 담당자 1, 프로젝트 관리자, 프로세스 구축 담당자 2	프로젝트 관리자	프로젝트 관리자	프로젝트 관리자	-
1.3.4	프로세스 교육	5	06-2-6	06-2-10	구축 작업에 필요한 관련 프로세스 교육	교육 완료	외부 컨설턴트	-	-	-	교육자료
1.3.5	시정조치 확인	3	06-3-8	06-3-10	시정조치가 요청되었을 경우 시정조치 결과에 대해 확인하는 작업	시정조치 결과 보고 서작성	품질관리 담당자	프로젝트 관리자	프로젝트 관리자	프로젝트 관리자	시정조치 결과보고서
1.3.6	위험 및 이슈 관리 대장	1	06-2-8	06-2-8	프로젝트 수행 계획에 영향을 주는 긍정/부정적인	-	프로젝트 관리자	-	-	-	위험 및 이슈 관리 대장

03 | EVMS

EVMS

Contents

EVMS

Ⅰ. 개요

Ⅱ. 용어

Ⅲ. 용어들 간의 관계

Ⅳ. 적용(분석 및 예측)

Ⅴ. 성과 및 생산성 분석

Ⅵ. 예제 1, 예제 2

Ⅶ. **Sample 1, Sample 2**

Ⅰ. 개 요

1. 개 요

- 프로젝트를 시작하면서 우리는 누구나 프로젝트가 성공하기를 바란다. 하지만 우리는 주변에서 성공보다는 실패한 프로젝트를 너무나 많이 봐왔기 때문에 이번 프로젝트도 시작하면서 벌써 불안해지기 시작한다. 그렇다면 프로젝트의 실패의 원인이 되는 문제가 발생되었을 경우 이를 최대한 일찍 발견할 수는 없을까, 일정 기간 동안 투입된 비용과 자원에 대한 현황 및 향후 예상은 어떻게 분석하고 예측할 수 있을까라는 여러 가지 의문들을 누구나 한번 이상은 가져봤을 것이다.
- 보이지 않고 프로젝트관리에 매우 중요한 이러한 요소를 관리하는 기법은 이미 오래 전부터 정리되어 적용되어 왔지만, 단지 우리는, 고객과 현장 프로젝트 관리자의 게으름과 무지로 인해 적절한 관리가 되지 않았을 뿐이다. 다음에 살펴볼 EVM이란 개념을 적용한 프로젝트의 관리를 통해서 성공적인 프로젝트로 한 발짝 더 가까이 갈 수 있는 기회를 잡기 바란다.

Ⅰ. 개 요

2. 배 경

- 1959년 미 해군에서 프로젝트 일정관리를 위해 PERT(Program Evaluation Review Technique) 개발, 1960년대 거의 사용 안 함.
- 1966년 미 공군 C/SPCS(Cost/Schedule Planning and Control Specification) 기준 작성
- EVM은 1960년대 이후 미 국방성이 프로젝트 성과 측정의 표준 방법으로써 채택해 온 방법론
- 1967년에 미 국방성은 C/SCSC(Cost/Schedule Control System Criteria) 제정, 프로젝트 성과관리 방법으로 정착
- 1990년대 C/SCSC를 민간 산업 표준으로 바꿈
- 1997년, C/SCSC는 EVMS(Earned Value Management system)로 명칭을 바꾸고, 1998년에 ANSI(American national Standards Institute)에 등록됨
- 1999년 8월 미 국방성은 ANSI EVMS를 국방획득규정 표준으로 채택함

Ⅰ. 개 요

3. 사용 목적

- 실제 비용이 예산보다 덜 들어가고 있는데, 잘하고 있는 건가? 아니면 일정이 늦어지고 있는 건 아닌가?
- 프로젝트의 실제 비용이 예산보다 훨씬 많이 들고 있으며, 현재 중반에 접어들고 있다. 완료할 때쯤이면 어느 정도의 비용이 들어갈까?
- 프로젝트 관리자나 실무자들이 비용 초과에 대해서는 걱정 붙들어 매라고 한다. 남은 작업들이 예산보다 비용이 덜 소요된다고 하는데 예측이 가능한가?
- 인건비와 환율 등의 변동이 내 프로젝트의 비용에 어느 정도의 영향을 주는가?
- 비용 지출이 비용 편차에 영향을 어느 정도 영향을 주는가?

Ⅰ. 개 요

4. 비 교

EVM 미 적용	EVM 적용
진도 계획에 따라 각 작업 패키지(Work Package)의 추정비용(Estimates)을 소요 기간별로 배분한 다음 이를 집계한 관리기준선(Baseline)을 수립. 관리 기준선과 실적, 즉 계획과 실적의 차이는 특정 시점의 계획비용과 실제 비용과의 차이 이외의 다른 측정지표로는 큰 의미가 없음	계획과 실적 이외에 실제 투입 원가라는 항목을 추가하여 일정과 비용을 종합 파악하고, Trade-Off를 분석, 예측이 가능

Ⅱ. 용 어

Element	Term	Acronym	Remark
계획 가치	Budgeted Cost of Work Scheduled	BCWS (PV)	• 진도 측정의 기준일 현재 작업이 얼마나 달성되어야 하는가? • 진도 측정의 기준일 현재 진도 계획에 따라 수행하여야 할 물량에 계획 단가를 곱하여 얻은 금액
획득(달성) 가치	Budgeted Cost of Work Performed	BCWP (EV)	• 진도 측정의 기준일 현재 작업이 얼마나 달성되었는가? • 실제로 투입한 물량에 대하여 계획 단가를 곱하여 얻은 금액
실 투입 원가	Actual Cost of Work Performed	ACWP (AC)	• 진도 측정의 기준일 현재 달성된 작업에 관해 실제로 투입된 원가는 얼마인가? • 실제 투입 물량에 대하여 실제로 지출한 단가를 곱하여 얻은 금액
진도 편차	Schedule Variance	SV	• BCWP – BCWS, (EV – PV), 음수는 공정 지연
비용 편차	Cost Variance	CV	• BCWP – ACWP, (EV – AC), 음수는 예산 초과
일정 성과도 지수	Schedule Performance Index	SPI	• EV / PV, 1 미만은 공정 지연
비용 성과도 지수	Cost Performance Index	CPI	• EV / AC, 1 미만은 예산 초과
목표 예산	Budget At Completion	BAC	• 작업의 예산(목표원가)은 얼마인가? • 계획 물량에 계획 단가를 곱하여 산출한 금액 • 총 예산
추정 예산	Estimate At Completion	EAC	• 현재 시점에서 작업의 최종 원가 추정액은 얼마인가? • 통계적인 실적 분석을 통하여 선택한 적절한 공식을 적용, 추정함 • 현 시점에서 예측한 종료시의 발생 원가 • BAC / CPI
추가 예산	Estimate To Completion	ETC	• 현 시점에서 향후 추가로 발생한 추정원가, EAC - ACWP
예상 손익	Variance At Completion	VAC	• 현 시점에서 추정한 종료시의 추가 발생 원가, BAC – EAC

Ⅲ. 용어들 간의 관계

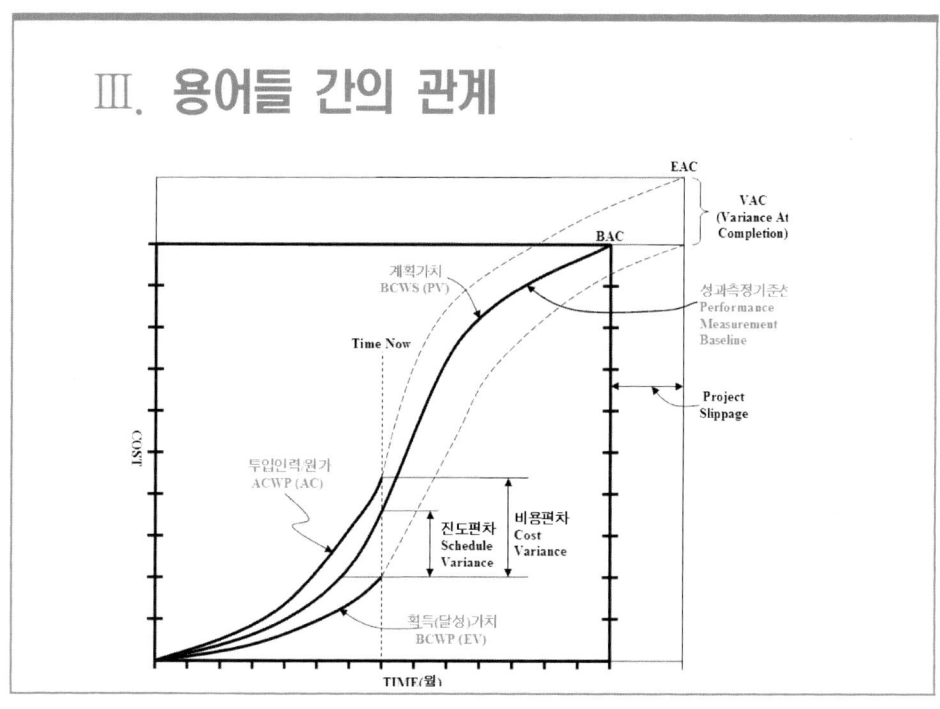

Ⅳ. 적용 (분석 및 예측)

EVM의 핵심 목표인 프로젝트의 상황분석과 예측을 위해 SPI와 CPI 등을 사용

1. CPI(Cost Performance Index)

- CPI = BCWP/ACWP
- The Cumulative CPI can be charted to reflect how much of the original scheduled work has been accomplished as of a point in time
- CPI of less than 1.0 means project is overspent

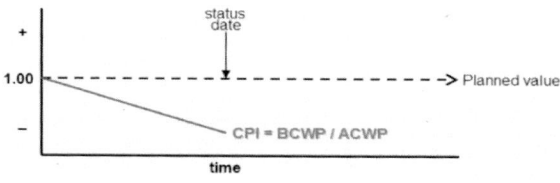

Ⅳ. 적용 (분석 및 예측)

2. SPI(Schedule Performance Index)

- SPI = BCWP/BCWS
- The Cumulative SPI can be charted to reflect how much of the original scheduled work has been accomplished as of a point in time
- SPI of less than 1.0 means project is running behind
- SPI will eventually correct itself back to 1 when all tasks have been completed

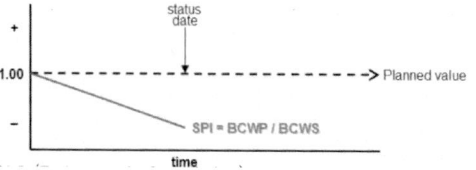

3. EAC(Estimates At Completion)

- EAC = BAC/CPI
- 현 시점에서 추정한 프로젝트 종료 시의 실적 원가

V. 성과 및 생산성 분석

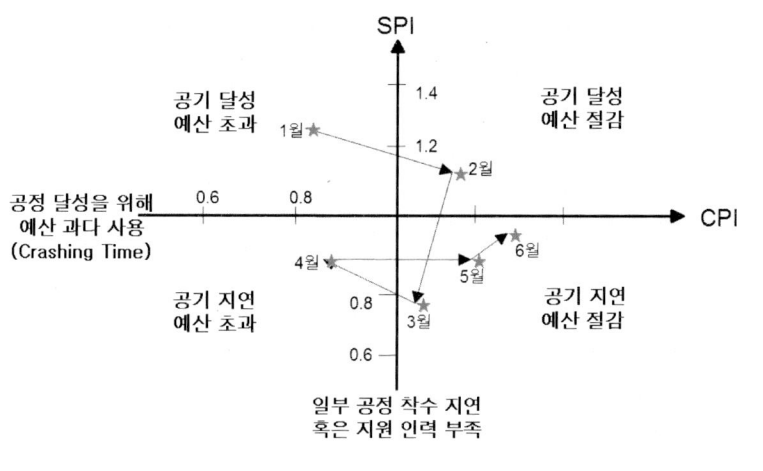

VI. 예제 1

집을 짓는다. 한 쪽 벽을 완성하는 데 하루가 걸리고 각 벽마다 예산이 10만 원 할당되었다. 각 벽은 하나가 끝나면 다음 벽을 쌓게 계획되었다. 오늘은 3일째 작업이 끝난 날이다. 아래 상황 Chart를 보고 PV, EV 등을 계산하여 보자.

TASK	1일째	2일째	3일째	4일째	3일째가 지난 후의 상황
1 면	AS ___ AF				완료, 100,000원 소비
2 면		AS ___ PF	AF		완료, 120,000원 소비
3 면			PS AS PF		50% 완료, 60,000원 소비
4 면				PS ___ PF	미착수

항목	계산식	답	답에 대한 내용풀이
PV		300,000	
EV		250,000	
AC		280,000	
BAC		400,000	
CV	EV − AC	-30,000	
CPI	EV / AC	0.8929	
SV	EV − PV	-50,000	
SPI	EV / PV	0.8333	
EAC	BAC / CPI	448,000	(AC + BAC − EV) ? 400,000 / 0.8929
ETC	BAC − EV	150,000	
VAC	BAC − EAC	-48,000	

VI. 예제 2

집을 짓는다. 한쪽 벽을 쌓는 데 하루가 걸리고 각 벽마다 예산이 100,000원 할당되었다. 각 벽은 FS가 아니라 FF로 연결되었다. 오늘은 3일째 작업이 끝난 날이다. 아래 상황 Chart를 보고 PV, EV 등을 계산하여 보자.

TASK	1일째	2일째	3일째	4일째	3일째가 지난 후의 상황
1면	AS AF				완료, 100,000원 소비
2면		AS AF PF			완료, 90,000원 소비
3면			AS PS PF		50% 완료, 100,000원 소비
4면				AS PS PF	75% 완료, 30,000원 소비

항목	계산식	답	답에 대한 내용풀이
PV		300,000	
EV		325,000	
AC		320,000	
BAC		400,000	
CV	EV – AC	5,000	
CPI	EV / AC	1.0156	
SV	EV – PV	25,000	
SPI	EV / PV	1.0833	
EAC	BAC / CPI	394,000	
ETC	BAC – EV	75,000	
VAC	BAC - EAC	6,000	

VII. Sample 1

관리 계정별 일정/비용관리

프로젝트명				작성자		작성일	
목표 완료일	①		추정 완료일	②		최종일정 변동일수 추정치	③=①-②
관리 계정 (Control Account)	성과 측정일 기준					완료일 기준	

관리 계정 (Control Account)	④ 계획 예산 (BCWS)	⑤ 달성 비용 (BCWP)	⑥ 실 투입비 (ACWP)	⑦=⑤-④ 일정 편차 (SV)	⑧=⑤-④ 비용 편차 (CV)	⑨=⑤/⑩ 진도율 (%)	⑩ 목표 예산 (BAC)	⑪ 잔여 예산 추정액 (EAC)	⑫=⑥+⑪ 최종 예산 추정액 (EAC)	⑬=⑩-⑫ 최종 예산 편차추정액(VAC)
CA 1										
CA 2										
CA 3										
합 계										

Ⅶ. Sample 2

≪**MS Project 에서**≫
1. 작업 진척 상황 테이블
- 작업과 작업 비용간의 관계를 비교하여 작업에 투입되고 있는 비용이 충분한지, 너무 많은지, 너무 적은지, or 쓸 데 없는지를 평가
  ⅰ. 작업 시트 창에서 시작
  ⅱ. [보기] → [테이블] → [기타] → [진척 상황] 테이블 열기

2. 진척 상황 필드 설명
- 계획된 작업의 예산 비용: BCWS(Budgeted Cost of Work Scheduled)
- 수행한 작업의 예산 비용: BCWP(Budgeted Cost of Work Performed)
- 수행한 작업의 실제 비용: ACWP(Actual Cost of Work Performed)
- 일정 차이: SV = BCWP-BCWS(Schedule Variance)
- 비용 차이: CV = BCWP-ACWP(Cost Variance)
- 예상 최종 비용: EAC(Estimate at Completion)
- 최종 예산: BAC(Budget at Completion)
- 최종 차이: VAC(Variance at Completion)

Ⅶ. Sample 2

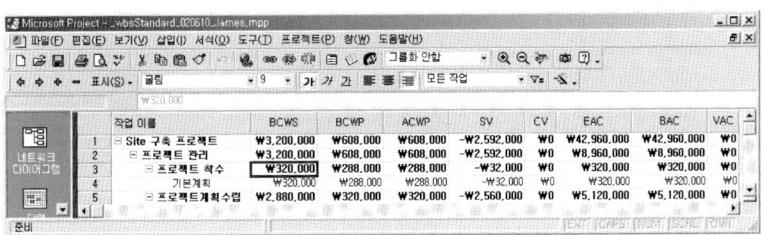

04 | MSP

- **목적:** MS Project의 기본적인 사용법을 숙지한 후 프로젝트관리에 최소한의 자동화 툴을 도입할 수 있게 하여 보다 체계적인 프로젝트관리가 될 수 있도록 기본 활용법을 익힌다.
- **소요 시간:** 1시간
- **모듈이 끝나면:** 프로젝트관리에 일정, 인력, 산출물 등의 진척도를 체계적으로 관리할 수 있으며 프로젝트 현황을 즉시 파악할 수 있다.
- **교육 내용:** MS Project의 기본 기능 사용법

1. 새로운 프로젝트 정보 입력

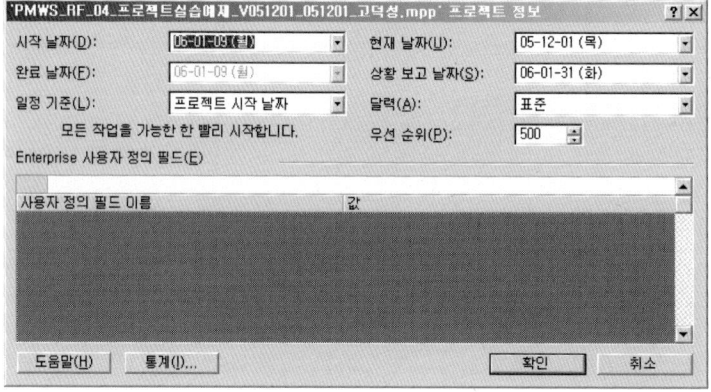

- **목적:** MS Project에서 새로운 프로젝트 정의를 하기 위해 초기 정보를 설정한다.
- **소요 시간:** 2분
- **교육 내용**

새로운 프로젝트 생성을 위해 프로젝트의 정보를 입력한다.

1. [파일]→[열기], 또는 [새로 만들기]

2. [프로젝트]→[프로젝트 정보] 창이 나타난다.

3. 프로젝트의 기본 정보를 입력한다.(시작 날짜, 완료 날짜, 현재 날짜, 상황
   보고 날짜, 적용할 달력 선택 등)

2. 자원 정보 입력

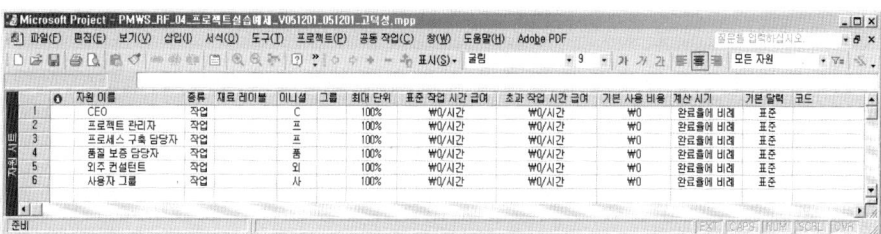

- **목적:** 프로젝트에서 사용될 자원 정보를 입력한다. 자원에는 여러 가지 형태가
  있으나 이번 실습에서는 프로젝트와 직접 관련 있는 인력 정보만을 입력한다.

- **소요 시간:** 2분

- **교육 내용**

  1. 프로젝트에서 사용될 자원을 입력하기 위해 [보기]→[자원 시트]

  2. 화면이 자원 정보를 입력할 수 있는 화면으로 바뀐다.

  3. 자원 이름에 프로젝트에 full 또는 part time으로 투입되는 또는 직접적으
     로 영향을 주고받는 인력 정보를 기입한다. 이 화면에서는 우선 [자원 이
     름] 열에 이름을 기록한다.

3. 작업 시간 바꾸기(프로젝트 달력, 자원 달력 정의)

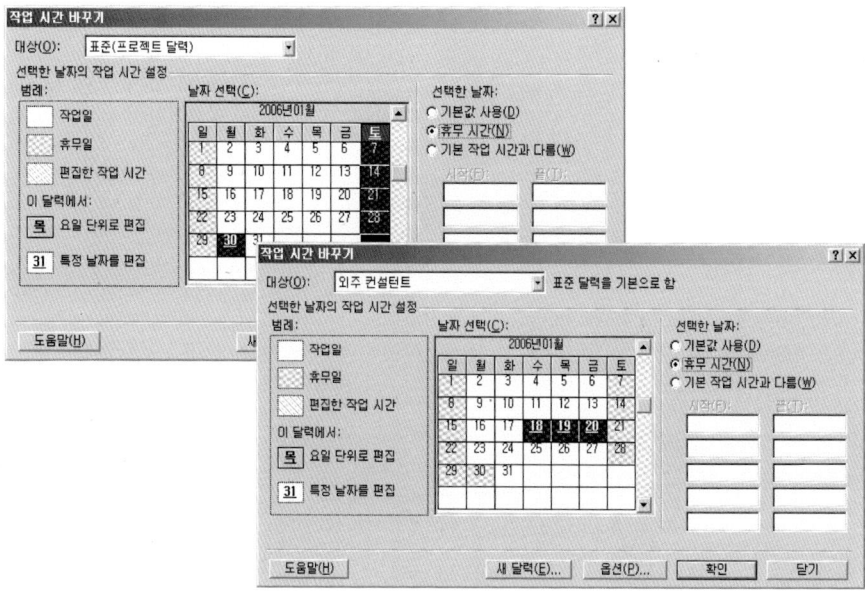

- **목적:** 프로젝트 전체 구성원들에게 적용될 프로젝트 달력을 정의하고, 프로젝트 달력과 다른 상황이 필요한 구성원에게는 별도의 자원 달력을 생성할 수 있다.

- **소요 시간:** 5분

- **교육 내용**

  1. 프로젝트에 적용될 달력 또는 구성원 특성에 맞는 달력 정보를 설정하기 위해 [도구]→[작업 시간 바꾸기]를 선택한다.

  2. [작업 시간 바꾸기] 창이 나타난다.

  3. 달력을 적용할 범위 선택을 위해 '대상' 부분에서 '표준(프로젝트 달력)' 을 선택하고 날짜를 재설정한다.

  4. 투입되는 외주 컨설턴트의 일정상의 변동 예정 정보를 입력하기 위해 '대상'에서 자원 시트에서 입력한 투입 인력 중의 한 명인 '외주 컨설턴트' 를 선택한다.

  5. '외주 컨설턴트'의 달력에서 특정 날짜를 투입되지 않는 날짜로 바꾼다.

(날짜를 선택한 후 오른쪽 메뉴에서 '휴무 시간' 라디오 버튼을 선택한 후 [확인]을 누른다.

6. '휴무 시간'으로 선택된 날짜에는 작업에 대해 작업 시간을 할당할 수 없다.

4. 작업 정의 및 정보 입력(기간, 자원 및 작업 우선순위 정의)

작업 정의 및 관련 정보 입력

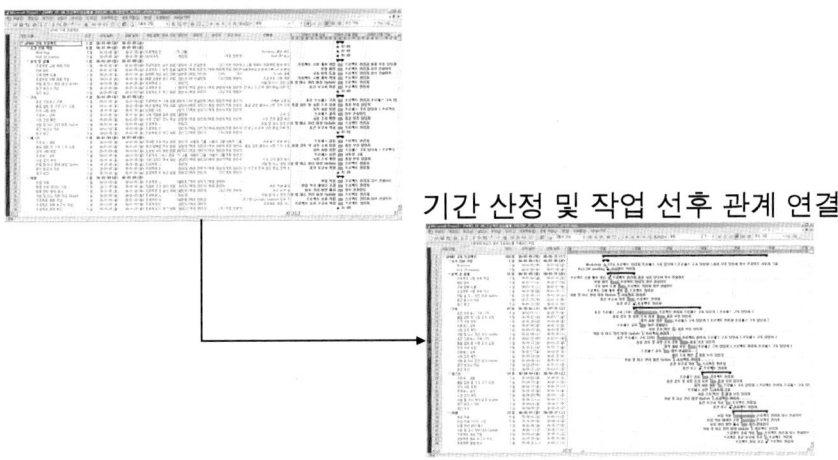

기간 산정 및 작업 선후 관계 연결

- **목적:** 프로젝트 수행에 필요한 실제 활동들을 작업 단위로 표현하여 기록하고, 각 작업들에 대한 정보를 입력하여 원활한 프로젝트가 될 수 있는 기반을 마련한다.
- **소요 시간:** 20분
- **교육 내용**
  1. 작업 정의, 기간 및 자원 설정
     ① [보기] → [Gant 차트]
     ② '작업 이름'에 작업 이름을 기록하고 관련 정보들을 입력한다.
     ③ 관련 정보들은 WBS Dictionary를 참고한다.

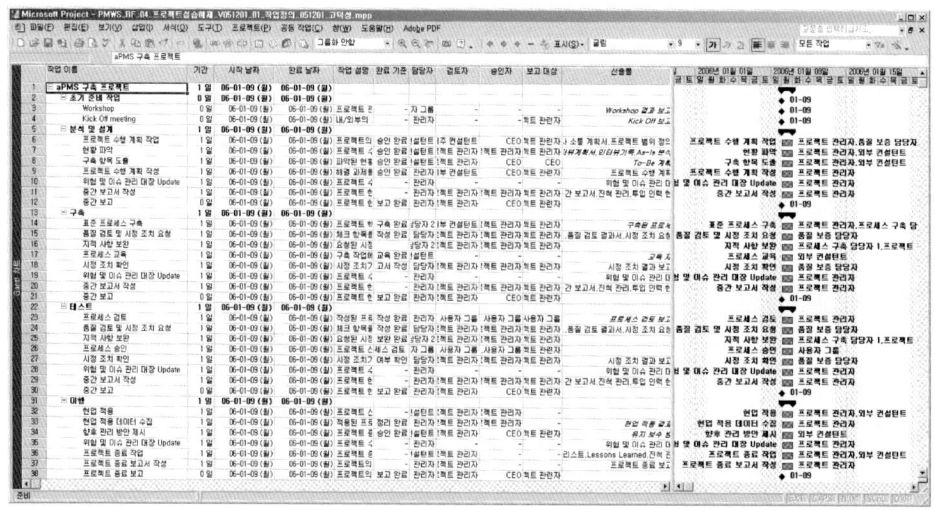

2. 기간 산정 및 작업 선후 관계 연결

① 각 작업당 예상 소요 기간을 입력한다.

② 각 작업당 담당자(작업자)를 '자원 이름'에서 선택한다.(자원 이름 목
록에는 '자원 시트'에서 입력한 자원들이 목록으로 나타나며, 추가하
고 싶은 자원은 '자원 이름'에 직접 입력하거나 '자원 시트'에 입력
한 후 '자원 이름'에서 선택할 수 있다.

③ 작업 선후 관계 연결 시 병행 가능한 작업 항목을 고려하여 병행으
로 작업을 진행할 수 있게 설정한다.

3. 차트 영역에서 각 작업의 왼쪽에 '작업 이름'을, 오른쪽에 담당자('자원') 이
보이게 설정해보자.

① '차트 영역'에서 마우스 오른쪽 버튼→팝업 메뉴에서 [막대 스타일]
선택→[막대 스타일] 창이 나타난다.

② 위쪽 영역에서 '작업'을 선택하고 윈도우 아래쪽 영역에서 '텍스트'
탭을 선택하고, 왼쪽과 오른쪽에 각각 '이름'과 '자원 이름'을 선택
또는 입력하고 [확인]을 누른다.

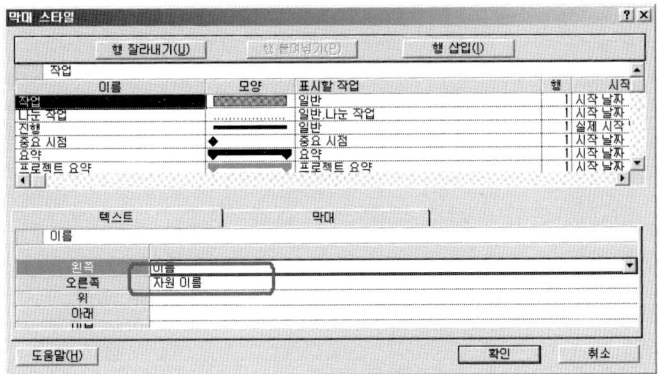

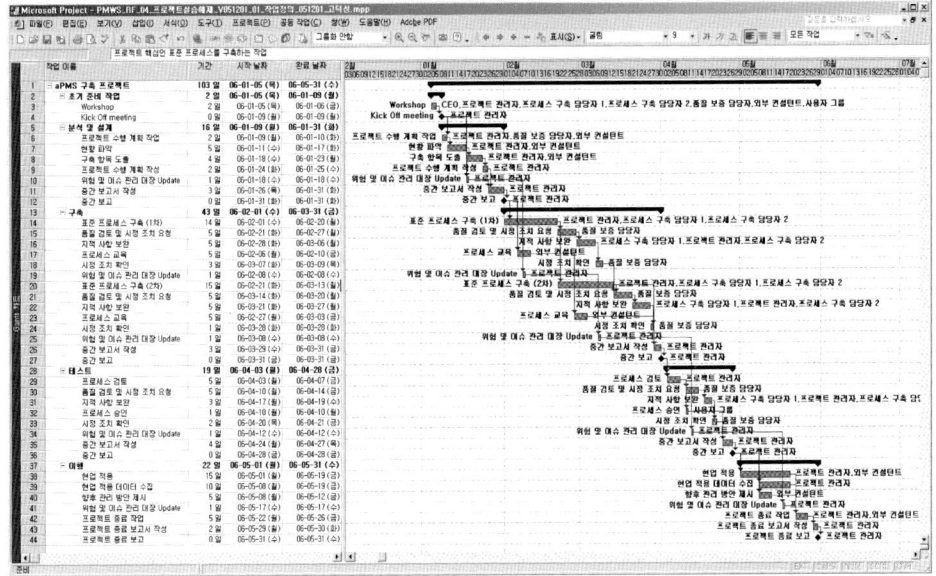

5. Critical Path 설정

- **목적:** 전체 일정에 영향을 주는 가장 민감한 작업 경로를 설정할 수 있게 한다.
- **소요 시간:** 5분
- **교육 내용**
  1. Critical Path 설정하기

① '차트 영역'에서 마우스 오른쪽 버튼→팝업 메뉴에서 [막대 스타일]
선택→[막대 스타일] 창이 나타난다.

② [행 삽입] 버튼 또는 [insert] 키를 눌러 두 번째 항목과 같이 '요주의
작업' 막대 스타일을 생성한다.

③ 기존의 '작업' 막대 스타일의 '표시한 작업' 정보를 '일반'에서 '일반,
요주의 작업 제외'로 수정하고, 추가한 '요주의 작업' 막대 스타일은
'일반, 요주의 작업'으로 설정한다.

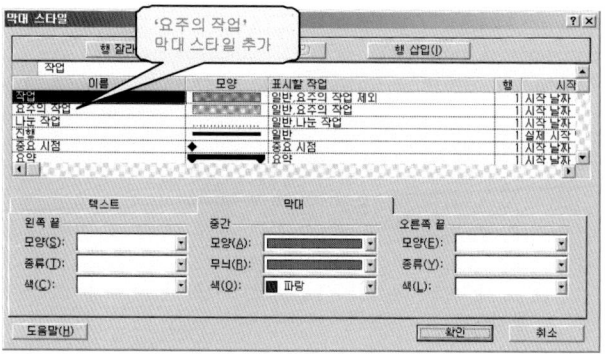

④ [확인]을 누르면 아래와 같이 전체 일정에 영향을 주는 주요 작업 path
가 방금 설정한 값(작업을 빨간색)으로 변하여 표시된다.

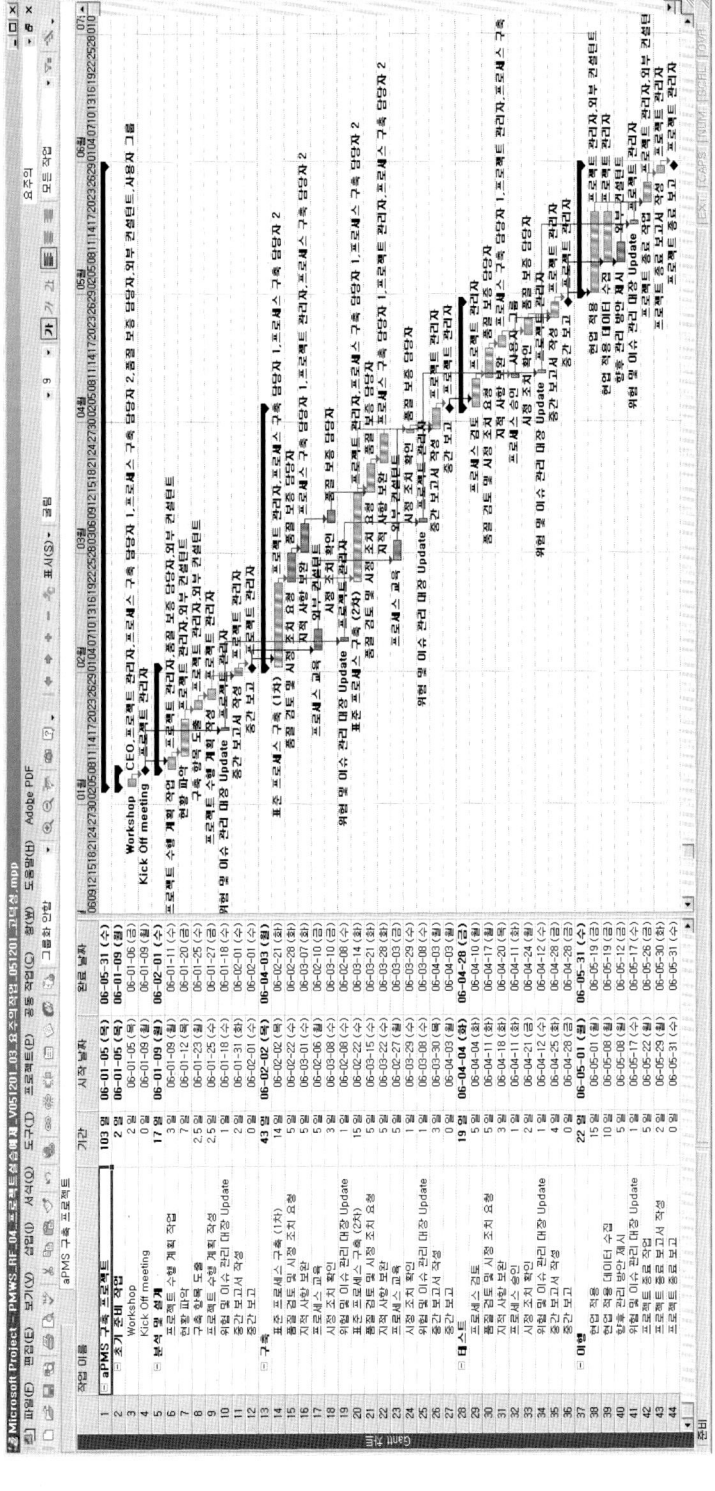

6. 초기 계획 저장

- **목적:** 프로젝트의 진척 상황관리를 위한 기준점 설정을 위해 프로젝트에 적용하기 직전의 계획을 초기 계획으로 저장한다.
- **소요 시간:** 1분
- **교육 내용**

  1. [도구] → [작업 진행관리] → [초기 계획 저장]

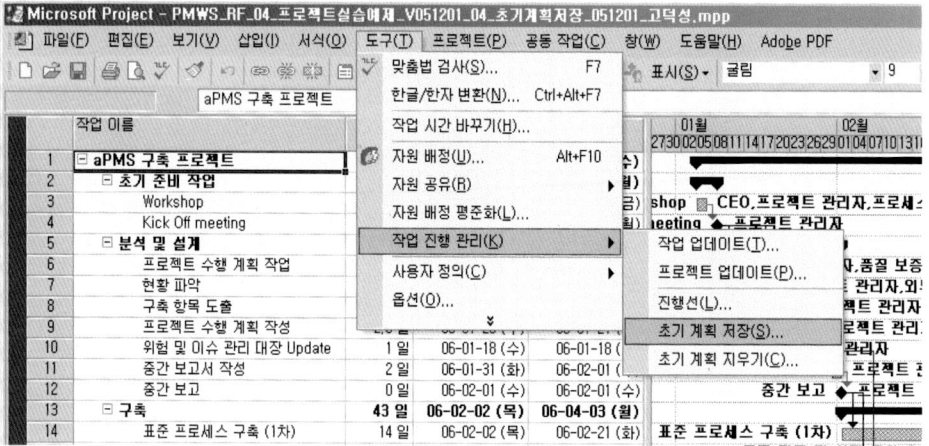

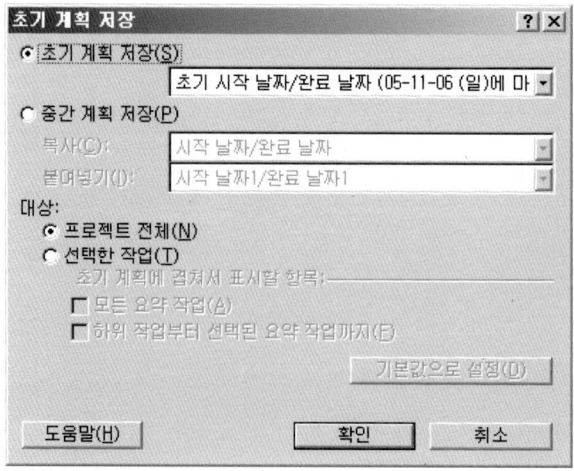

7. 구분선 설정

- **목적**: 구분선을 설정하여 'Gantt 차트' 영역의 View를 명확히 할 수 있다.
- **소요 시간**: 2분
- **교육 내용**

  1. 현재 날짜 구분선 설정

     ① [서식]→[구분선]→구분선 창에서 '대상'을 '현재 날짜' 선택 후 [확인]]

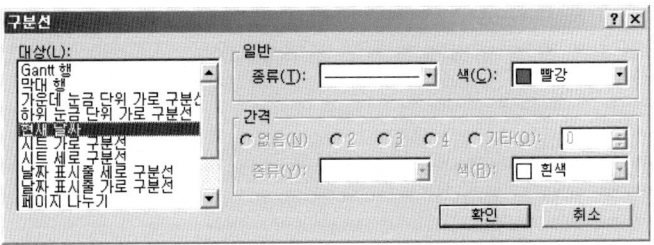

     ② 현재 날짜에 해당하는 부분에 설정한 값(빨간 색)으로 세로선이 나타난다.

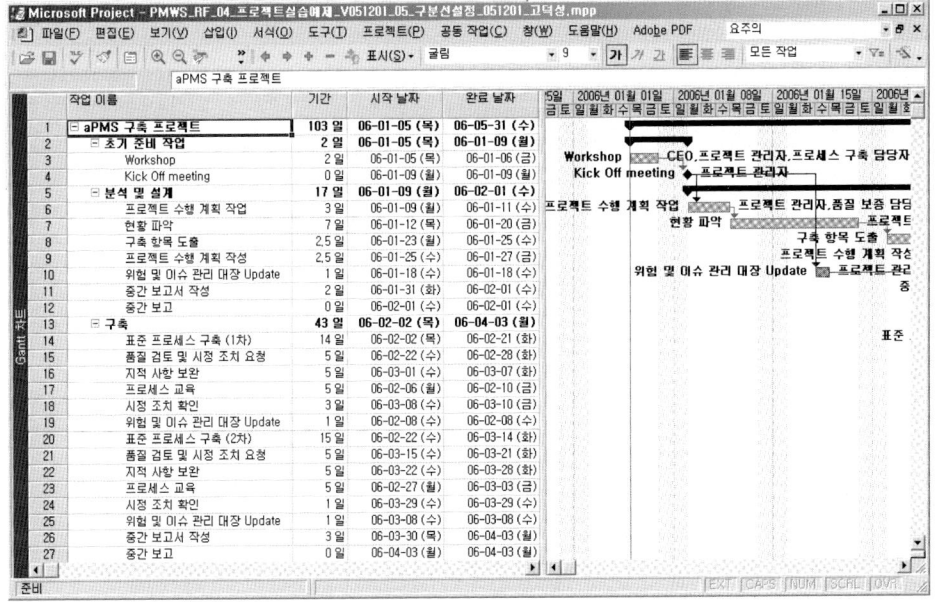

2. Gantt 행 구분선 설정

① [서식] → [구분선] → 구분선 창에서 '대상'을 'Gantt 행' 선택

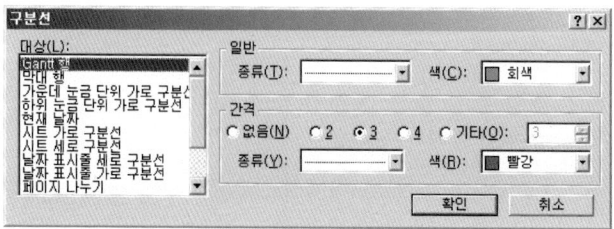

② Gantt 차트 영역에 설정한 값으로 가로 구분선이 나타난다.

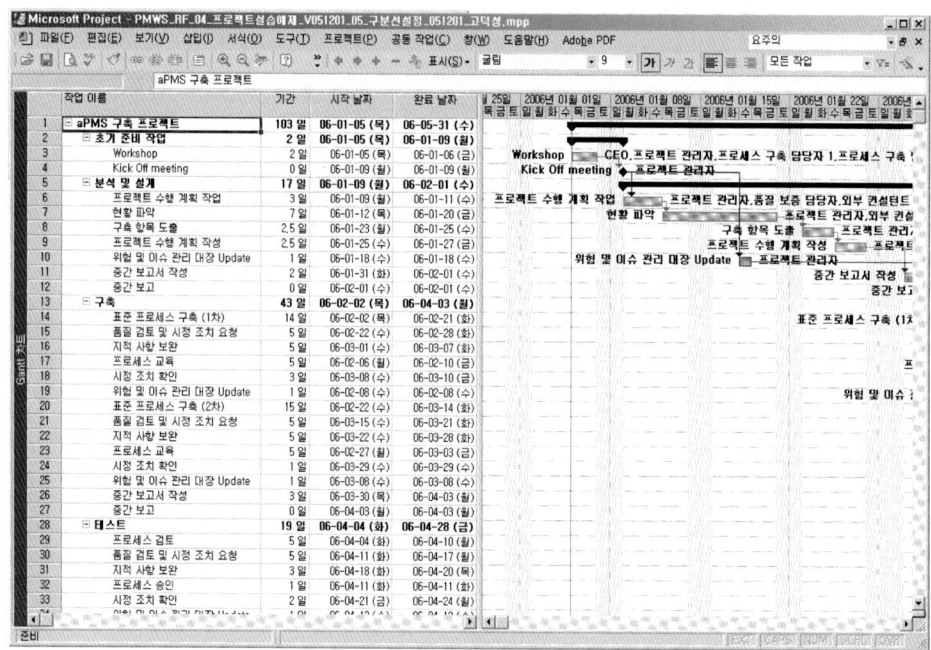

8. 진척관리

- **목적**: 일정 변경 시마다 변경 정보를 입력하여 후에 계획 대비 실적을 비교할

수 있는 근거 자료가 되게 한다.

- **소요 시간**: 10분
- **교육 내용**

  1. 일정이 변경되면,

  2. [도구] → [작업 진행관리] → [초기 계획 저장] → [초기 계획 저장] 창→ '중간 계획 저장'으로 저장

  3. 중간 계획은 최대 10개까지 저장될 수 있다.

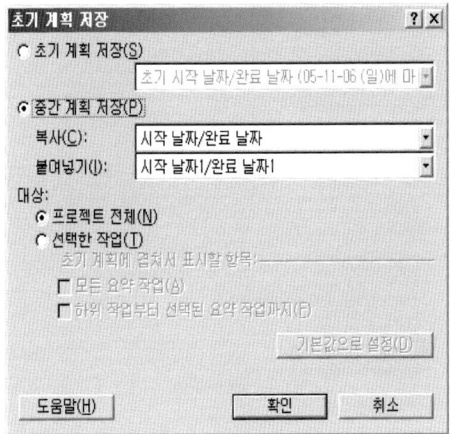

9. 전체 일정 지연 일수 계산

- **목적**: 초기 계획 대비 현재 변경된 일정이 전체 일정에 어느 정도 영향을 주는지에 대해 view를 바꿔 확인할 수 있다

- **소요 시간**: 1분

- **교육 내용**

  1. 초기 계획이 설정된 일정이 변경되는 경우 MS Project의 메뉴를 통해 초기 계획과의 일정 지연 정도를 확인할 수 있다.

  2. [보기] → [테이블] → [차이]

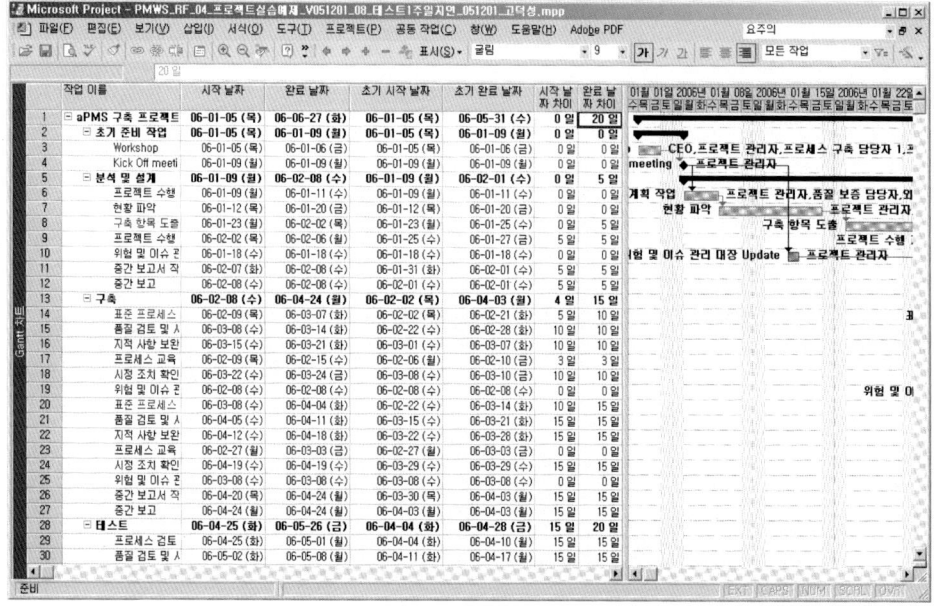

10. 현재 일정과 초기 일정 구분하기

- **목적:** 막대 스타일 정보를 재설정하여 저장된 초기 일정과 변경된 현재 일정을 한 화면에 display하여 비교할 수 있다.

- **소요 시간:** 4분

- **교육 내용**

   1. Gantt 차트 영역에서 막대 스타일을 바꾼다. 기존에 설정했던 '작업'과 '요주의 작업'의 '모양'을 화면에서와 같이 변경한다.

   2. '이름'이 '초기 계획'인 새로운 막대 스타일을 정의한다. 기존의 막대 스타일인 '작업'과 '요주의 작업'과 구분 및 비교될 수 있도록 색상을 다르게 화면과 같이 설정한다.

   3. '1', '2' 단계를 거치고 확인을 누르면 아래와 같이 초기에 계획했던 일정과 비교하여 현재의 일정이 어떻게 변경되었는지를 작업 단위로 구분되게 화면이 구성된다.

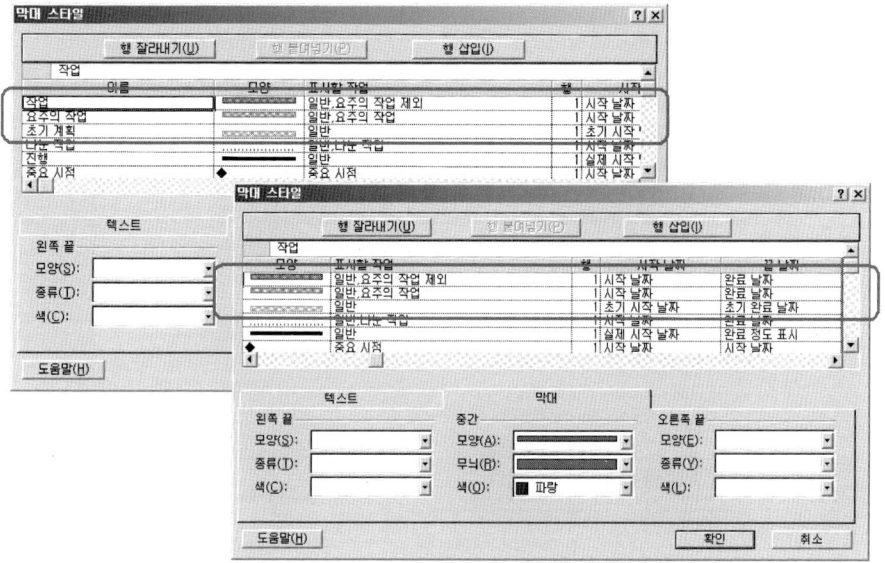

11. 전체 일정 재조정

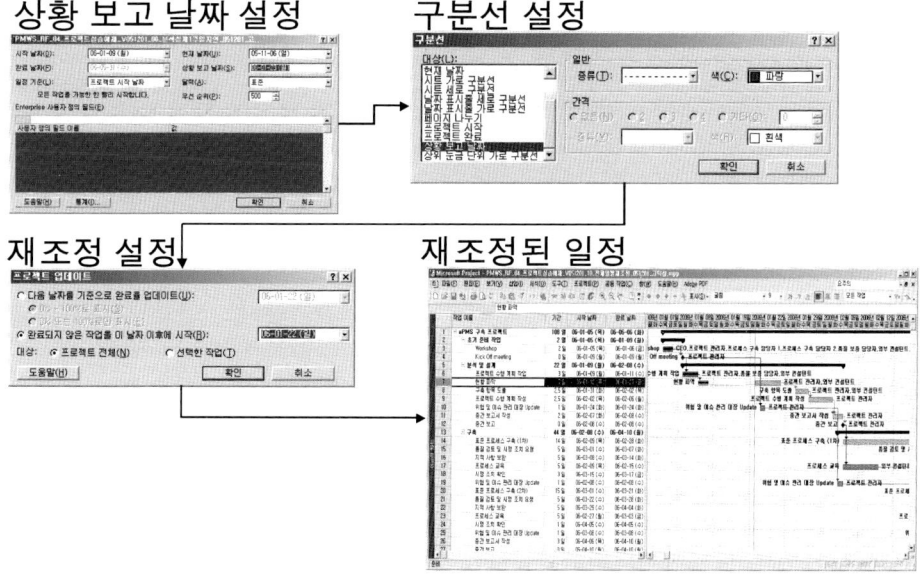

■ 목적: 지연되고 있는 일정의 현행화 방법을 숙지한다.

■ **소요 시간:** 8분

■ **교육 내용**

1. 상황 보고 날짜 설정

① 일정이 지연되고 있는 경우 현재까지 진행된 진척률을 반영한 후,

② [프로젝트] → [프로젝트 정보]에서 '상황 보고 날짜'를 지연된 일정을 기준 날짜로 설정한다.

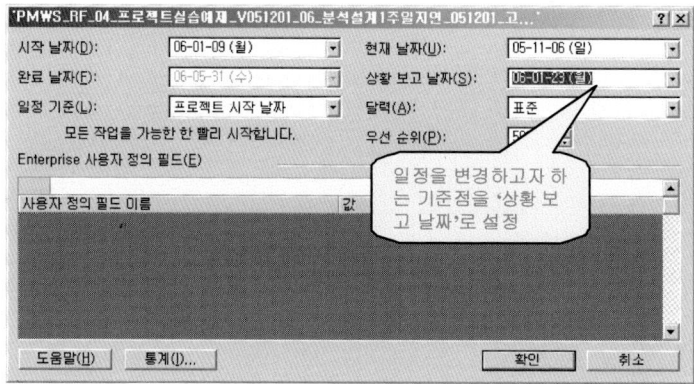

2. 구분선 설정

① [서식] → [구분선] → [구분선] 창에서

② '상황 보고 날짜'를 Gantt 창에서 확인할 수 있게 아래와 같이 설정한다.

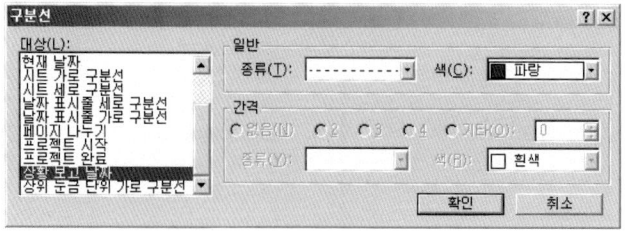

3. [도구] → [작업 진행관리] → [프로젝트 업데이트] → [완료되지 않은 작업을 이 날짜 이후에 시작](상황 보고 날짜: 2006/01/23)

4. 재조정 전 일정

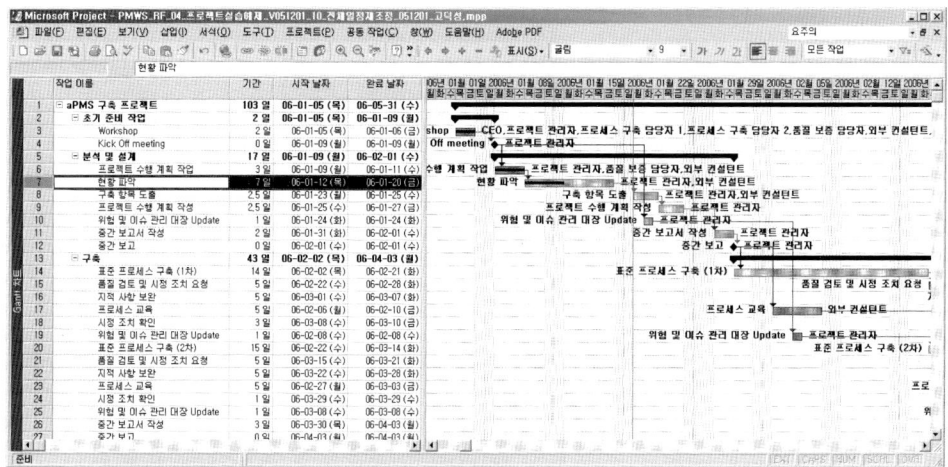

5. 재조정 후 일정

① 완료되지 않은 작업들은 전부 '상황 보고 날짜' 이후로 일괄 이동한다.

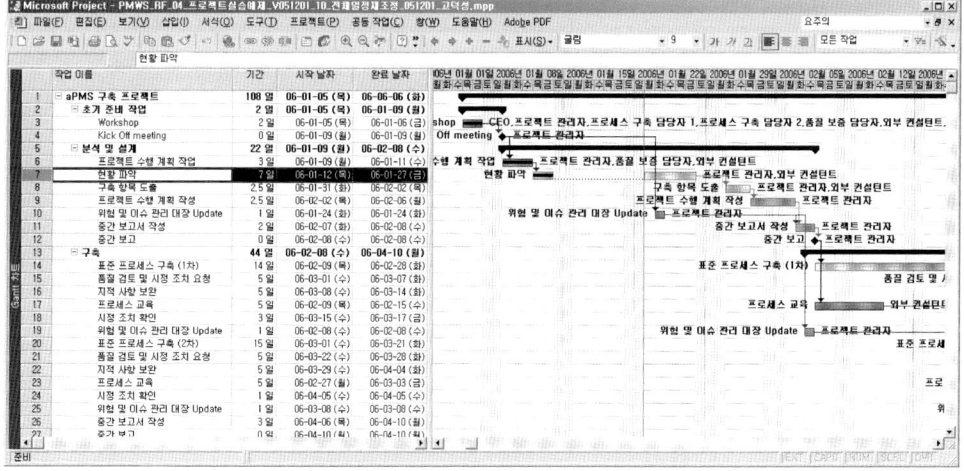

12. 작업 예

1) 작업 정의

2) 작업정보 입력

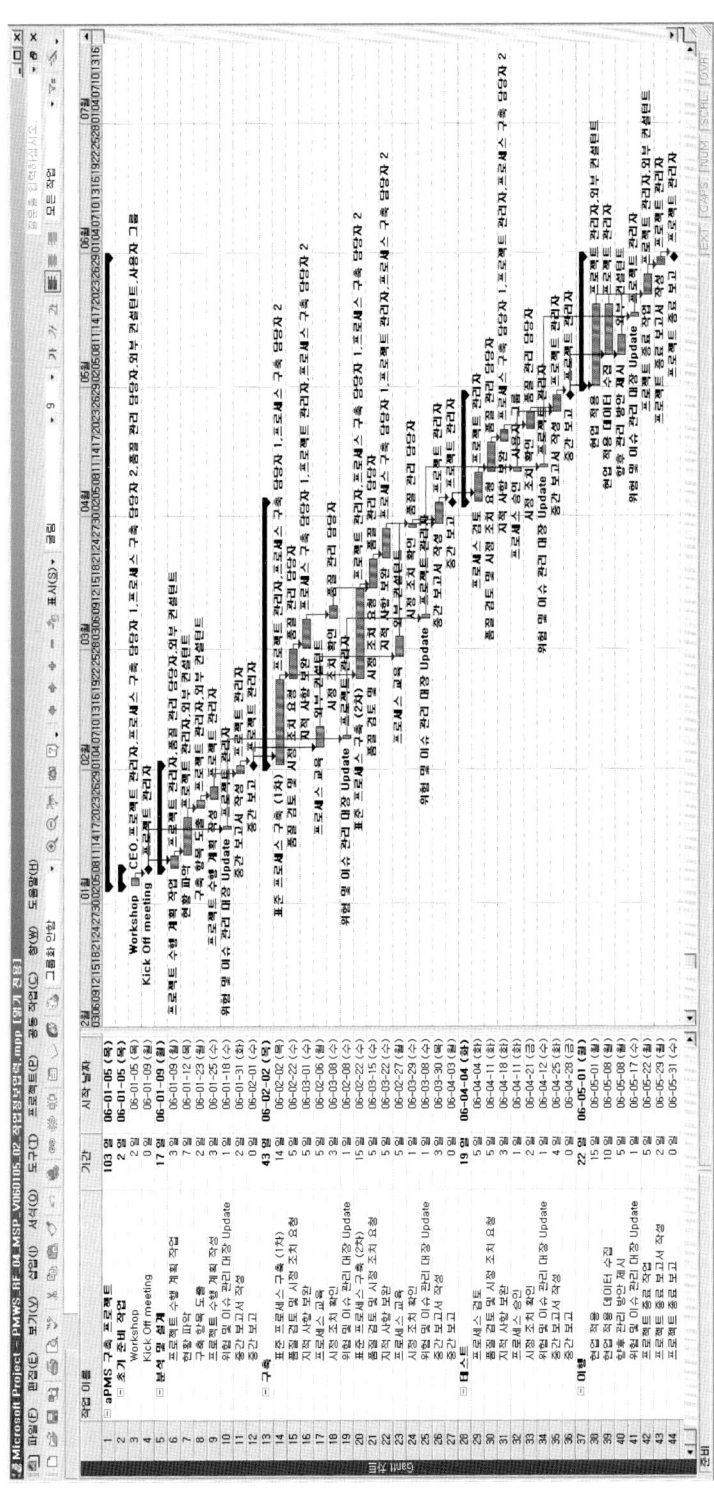

3) 요주의 작업

4) 구분선 설정

5) 분석, 설계 1주일 지연

6) 구축 2주일 지연

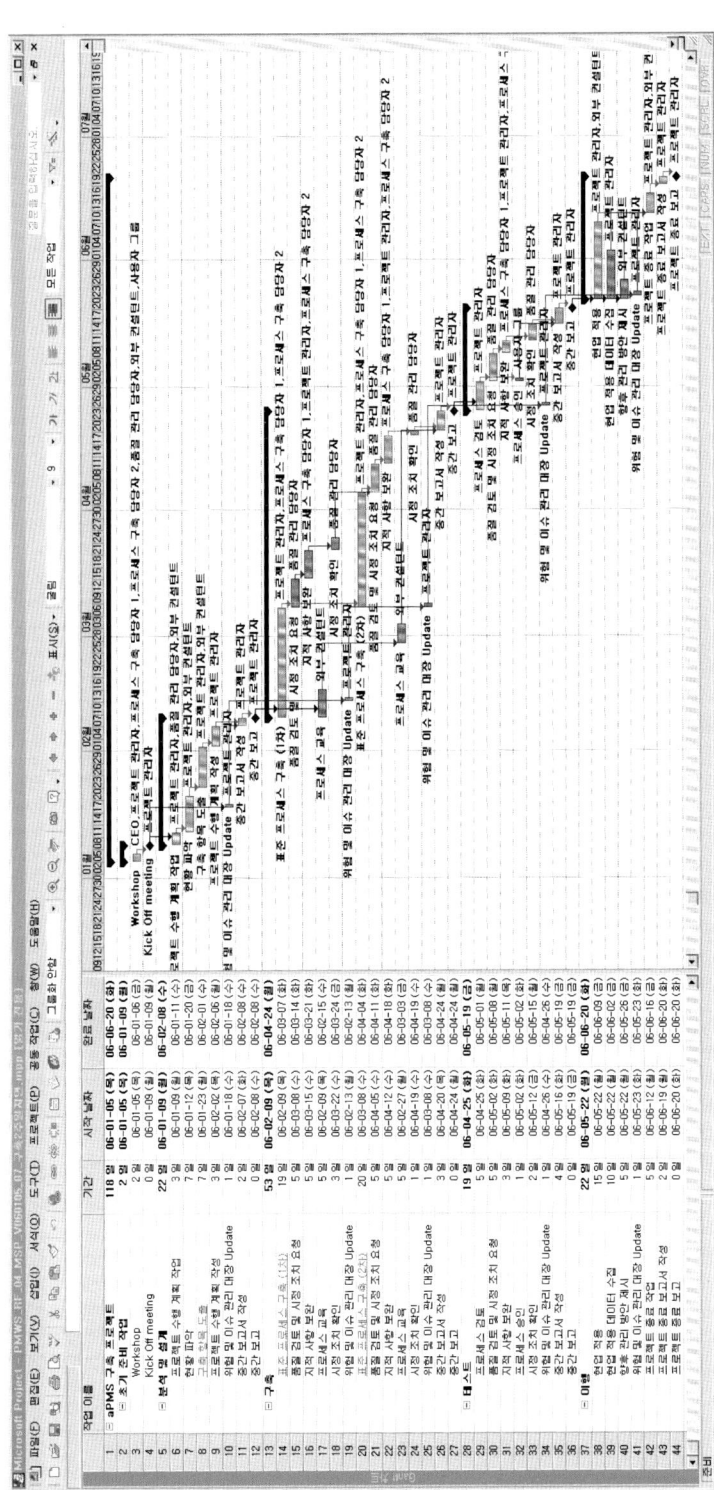

7) 테스트 1주일 지연

8) 일정지연 비교

9) 전체일정 재조정

05 | 기 타

1. 프로세스 구성요소

NO	구성요소	설 명
1	목 적	프로세스를 구축함으로 해서 무엇이 얻어지는지에 대한 간략한 요약
2	시작 기준	프로세스를 구축하기 전에 반드시 선행되어야 하는 조건들
3	입력 물	프로세스를 구축하는 데 있어서 필요한 산출물들이나 정보
4	활동들	프로세스를 구성하는 활동이나 활동들의 조합
5	출력물	프로세스를 구축함으로써 생성되는 산출물들
6	작업 산출물	프로세스를 구축함으로써 생성되는 산출물이나 어떠한 중요한 상태에 있어서의 변화
7	종료 기준	프로세스가 완료되었다고 생각할 수 있는 조건
8	핵심 요소	프로세스와 관련된 중요한 이벤트들의 요약
9	툴과 기법	프로세스를 구축하는 데 유용하게 활용되는 툴이나 기법들 기술
10	측정 요소	프로세스의 구축을 지원하거나 향후의 구축 지원하는 유용한 측정 항목들
11	검증과 확인	프로세스의 구축을 검증하거나 확인하는 기법
12	기록 정보	향후 활용을 위해 파악되어진 정보
13	테일러링 가이드	프로세스를 customize하여 적용할 수 있는 가이드
14	관련 프로세스	관련된 다른 프로세스들과의 상호 작용 방법 기술
15	활동 요약	활동들의 요약

2. 프로젝트 수행계획서 구성요소

1) 프로젝트 수행계획서

NO	구성요소	설 명
1	Project charter	This document comes from someone in a supervisory position that is higher in the organizational flowchart than the immediate management of the project team. This document authorizes the project.
2	Scope statement	This document is written to clearly define the project objectives for scope, schedule, cost, and quality. It also defines what will be delivered and what won't be delivered as part of the project. The project requirements help define the scope statement. This important document is the foundation for all future project decisions as it helps determine if requests, actions, or project work results are in or out of scope.
3	Work Breakdown Structure	The WBS is a deliverables-orientated decomposition of the project. The project components are decomposed to work packages, which are the smallest, most manageable elements within the structure.
4	Time and cost estimates for each work package	Recall that cost and time estimates reflect the labor and materials needed to deliver the project. This section of the project plan will also detail how the estimate was derived, the degree of confidence in the estimate, and any assumptions associated with the estimates.
5	Performance measurement baselines	These baselines are boundaries or targets the project manager and the project team are expected to perform within. For example, the cost baseline may predict the amount of budget that should be spent by a given milestone with an allowable variance.
6	Milestones and target dates for the milestones	Within your project there should be easily identified milestones that signal you are moving toward project completion. Associated with these major milestones are some target dates that you and management agree on. This allows you and management to plan on resource utilization, and adjunct processes within your business, and keeps all stakeholders informed of where the project should be heading. and when.
7	Required staff and their availability and costs	There may be portions of your project plan that require procured resources or temporary specialized resources to complete a portion of the project work. The required personnel should be identified, their availability determined, and their associated costs documented.
8	Risk Management Plan	All projects have some degree of risk. This plan addresses the risks within your project, documents the assumptions and constraints of the project, and details how each risk is managed.
9	Open issues	There will often be open issues and pending decisions as the plan is first created. This section of the plan identifies and documents the issues to be determined and allows the project to continue. Of course, the decisions and issues in this section of the project plan should be addressed accordingly, which may cause other areas of the project plan to be updated.
10	Supporting details	The supporting details are any relevant documentation that influenced your project decisions, any technical documentation, and any relevant standards the project will operate under.

2) 프로젝트 수행계획서 관련 보조계획서들

NO	구성요소	설　　　명
1	Scope Management Plan	This plan details how the project scope will be protected from change, where changes to the scope may be permitted, and how the management of approved changes will be handled.
2	Schedule Management Plan	Once the schedule has been created, which we'll discuss in a moment, the schedule management plan details how changes to the schedule may be allowed. This plan also details how the actual changes themselves will be managed and how the changes may affect other areas of the project.
3	Cost Mana-gement Plan	This plan details how changes to costs within the project will be managed and the procedure to report and document cost changes.
4	Quality Management Plan	This plan details the expected level of quality for the project and how the project must map to the quality expectations of the performing organization. This plan addresses any quality program your organization may participate in, such as ISO 9000 or Six Sigma, and how your project must operate within those requirements.
5	Staffing Management Plan	Your project may not require the project team members to be on the project for the duration of the project schedule. This subsidiary project plan determines how project team members will be brought onto, and released from, the project.
6	Communications Management Plan	This important plan details the expectations and requirements for communication across the project team, management, and stakeholders. It details the communication processes, forms, standard meetings, and any other pertinent communication management.
7	Risk Management Plan	This plan identifies the risks within the project, their probability and impact on the project objectives, and how they should be managed. The Risk Response Plan also includes risk owners, their responsibilities as risk owners, and what actions the project team will take if risk events are coming into fruition. This plan also includes contingency and fallback plans.
8	Procurement Management Plan	Projects often need to procure resources and materials. This plan details the procurement process and how it is managed according to the organizational policies of your company.

3. 개발자란 누구인가?

1) 개발자의 고민

- 개발 환경이 너무 열악하다!
  1. 시간적 여유 없는 개발 일정
  2. 월화수목금금금(거의 쉬는 날이 없음)
  3. 좁은 책상, 인체공학적이지 않은 의자 등
- 제대로 평가받지 못한다!
  1. 연차 위주의 경력 인정 방식
  2. 평가자(PM 등)와의 잦은 충돌
  3. 외주 개발자의 적절한 보상 체계 부족
- 경력이 많아지면 관리자가 되어야 하나?
  1. 전문가로의 성장 경로 부족
  2. 영업, 관리, 기획 등의 업무에 비해 수준 낮은 업무로 인식(아직도 개발?)

2) 개발자는 누구인가?

- 개발자에 대한 일반적인 생각
  1. 고집이 세고, 혼자 일하는 것을 즐기고, 자기표현이 서툴고, 야간작업을 좋아하며, 컴퓨터 게임을 좋아한다.
  2. 자신의 가치는 굉장하기 때문에 직장에서의 해고를 두려워하지 않는다.
  3. 일반인들은 25% 정도가 내향적인 데 반해 프로그래머는 50~66% 정도가 내향적이다.
  4. 의사 결정에 있어 일반인은 50% 정도만 논리적이지만 프로그래머는 80~90% 정도다.
  5. 자료의 활용 측면에서 감각 대 직관 비율이 5:5
     ① 감각(확실한 자료, 사실): 한 분야에 깊은 지식
     ② 직관(가능성, 콘셉트, 학설): 분석/설계자
- Programming hero
  1. 혼자서 많은 코드를 생산해 내지만 주변과 잘 어울리지 않는 개발자

2. But, 평균적으로 30%정도만 혼자 일하는 시간(나머지는 협업)

3) 개발자 문화를 바꿔라

- 자기중심에서 벗어나야 한다.
  1. 타인의 기술을 받아들이지 않는 배타적 문화 타파
     ① 개발자를 설득하기가 가장 어렵다
     ② 개발자의 적은 개발자이다
  2. 자신의 기술에 대한 공유 및 체계적인 정리가 미흡
- 성숙된 산업 모델 및 구성원의 역할을 제시해야 한다.
  1. S/W 개발 역사 20~30년 이상 → 과거 청년층 위주의 팀 구성에서 중, 장년층을 포함한 팀 구성이 필요
  2. 비즈니스 분석가, 설계자, 개발자, 테스터 등의 역할 전담자 구성
  3. 이런 패러다임 변화를 위해 개발자들의 전반적인 기술 성숙도를 높여야 함
  4. 개발자의 10% 정도는 자신에게 주어진 일을 해결할 능력조차 없음 → 타인에 의지 → 프로젝트 인력 배분이나 일정에 부정적인 영향
- 조직 내 다른 계층으로부터 인정받는 개발자가 되어야 한다.
  1. 개발자의 부정적인 이미지 타파
     ①「샌들과 말총머리」는 신뢰감을 주지 못한다.
     ② 훌륭한 프로그림을 만드는 것으로 만족
  2. 자신의 업적, 능력을 포장하는 기술이 필요

4. Workshop 설문(수행 전)

[Advanced Project Management Workshop]

(○○○○년 ○○월 ○○일 ○요일~○○월 ○○일 ○요일)

본 설문은 프로젝트관리에 관한 Workshop을 수행하기 전에 참석자들의 프로젝트
관리에 대한 지식이나 경험 정도 및 Workshop에 대한 요구사항 등을 사전에 파악
하여 Workshop을 진행하는 데 있어서 유용한 참고 자료가 될 수 있게 하는 데 그
목적이 있습니다.

조직 전반에 관한 현상보다는 먼저 본인이 속한 팀을 기준으로, 그리고 나중에
조직 전반에 대해 판단하시기 바랍니다.

※ 해당되는 항목(□)에 체크(√)하시거나 간단히 답변 바랍니다.

1. 조직 내에서의 담당 업무는?
   □ 기획(기술)　　□ 영업　　□ 기획(전략)　　□ 마케팅
   □ SM　　□ PL　　□ PM　　□ 개발

2. 개발 경험이 있는 경우 정의된 개발 방법론 기반하에서 개발을 진행한 경험이
   있습니까?
   □ 개발 경험 없음
   □ 개발 방법론 기반하에 프로젝트 수행 경험 있음

3. 수행하고 있는 프로젝트는 공식적으로 시작하고 종료하는 과정이 있습니까?
   □ 둘 다 없음
   □ 프로젝트는 공식적으로 시작을 알리고 시작함
   □ 프로젝트는 공식적으로 종료를 알리고 종료함

4. 프로젝트관리를 위한 절차가 정의되고 적용 및 관리되는 조직 내에서의 프로
   젝트 수행 경험이 있습니까?
   ☐ 있음   ☐ 없음

5. 프로젝트관리를 위한 툴을 사용한 경험이 있습니까? (프로젝트관리의 여러 영역
   관련. 예를 들면, 일정관리 툴, 형상관리 툴: CVS/PVCS/SVN, PMS, 사내
   Groupware내 프로젝트관리 기능 등……)
   ☐ 있음   ☐ 없음

   * 있다면 어떤 툴입니까?
     (   )

6. 프로젝트의 요구사항 관리를 위한 절차나 관리 방안이 적용하는 조직이나 프
   로젝트에 참여한 경험이 있습니까??
   ☐ 있음   ☐ 없음

7. 프로젝트의 산출물에 대한 관리는 어떻게 하고 계십니까?
   ☐관리 안 함
   ☐ 필요에 의한 몇 개만 임의로 작성하고 있음
   ☐ 절차에 의해 정의된 산출물들을 작성하고 있으나, 조직 차원의 통합관리는
     안 함
   ☐ 절차에 의해 정의된 산출물들을 작성하고 있으며, 조직 차원의 통합관리를
     하고 있음

8. 조직의 프로젝트들에 관한 통합관리는?
   ☐관리하고 있음
   ☐관리 안 함

9. 프로젝트관리 관련 교육 및 훈련 계획이 존재하나?

☐ 있음   ☐ 없음

10. 프로젝트 내 또는 조직 내에 프로젝트관리 관련 전문가 또는 전문가 그룹이 존재하나?

☐ 있음   ☐ 없음

11. PMBOK에 대한 학습 경험은?

☐ 있음   ☐ 없음

12. PMP 자격 유무?

☐ 있음   ☐ 없음

13. 본 Workshop에 대한 요구사항은?

:

고덕성(高德成)

[학력]
전북대학교 공과대학 정밀기계공학과 졸업

[경력]
1. 1992년~1999년 소프트웨어 프로그램 개발
    －C, C++, VC++, Java, HTML, JSP, UML
    －교육용 Courseware, 증권 Client, 웹 시스템, 전자상거래 시스템
2. 2000년~2007년 현재 소프트웨어 품질 관련 업무 수행
    －SW 개발 방법론, 프로젝트 관리 방법 구축 적용
    －표준기반 프로세스 개선 컨설팅 수행
       (CMMI, SPICE, ISO:9001, ITIL, PMBOK, SPICE, RUP, 등)

[자격]
    －PMP
    －SPICE 심사원
    －ISO 9000 심사원 (International)
    －CMMI 내부심사원
    －Foundation Certificate in ITSM
    －OMG-Certified UML Professional

[진행업무]
    －Object/Component 기반 SW 분석/설계/개발
    －Open Source를 활용한 프로젝트 관리 및 조직 운영 시스템 표준화 방안
    －Virtual Team 관리 방안
    －SW 품질/프로세스 Mentoring

[연락처]
    －deokseongko@gmail.com

P·r·o·j·e·c·t

프로젝트 관리

Workshop

• 초판 인쇄   2007년 6월 1일
• 초판 발행   2007년 6월 1일

• 지 은 이   고덕성
• 펴 낸 이   채종준
• 펴 낸 곳   한국학술정보㈜
            경기도 파주시 교하읍 문발리 526-2
            파주출판문화정보산업단지
            전화 031) 908-3181(대표)·팩스 031) 908-3189
            홈페이지 http://www.kstudy.com
            e-mail(출판사업팀사업부) publish@kstudy.com
• 등   록   제일산-115호(2000. 6. 19)
• 가   격   35,000원

ISBN   978-89-534-6891-7 93560 (Paper Book)
        978-89-534-6892-4 98560 (e-Book)